Buch und E-Book in einem – Lesen, wie *Sie* wollen!

1. Öffnen Sie die **Webseite** www.campus.de/ebookinside

2. Geben Sie folgenden **Downloadcode** ein und füllen Sie das Formular aus

   »TICKET TO READ« – IHR CODE: 3L8G4-ZY4WM-XAKWP

3. Wählen Sie das gewünschte E-Book-**Format** (MOBI/Kindle, EPUB, PDF)

4. Mit dem Klick auf den Button am Ende des Formulars erhalten Sie Ihren persönlichen **Downloadlink** per E-Mail

Digitalisieren mit Hirn

Henrik Kehren ist Serienunternehmer, Digitalisierungsexperte und Keynote-Speaker. Er begleitete erfolgreich die familieneigene 1200+ mitarbeiterstarke Unternehmensgruppe und weitere namhafte Firmen durch Transformationsprozesse und den jeweils damit verbundenen Kulturwandel. Er entwickelte den auf einem wissenschaftlich anerkannten und validierten Diagnoseverfahren aufbauenden Digital Culture Check, der die Ausprägung der jeweiligen digitalen Unternehmenskultur misst und Potenziale aufzeigt. Seine derzeitige Firma kehren & partner unterstützt Kunden auf ihrem Weg, eine Unternehmenskultur für den digitalen Wandel zu schaffen. Einen Mindset, um sich in einer digitalen Welt zu behaupten. www.KehrenPartner.com

Sebastian Purps-Pardigol ist Digitalisierungspionier, Organisationsberater und Keynote-Speaker. Er entwickelte bereits zur Jahrtausendwende digitale Geschäftsfelder für Sony Music, gründete im Jahr 2010 mit dem Hirnforscher Dr. Gerald Hüther die Initiative »Kulturwandel in Unternehmen« und erforscht seitdem die Erfolgsmodelle mitarbeiterzentrierter Firmenkulturen. Seine Erkenntnisse publizierte Purps-Pardigol im Jahr 2015 in dem international verfügbaren Wirtschaftsbestseller *Führen mit Hirn* (Campus). Mit seiner Beratergruppe Unternehmenswandel begleitet er Firmen dabei, die eigene Kultur zu verbessern und die digitale Transformation zu meistern. www.sebastian-purps-pardigol.com

Sebastian Purps-Pardigol, Henrik Kehren

Digitalisieren mit Hirn

Wie Führungskräfte ihre Mitarbeiter für den Wandel gewinnen

Mit einem Vorwort von Philipp Lahm

Campus Verlag
Frankfurt/New York

ISBN 978-3-593-50842-9 Print
ISBN 978-3-593-43814-6 E-Book (PDF)
ISBN 978-3-593-43833-7 E-Book (EPUB)

Copyright © 2018 Campus Verlag GmbH, Frankfurt am Main.
Umschlaggestaltung: total italic, Thierry Wijnberg, Amsterdam/Berlin
Umschlagmotiv: © Shutter/Vladystock
Satz: Fotosatz L. Huhn, Linsengericht
Gesetzt aus: Sabon und Univers
Druck und Bindung: Beltz Bad Langensalza
Printed in Germany

www.campus.de

Henrik:
Für Sabrina, Julius, Felina und Moritz.
Ihr seid mein Antrieb und mein Anker.

Sebastian:
Für Ines und Paul, die mich immer wieder daran
erinnern, wie wichtig das, worüber ich beruflich spreche,
auch in unserem Leben ist.

Inhalt

Vorwort von Philipp Lahm

Als ich 2010 Kapitän der deutschen Nationalmannschaft wurde, gab es in den Medien eine große Diskussion über die Führungskultur auf dem Platz und notwendige Persönlichkeitsmerkmale von Mannschaftsführern. Es wurde nach Typen und nach Autorität verlangt, während im Team bereits ein deutlicher Wandel spürbar war. Die gestiegene öffentliche Aufmerksamkeit und die zunehmend professionellere Ausbildung in Leistungszentren hatten Spieler hervorgebracht, die mit einem größeren Selbstbewusstsein, einer klareren Zielvorstellung und einer neuen Erwartungshaltung in die Mannschaft kamen. Erfahrung wurde anerkannt, wenn sie auf dem Platz durch Leistung belegt wurde – nicht mehr per se. Positionen, Entscheidungen und Anweisungen wurden hinterfragt. Die jüngeren Spieler wollten verstehen und beteiligt werden. Damit wurden gewachsene Hierarchien und Strukturen herausgefordert sich anzupassen. Und Führen bedeutete immer mehr Informieren, Kommunizieren und Moderieren.

Seit meinem Schritt ins Unternehmertum beschäftigt mich zunehmend das Thema Digitalisierung, denn auch hier kommen eine neue Generation und ein neues Denken in die Unternehmenswelt. Darum finde ich auch den Ansatz dieses Buches besonders spannend, weil er sich nicht auf die Einführung von Technologien und die Digitalisierung von Prozessen konzentriert, sondern die Menschen in den Mittelpunkt stellt.

Die These der Autoren, die durch viele positive Beispiele aus der Praxis belegt und durch Erkenntnisse aus der Neurowissenschaft erklärt wird, lautet: Der Digitalisierungsprozess muss von einem Wandel in den Köpfen der Menschen begleitet werden. Nicht nur die Unternehmensstrukturen müssen angepasst werden, sondern auch die Unternehmenskultur, damit die digitale Transformation am Ende erfolgreich ist. Diese Überzeugung teile ich zu 100 Prozent.

Als Kapitän der Nationalmannschaft und des FC Bayern habe ich erlebt, wie wichtig es ist, dass Einzelne eine positive innere Haltung entwickeln, damit man als Team erfolgreich ist. Aber Veränderung kann man nicht anordnen, sondern man muss sie begleiten, begründen, nachvollziehbar machen.

Mit der Digitalisierung gewinnen wir viele Instrumente und technische Möglichkeiten, den Informationsfluss zu verbessern und Wissen orts- und personenunabhängig zur Verfügung zu stellen. Das steigert die Transparenz und damit auch die Qualität. Es löst aber auch gewohnte Abläufe auf und verändert Arbeitsweisen. Deshalb braucht es auch eine andere Art Führung.

Es geht um Sicherheit, um Anerkennung und um Vertrauen. Wenn Menschen kreativ werden sollen, selbstbestimmt arbeiten und neue Wege gehen sollen, brauchen sie einen Rahmen, ein Wertegerüst, klare Ziele und ein präzises Verständnis von ihrer Rolle und ihrem Beitrag zum großen Ganzen. Für mich ist die Zeit beim FC Bayern unter unserem Trainer Pep Guardiola ein eindrucksvoller Beleg dafür: Je exakter die Position des Einzelnen beschrieben wird, umso freier kann er sich bewegen. Je besser ein einzelner Spieler seine Handlungsmöglichkeiten kennt und weiß, wo und wie er zum Gesamterfolg beitragen kann, umso größer wird sein Selbstbewusstsein und umso besser kann er sich entfalten.

Der Schlüssel ist hierarchiefreie Kommunikation, ein offener Austausch und dadurch Transparenz. Der Einzelne erhält Verantwortung und Entscheidungsbefugnisse in seinem Kompetenzbereich. Die Führungskraft ist der Moderator und Coach. Es gibt regelmäßige »Spielanalysen«, in denen das Team kurz und offen reflektiert, was gut und was schlecht war – und daraus Verbesserungen im Sinne des gemeinsamen Ziels ableitet.

Während diese Unternehmens- und Kommunikationskultur in Startups oft von Beginn an gelebt wird, stellt es für traditionell geprägte Betriebe verständlicherweise im ersten Moment einen großen Wandel dar. Aber ich bin sicher, dass es mit der nötigen Ruhe und einer schrittweisen Anpassung gelingen kann, viele der Mitarbeitenden von den neuen

Möglichkeiten zu begeistern und den notwendigen kulturellen Wandel herbeizuführen.

Das vorliegende Buch von Henrik Kehren und Sebastian Purps-Pardigol zeigt nicht nur ganz konkrete, erfolgreiche Beispiele funktionierender Digitalisierungsprozesse, die Mut machen können. Es erklärt auch die dahinterliegenden Muster, wie es gelungen ist, die Menschen in diesen Unternehmen so zu erreichen, dass sie gemeinsam Höchstleistungen erzielten. Das ist spannend und inspirierend zugleich.

Philipp Lahm
München, Februar 2018

Eine Frage der Haltung

Bei Warner Bros. wurde man unruhig: Selznick International Pictures drehte gerade *Vom Winde verweht*, während Warner zeitgleich *Jezebel – die boshafte Lady* produzierte – zwei Klassiker, die sich beide mit der Zeit des Amerikanischen Bürgerkrieges beschäftigten. So wurde es ein Kopf-an-Kopf-Rennen, wer mit seinem Streifen zuerst in die Kinos kommt. Doch *Jezebel*-Regisseur William Wyler arbeitete aus Sicht der Warner-Filmbosse nicht schnell genug. Sie beabsichtigten, ihn abzulösen. Es war Bette Davis' beherztem Einschreiten zu verdanken, dass Wyler bleiben durfte: Die Hauptdarstellerin drohte damit, nicht mehr am Set zu erscheinen, sollte Wyler gefeuert werden. Der Regisseur blieb, und Davis erhielt später einen Oscar für die beste Hauptrolle in *Jezebel*. In ihrer Dankesrede hob sie Wylers Beitrag ausdrücklich hervor: Besonders er sei für ihre überragende Leistung verantwortlich.

Obwohl sich die streitsüchtige Davis ständig mit Wyler am Set in die Haare bekommen hatte, konnte sie nur an seiner Seite ihr jahrelang verborgenes Potenzial voll entfalten. Wyler verwirklichte zum einen viele ihrer Vorschläge, zugleich verlangte er von der etwas bequemen Schauspielerin ein hohes Maß an Zuverlässigkeit bei den Dreharbeiten. Auch *Frühstück-bei-Tiffany*-Hauptdarstellerin Audrey Hepburn bekam durch einen Wyler-Film die begehrte Trophäe. Ein bis heute ungebrochener Rekord des Regisseurs: Die Schauspieler seiner Filme erhielten insgesamt 36 Oscar-Nominierungen, 14 Mal davon wurde er verliehen. Durch seine ausgeprägte Disziplin verhalf Wyler vielen Menschen, die mit ihm arbeiteten, zu großem Erfolg.

Den Höhepunkt der Karriere von William Wyler markierte 1959 der Film *Ben Hur*. Er erhielt zwölf Nominierungen für den Academy Award und gewann letztlich elf Oscars. Das gelang seitdem allein mit den Filmen *Titanic* und *Herr der Ringe* – und das auch nur, weil mittlerweile zwei zusätzliche Kategorien geschaffen wurden, die es 1959 noch nicht gab. Wyler rettete zudem mit dem großen Erfolg des Filmes seinen kurz vor dem Ruin stehenden Arbeitgeber, die MGM-Studios.

Im Jahr 2016 kam *Ben Hur* abermals in die Kinos. Doch der Film spielte nicht einmal die 100 Millionen Dollar an Produktionskosten ein. Die Kritiker zerrissen die Neuverfilmung von Regisseur Timur Bekmambetow, und eine Nominierung für die Academy Awards lag in weiter Ferne.

Während Bekmambetow einen Oscar-prämierten Drehbuchschreiber engagierte, hatte Wyler die Produktion sogar ohne fertiges Skript begonnen. Zwei Männer erzählen jeweils den gleichen Inhalt. Beide beherrschen das Handwerk des Filmemachens. Doch das allein reichte nicht aus. Was den einen Film von dem anderen unterschied, war die Umsetzung der großen Geschichte. Es ist weniger das, *was* die am Werk Beteiligten taten, sondern, *wie* sie es taten. Letzteres macht den Unterschied: Der große Erfolg gelingt, wenn alle so eingebunden sind, dass sie die beste Version ihrer selbst zeigen können.

»Digitalisierung« oder »Digitale Transformation« heißt die große Geschichte, die heute in vielen Unternehmen erzählt wird. Eine Menge Experten scheinen zu wissen, *was* man tun muss: Berater, Bücher, Workshops, Fachartikel und Konferenzen erzählen von agiler Zusammenarbeit, Scrum, Design Thinking, Minimum Viable Products und anderen Werkzeugen (falls Sie sie noch nicht kennen, schauen Sie hinten ins Glossar). CEOs, CDOs und weitere Protagonisten der digitalen Transformation beginnen, sich all dieses Wissen anzueignen. Doch die Werkzeuge zu kennen, ist kein Garant für gutes Gelingen. Sonst gäbe es nicht die William Wylers, Steven Spielbergs und Martin Scorseses auf der einen und die endlose Liste namenloser Regisseure auf der anderen Seite. Auch bei der Digitalisierung oder der digitalen Transformation geht es weniger darum, *was* man tut, sondern darum, *wie* man es tut. Denn das *Wie* macht den Unterschied, ob es gelingt, die Mitarbeitenden zu Verbündeten zu machen, damit diese die Transformation leben und mittragen.

Die digitale Transformation ist für viele Firmen eine der größten Veränderungen, die sie bisher erlebt haben. Bestehende Unternehmenswerte werden dabei vielleicht komplett auf den Kopf und hierarchische Strukturen infrage gestellt. Das zeigt besonders eindrucksvoll das Beispiel des Heizungsherstellers Viessmann, das Sie in diesem Buch lesen können. Sie brauchen möglicherweise auch Menschen, die bereit sind, neue Produkte in den Markt zu tragen, die auf den ersten Blick den eigenen Arbeitsplatz gefährden – so wie die Buchhändler von Hugendubel und Thalia, über deren tolino-Allianz Sie später mehr erfahren werden. Vielleicht kann man Mitarbeitenden auch bereits vorab Sicherheit für die anstehende Transformation vermitteln, so wie die Hamburger Hafen Logistik AG es mit einem neuen Tarifvertrag getan hat. Manchmal muss sich ein Unternehmen auch fragen: »Welche Impulse kann die eigene Organisation aushalten, und wann ist es günstiger, bestimmte Entwicklungen außerhalb des Kerngeschäfts stattfinden zu lassen?«, so wie bei der Otto Group geschehen.

Um zu verstehen, wie es gelingen kann, Mitarbeitende für den Wandel zu begeistern, haben wir uns die William Wylers der Wirtschaft angeschaut: Wir haben über 150 Interviews geführt, im Ergebnis 30 Firmen analysiert und daraus letztlich 12 Unternehmen ausgewählt, die die digitale Transformation bisher gut gemeistert haben. Denen es gelang, dass auch die Mitarbeitenden – so wie Bette Davis – über sich hinausgewachsen sind. Wir haben über einen längeren Zeitraum mehrfach sowohl mit den für die Digitalisierung verantwortlichen Protagonisten gesprochen als auch mit denen, die sie mittragen. Wir haben Firmen ausgewählt, bei denen die Digitalisierung bereits konkret erkennbar und dadurch gut beschreibbar ist. Zugleich haben wir hinter den Vorhang geblickt und die Muster des Gelingens untersucht: Was ist geschehen, damit interne Widerstände minimiert werden konnten und Mitarbeitende den Wandel wirklich mitgetragen haben?

In einer sich ständig schneller verändernden, sich digitalisierenden wirtschaftlichen Welt stellt sich für viele Führungskräfte die Frage: »Wie kann ich auch jetzt (weiterhin) die Potenziale meiner Mitarbeitenden nutzen?«. Die Antwort scheint nach unserer umfassenden Recherche recht klar. Je mehr das Maß der Digitalisierung in einer Organisation steigt, desto mehr braucht auch ein weiterer Aspekt genügend Aufmerksamkeit: die Menschlichkeit. Doch das ist etwas, das sich kein CEO, kein CDO und keiner der weiteren Protagonisten der Digitalisierung mithilfe eines Buches, eines Fachartikels oder einer Konferenz aneignen kann.

Das gelingt nur, wenn diese Menschen mit der Transformation an einer vielleicht unerwarteten Stelle beginnen: bei sich selbst.

Wir hoffen, es gelingt uns mit diesem Buch, dass auch Sie zu einem William Wyler, einem Steven Spielberg oder einem Martin Scorsese der digitalen Transformation werden – damit Sie nicht nur den Menschen in Ihrem Umfeld, sondern auch der großen Geschichte der digitalen Transformation Ihres Unternehmens zum Erfolg verhelfen können.

Kapitel 1

Verstehbarkeit – Menschen brauchen ein Warum und Wofür

»Während der digitalen Transformation kann man als Führungskraft kaum zu viel kommunizieren. Viele Menschen haben einen ausgeprägten Wunsch, die Veränderung bestmöglich zu verstehen.«

Alexander Birken, Vorstandsvorsitzender, Otto Group

In einer Firmenkantine tritt der oberste Chef an die Essensausgabe und bestellt Penne al Arrabiata. »Sie brauchen ein Tablett«, erwidert der Mann auf der anderen Seite der Theke. Der Chef braust auf: »Wissen Sie eigentlich, wer ich bin? Wie bedeutsam ich bin?« »Sie brauchen trotzdem ein Tablett«, beharrt der Angestellte. »Ich könnte Sie mit einem Tablett töten, wenn ich wollte. Ich könnte Sie mit einem einzigen Gedanken töten! Denn ich habe unvorstellbare Macht in mir!«

Der Dialog stammt aus dem Sketch »Death Star Canteen« des englischen Komikers Eddie Izzard. Izzard fragte sich, was wohl geschähe, wenn der *Star Wars*-Charakter Darth Vader auf seinem Todesstern eine Kantine hätte. In dem Sketch verkehrt sich Vaders aggressive Reaktion im Bruchteil einer Sekunde ins Gegenteil, als ihm erklärt wird: »Sie brauchen ein Tablett, denn die Teller sind sehr heiß.« Vaders unmittelbare Einsicht: »Oh, das Essen ist heiß. Tut mir leid, das wusste ich nicht.« Dann endlich greift er zum Tablett.

Hier können Sie sich das Video zum Sketch ansehen: mit-hirn.de/canteen

Vielleicht erinnert Sie das an Ihr eigenes Leben: Viele Menschen tendieren dazu, einem Ereignis eine ungünstige Bedeutung zu geben, solange sie nur einen Teil der Geschichte kennen oder ihnen die passende Erklärung fehlt. Die Stimmung kann sich jedoch mit einem Wimpernschlag drehen, sobald sie das Ereignis besser verstehen.

Ähnliches kann mit den inneren Widerständen geschehen, die Menschen in Phasen der Veränderung entwickeln, etwa in digitalen Transformationsprozessen. Sie verschwinden oder entstehen erst gar nicht, wenn Mitarbeitende verstehen, warum und wofür diese notwendig sind, wenn also die Sinnhaftigkeit der Digitalisierung gut vermittelt wird. Die innere Haltung dieser Menschen kann sogar zu einer treibenden Kraft der Veränderung werden.

Lassen Sie uns dazu einen Mann anschauen, der ebenso wie Darth Vader auch nur schwarze Kleidung trägt. Er jedoch steht auf der guten Seite der Macht.

Rieber – Vom Acker auf den Teller

»Das ist zwar ganz süß, das mit den Quietsche-Entchen. Aber was halten Sie davon, wenn Sie Ihre Technologie für etwas Sinnvolles verwenden?«

HMI Hannover Messe 2015: Kleine Gummi-Enten wandern über ein Miniförderband durch eine Miniaturfabrik. Auf ihrem Weg werden sie schwarz, weiß oder magenta angesprüht. Auf diese Weise will das Unternehmen T-Systems demonstrieren, wie das Internet der Dinge (Internet of Things, IoT) in Zukunft die Arbeitsprozesse verändern wird. Der schwäbische Unternehmer Max Maier, Inhaber des Küchentechnikherstellers Rieber GmbH & Co. KG, schaut sich das schwarz-weiß-magenta Treiben einige Minuten lang an. Er realisiert, dass hier demonstriert wird, was er bereits seit einigen Jahren in seinem Unternehmen umsetzt und was möglicherweise das Zeug dazu haben könnte, einen gesamten Dienstleistungszweig zu revolutionieren.

Dass der Küchentechnikproduzent Rieber in der Lage ist, Standards zu etablieren, hat er in den 1960er Jahren bereits bewiesen. Damals wurden von Rieber die sogenannten Gastronorm (GN)-Behälter mitentwickelt, die heutzutage weltweit als Quasi-Standard in kaum einer Großküche oder anderen gastronomischen Betrieben fehlen. Sie kennen sie möglicherweise bereits: Metallbehälter, die zur Aufbewahrung, zum Transport oder zum Servieren von Essen in verschiedensten Formaten benutzt werden. Fast jede Kantine verwendet sie, Kindergärten und Schulen werden damit beliefert, sie sind auf vielen Catering-Buffets zu finden, und im Sommer halten sie in der Eisdiele das Eis kalt. Mehrere hundert Millionen Stück sind weltweit im Umlauf.

Max Maier hatte im Jahr 2012 eine Digitalisierungsstrategie mit einem derart enormen Skalierungspotenzial entwickelt, dass T-Systems nach dem ersten HMI-Kontakt mehr als hellhörig wurde und inzwischen zu einem strategischen Partner geworden ist – ebenso wie der Reinigungsgeräte-Hersteller Kärcher, die Porsche-Tochter und IT-Beratung MHP und der Marktführer für Lebensmitteltransportkisten IFCO.

»Ich bin ein Alt-Achtundsechziger«, erzählt uns Max Maier. »Ich beschäftige mich quasi schon seit dem Studium mit Ernährung. Wir haben ausreichend Nahrung auf unserem Planeten, jedoch haben wir ein Problem mit der Verteilung. Das wollte ich schon lange verändern.« Und noch ein weiteres Thema beschäftigt ihn: Kommt man in die Firmenzentrale des Reutlinger Unternehmens, sticht einem ein Kunstwerk in Form eines riesigen Bergs aus Joghurtbechern ins Auge. Mit diesem Mahnmal aus Wegwerfprodukten will Rieber daran erinnern, wie viel Müll die Menschheit jeden Tag produziert. »Schon bald werden mehr Plastikstücke als Fische in unseren Meeren schwimmen«, sagt Max Maier. Dass Rieber als Hersteller von Mehrwegverpackungen ein wirtschaftliches Interesse daran hat, Einwegverpackungen zu verdrängen, ist evident. Dazu braucht es auch keine Digitalisierung. Doch wann kommt Maiers Vision ins Spiel, die sowohl Mitarbeitende, als auch T-Systems beseelt?

»Bisher produzieren wir – zwar sehr erfolgreich und sehr hochwertig – ›dumme Küchen‹«, erzählt uns augenzwinkernd Produktionsgeschäftsführer Ingo Burkhardt. »Schauen Sie sich das Kunstwerk mit den Einweg-Joghurtbechern an. Wissen Sie, dass Sie den Inhalt von 96 dieser Becher in nur einen unserer GN-Behälter bekommen? Der Grund, weshalb Molkereien ihre Produkte nicht in Mehrweg-, sondern in Einwegbehältern an die Großküchen liefern, hatte bisher mit der fehlenden Intelligenz der Lieferkette zu tun. Gäbe es ein System, das lückenlos den Transportweg und die Temperatur der Produkte aufzeichnen könnte, wäre ein Mehrwegsystem für Milchprodukte nach Lebensmittelverordnung zulässig. Nach nur sechs Monaten wäre der pro Mehrwegbehälter eingesparte Carbon-Footprint so groß, als würde man einmal mit dem Auto von Deutschland in die Türkei fahren. Um das zu erreichen, mussten wir unsere Küchen intelligenter machen.«

Burkhardt hat sich von Maiers Vision sofort begeistern lassen: die automatische, lückenlose Überwachung des Transportweges von Essen –

idealerweise vom Feld bis auf den Teller. In Zukunft, so Maiers Vision, könnte sich ein Endkunde per App sein Essen bei einer naheliegenden Großküche bestellen und würde gegen eine geringe Leihgebühr einen standardisierten Mehrwegbehälter zum Mitnehmen erhalten. Seine App teilt ihm dann mit, bei welcher Temperatur und in welcher Zeit er sein Gericht aufwärmen muss. Sie verrät ihm auch die Herkunft jeder einzelnen Zutat – bis hin zur letzten Karotte. »Teil meiner Vision ist es, jeden Menschen in die Lage zu versetzen, durch eine einfache App Herkunft und Inhaltsstoffe seines Essens abrufen zu können«, erzählt uns Maier begeistert. »Vor allem soll jeder die Möglichkeit haben, das bestmögliche Essen zu sich zu nehmen – nicht diese unnatürlichen Dinge, die man sich heute oft nebenbei kauft, sondern hochwertige Nahrung aus einer Großküche oder Kantine in seiner Nähe. Ich möchte gute Küchen mit ihren Endkunden verbinden. Das kann der Angestellte im Büro sein, der sich am Abend gesundes, vorbereitetes Essen mit nach Hause nehmen will. Genauso aber auch Schüler oder Kinder im Kindergarten. Und ich will, dass diese unsägliche Verschwendung von Nahrung endlich aufhört.«

»Pro Tag essen in Deutschland 30 Millionen Menschen außer Haus«, erzählt uns Mario Stockhausen, Chief Creative Officer bei Rieber. Um die Einhaltung der Hygienevorschriften zu gewährleisten, muss sich jedes Unternehmen, das Lebensmittel produziert, verarbeitet oder vertreibt, an die europaweit geltenden Richtlinien Hazard Analysis and Critical Control Points (HACCP) halten. Teile dieser Richtlinien beinhalten die Notwendigkeit, dass in Großküchen die Temperatur des fertigen Essens mehrfach täglich gemessen und dokumentiert wird. Ebenso muss nachgewiesen werden, dass Material und Räumlichkeiten regelmäßig gesäubert werden. »Wenn da etwas schiefgeht, dann kann so etwas geschehen wie im Sommer 2016 in Konstanz, als vier Kindergarten und eine Grundschule von Salmonellenvergiftung betroffen waren«, ergänzt Stockhausen. Im Kantinenalltag dokumentieren Mitarbeitende in jeder öffentlichen Küche mit Papier und Stift genauestens, wann sie was gereinigt haben. Zudem muss die Temperatur des gekühlten, aber auch des fertig produzierten Essens gemessen und notiert werden.

Um die Folgen dieser komplexen Dokumentation besser zu verstehen, rufen wir einen befreundeten Hoteldirektor an. Marc Stickdorn leitet das

Landhotel Friesland der norddeutschen Hotelkette Upstalsboom. Das Haus ist auf große Veranstaltungen spezialisiert. »Wir empfangen hier teilweise Gruppen von mehr als 300 Teilnehmenden«, erzählt Stickdorn. »Die HACCP-Richtlinien einzuhalten ist vollkommen sinnvoll, und wir hatten bisher keine Zwischenfälle. Es erfordert jedoch eine hohe Disziplin. Ich erinnere meine Bereichsleiter immer wieder daran, und ich weiß, wie sehr unser Küchenchef seinen Mitarbeitenden im Nacken sitzt, um die Dokumentation sauber zu halten.« Wir wollen den Aufwand genauer verstehen: »Wie viel Zeit muss man für die Einhaltung der HACCP-Richtlinien kalkulieren?« Stickdorn muss nicht lange überlegen: »Das sind zwei bis drei Manntage pro Monat.«

Der erste Teil von Maiers Idee sah vor, den gesamten Dokumentations-prozess zu vereinfachen: Die Mitarbeitenden in der Küche sollten sich nicht mehr mit Papier und Stift herumschlagen müssen. Dennoch sollte sich der Küchenchef sicher sein können, dass lückenlos dokumentiert wird.

Bei Rieber formte sich im Jahr 2012 ein kleines Team begeisterter Mitarbeitender. Die Idee erschien allen Beteiligten so sinnvoll, dass bei niemandem ein Zweifel an der Notwendigkeit ihrer Umsetzung bestand. »Ich hatte die Möglichkeit, wirklich etwas Neues zu schaffen«, erzählt uns IT-Chef Markus Lang, »Herr Maier brannte lichterloh für die Idee. Auch ich selbst ließ mich schnell davon begeistern.« Maier ergänzt: »Ich glaube, die Sinnhaftigkeit war der treibende Faktor für das Team. Die Menschen haben verstanden, warum wir das tun.« Unter dem Namen CHECK begann die Gruppe, eine Mischung aus Produkt und Dienstleis-tung zu entwerfen, die den Prozess der bislang manuellen Temperatur-erfassung digitalisieren sollte.

»Wir haben in den vergangenen 70 Jahren Metalle in die richtige Form gezogen«, erzählt Produktionschef Burkhardt. »Darin sind wir besser als viele andere. Wir haben auch Technologien für verschiedene Produk-treihen entwickelt, sodass die Behälter nicht nur zur Aufbewahrung, sondern auch zum Kochen und zum Transport über lange Wege verwendet werden können.« IT-Chef Markus Lang fügt hinzu: »Die Digitalisierung einzelner HACCP-Elemente war jedoch etwas vollkommen Neues: ein Geschäftsfeld, das wir zuvor noch nie betreten hatten.« Neben Burkhardt und Lang holte Maier noch seine Marketingchefin Sabine Kühne und Mario Stockhausen in das Digitalisierungskernteam. Stockhausen war damals Chef der Kreativagentur, die Rieber seit langer Zeit beraten hatte. Inzwischen ist er ganz ins Unternehmen gewechselt.

»Was wir mit CHECK erreichen wollten, brauchte die Unterstützung vieler Bereiche unseres Unternehmens«, erinnert sich Markus Lang. Die Idee klang einfach – die Umsetzung war teilweise sehr komplex. Alle neu produzierten GN-Behälter sollten in Zukunft mit einem individuellen QR-Code versehen sein, der sie samt Inhalt jederzeit auffindbar machen sollte. Für die Mitarbeitenden in den Küchen würde das bedeuten: Anstatt mit Papier und Stift würden sie ein über Funk angebundenes Thermometer und ein Lesegerät für den QR-Code benötigen. Die Informationen werden automatisch über ein Smartphone in eine Cloud hochgeladen, und der Küchenchef hat über eine Webseite den Echtzeit-Zugriff auf alle Daten. Verlässt das Essen das Haus, um an eine Schule, einen Kindergarten oder eine Kantine geliefert zu werden, soll eine Thermobox mit integriertem Thermometer die Temperaturmessung automatisch übernehmen.

»Anfangs dachten wir, dass es eine smarte Idee wäre, die QR-Codes per Laser auf die Behälter aufzubringen«, erinnert sich Burkhardt. »Das Problem war nur, dass bei so einem Code der Kontrast sehr stark sein muss. Auf Papier gedruckt haben QR-Codes starke Unterschiede zwischen den hellen und den dunklen Flächen, bei einem Edelstahlbehälter muss man den Laser jedoch sehr lange auf das Material einwirken lassen, damit der Code dunkel genug wird. Als ich den Maschinenstundensatz und die Personalkosten zusammengerechnet habe, stellte ich fest, dass wir bei 1,50 Euro bis 2 Euro pro Code landen. Das wäre unrentabel.« Was noch gegen die Laserbeschriftung sprach: Es sind bereits hunderte Millionen der GN-Behälter auf dem Markt – diese hätten nicht alle eingesammelt und mit Lasergravuren versehen werden können. Das war unrealistisch, also blieben nur Aufkleber.

Doch einen Aufkleber zu finden, der die hohen Temperaturen im Küchenprozess aushält und dabei keine giftigen Stoffe ausdampfen lässt, war eine echte Herausforderung. Verfügbare Aufkleber, die die Zulassung für den Kontakt mit Lebensmitteln haben, können nur bis zu einer Temperatur von 80°C eingesetzt werden. Außerdem ist eine hohe Verschleißfestigkeit notwendig, damit der QR-Code auch mit mechanischen Beschädigungen weiterhin lesbar ist. Dazu kommt die Belastung mit Reinigern in den gewerblichen Spülmaschinen.

Es gibt zwar hitzebeständige Kleber, die Temperaturen bis zu 1 200 °C aushalten können. Aber sie sind so giftig, dass sie nicht in der Lebensmittelindustrie eingesetzt werden dürfen. »Seine Kunden umzubringen ist kein gutes Geschäftsmodell«, erklärt uns Produktionsgeschäftsführer Burkhardt verschmitzt in schwäbischem Dialekt. »Wir haben lange, lange gesucht und geforscht.«

Das Team hat insgesamt zweieinhalb Jahre gebraucht, um eine sichere Lösung zu finden. Es wurde getestet und wieder verworfen, mit verschiedenen möglichen Lieferanten gesprochen und wieder neu entworfen. Schlussendlich entwickelte Rieber zusammen mit einem Hersteller einen aufklebbaren QR-Code, der alle Anforderungen erfüllt: Dieser ist zertifiziert für den Kontakt mit Lebensmitteln und einsetzbar bei einer Dauertemperatur von 150 °C, kurzzeitig sogar bis 180 °C. Ein Schutzlaminat macht den Aufkleber verschleißfest.

»Wie haben Sie sich immer wieder motiviert auf diesem langen Weg?«, fragen wir nach. »Wissen Sie,« meint Burkhardt, »wir waren immer davon überzeugt, dass Max Maiers Vision tatsächlich einen Unterschied macht – wenn wir sie nur umgesetzt bekommen. Im Moment messen wir ja nur einen kleinen Teil in der Lebensmittel-Verarbeitungskette digital. Aber sobald CHECK voll einsatzfähig ist, könnte es einen bedeutenden Anteil daran haben, dass ich meinen Kindern eine bessere Welt hinterlasse. Wird das Ganze gelingen oder nicht? Wie sehr ich mich einbringe, das macht den Unterschied.«

Auf die Motivationsfrage antwortet Marketingchefin Sabine Kühne: »Für mich war klar, dass wir CHECK in die Welt bringen müssen. Weniger Nahrungsmittelvergiftungen durch einen sicheren Prozess, und gleichzeitig eine einfachere Handhabung der HACCP-Richtlinien für unsere Kunden – so etwas wird gebraucht, darüber musste man gar nicht nachdenken. Die große Vision hat mich so richtig gepackt. Ich wollte sehen, wo das alles noch hinführen kann.«

IT-Chef Lang hat während der Probeläufe viel Erfahrung gesammelt. »Bei unseren ersten 14 Testkunden war ich vor Ort und habe die Netzwerke selbst installiert«, berichtet er. »Mich hat es damals besonders inspiriert zu sehen, welchen Unterschied das System bei unseren Kunden macht – wie viel Zeit es ihnen spart und wie viel Sicherheit es gibt.« Fällt etwa in einer Großküche in der Nacht ein Kühlhaus aus, kann sich der Küchenchef nicht sicher sein, ob es einmal oder mehrfach geschah. CHECK dagegen verrät, ob die Ware noch verwendet werden darf oder ob Produkte im Wert von mehreren Tausend Euro weggeworfen werden müssen.

»Wir haben schnell gemerkt, dass wir bei der hohen Anzahl an Messelementen, die in einer Großküche nötig sind, mit den bestehenden Bluetooth- und WLAN-Technologien schnell an unsere Grenzen stoßen würden«, erklärt Lang. »Nach langer Suche konnten wir einen Sensor am Markt finden, welcher auch bei hoher Stückzahl eine zuverlässige Funkverbindung ermöglicht. Sehr wichtig war uns auch, dass der Sensor autark arbeitet, um die Transportprozesse optimal und vollständig dokumentieren zu können.«

»Vom Acker auf den Teller« ist ein geflügelter Begriff, den jeder unserer Gesprächspartner irgendwann nannte. Um diese Idee auch in der digitalen HACCP-Überwachung Realität werden zu lassen, brauchte das Rieber-Team weitere strategische Partner. Das Lebensmittel-Logistik-Unternehmen IFCO Systems wurde einer davon. IFCO-Kisten stehen in so gut wie jedem Lebensmittelbetrieb. Wann immer ein Bauer Obst und Gemüse für den Transporter fertigmacht oder ein Händler auf dem Fischmarkt frische Fische verpackt, landen diese Produkte in den grünen oder schwarzen IFCO-Boxen. Heute sind viele der neuen Kisten bereits mit QR-Codes versehen, auch wenn sie technisch noch nicht angebunden sind.

Bei der Vernetzung kommen die SAP-Spezialisten des Porsche-Beratungsunternehmens MHP ins Spiel. Sie sollen dafür sorgen, dass CHECK mit seinen QR-Codes irgendwann mit den Warenwirtschaftssystemen der Händler verbunden wird. T-Systems kam aus zwei wichtigen Gründen mit an Bord: Zum einen vertrauen Kunden einer Cloud bei Deutschlands größtem Telekomanbieter vermutlich mehr als der Rieber-Cloud in Baden-Württemberg. Zum anderen kümmert sich T-Systems um das Payment: Caterer, die bei CHECK künftig dabei sein wollen, bekommen den Vertrag von der Deutschen Telekom – so, als würden sie ein Handy-Abo abschließen. »Das Einsteigerpaket mit 15 QR-Codes und zwei Messgeräten gibt es bereits ab 69 Euro pro Monat«, präzisiert Marketingchefin Kühne.

»Man muss also keine Rieber-Produkte in der Küche haben, um bei CHECK mitzumachen?«, fragen wir nach. »Natürlich wäre es klasse, wenn alle Köche nur noch Rieber in der Küche verwenden würden«, meint

Mario Stockhausen schmunzelnd. »Aber die Vision ist größer. Daher bekommt der Kunde QR-Codes, die er einfach auf alle Produkte kleben kann. Wenn ein einziger dieser Aufkleber dazu beiträgt, dass an keiner Schule, an keinem Kindergarten jemals wieder eine Salmonellenvergiftung entsteht, dann sind wir einen großen Schritt vorwärtsgekommen.«

Max Maier liegt es am Herzen, etwas besonders hervorzuheben: »Es wird ja gerne gesagt, dass wir in Deutschland beim Thema Digitalisierung so sehr hinterher sind. Ich erlebe das auf Firmenseite anders. Wir Unternehmer sind schon recht weit. Es ist die Politik, die hinten dran ist. Wir können auf Unternehmensseite in Kürze für die HACCP-Dokumentation alles digital liefern. Jedoch können die staatlichen Prüfstellen diese Daten noch nicht entgegennehmen. Es fehlt eine politische Entscheidung – und mir scheint, dass auf dieser Ebene gerne weiterhin eine Zettelwirtschaft gesehen wird!«

Im Jahr 2017 löste Max Maier CHECK aus dem Rieber-Firmenkontext heraus und etablierte es als eigenes Unternehmen mit dem Namen BetterFood. Für IT-Chef Lang war das kein leichter Schritt – schließlich war CHECK viele Jahre sein Baby, das er zusammen mit einigen externen Programmierern auf die Welt gebracht hat. »Persönlich wünschte ich mir natürlich, es bliebe wie bisher«, gesteht er. »Und zugleich macht es Sinn, das Ganze nun in einem anderen Umfeld wachsen zu lassen. Es schlagen zwei Herzen in meiner Brust.« Max Maier folgt seiner Vision: »Jetzt ist die Zeit, das eigene Wissen zu teilen, um Exzellenz zu erreichen. Wenn wir die Welt verändern wollen, dann gelingt das nur in Kooperation mit anderen. Wir müssen uns zusammentun!«

Das Wissen um andere Menschen verändert unser Handeln

»Wenn wir ein bedeutsames Problem lösen wollen, dann rufen wir Adam Grant an«, sagt Prasad Setty, Vice President, People Analytics and Compensation bei Google. Grant ist der Superstar unter den Organisationspsychologen. Er lehrt an der Wharton School, die im Jahr 1881 als erste Business School der Vereinigten Staaten gegründet worden ist. Dort wird er seit fünf Jahren in Folge von seinen Studenten zum besten Lehrer des Campus gewählt. Einer seiner Studienschwerpunkte: Was motiviert Menschen im Arbeitskontext?

Als Grants erste Tochter geboren wurde, fiel ihm im Krankenhaus auf, dass die Ärzte und das Pflegepersonal durch Hinweisschilder daran erinnert wurden, sich regelmäßig die Hände zu desinfizieren – aus seiner Sicht eine wenig hilfreiche Strategie. Es gibt in der Psychologie das bekannte Phänomen der »Illusion der eigenen Unverwundbarkeit«. Dieses wirkt auch bei Krankenhausmitarbeitenden: Wer glaubt, dass Keime und Bakterien ihm nichts anhaben können, desinfiziert sich seine Hände weniger sorgfältig, als es sinnvoll wäre.

Bereits 1847 fand der ungarische Arzt Ignaz Semmelweis heraus, wie bedeutsam Handhygiene ist: In seinen Anfangsjahren an der ersten geburtshilflichen Klinik in Wien lag die Sterblichkeitsrate durch Kindbettfieber teilweise bei bis zu 15 Prozent. Die Übertragung von Krankheiten durch Bakterien war damals noch nicht erforscht. Semmelweis erkannte jedoch durch Beobachten, dass es einen unmittelbaren Zusammenhang zwischen den verschmutzten Händen der Ärzte und der hohen Sterblichkeit der Mütter gab. Erst als sich Ärzte und Medizinstudenten auf seine Anweisung hin ihre Hände regelmäßig mit Chlor desinfizierten, reduzierte sich die Kindbettfieber-Sterblichkeitsrate auf 1,3 Prozent.

Dem Organisationspsychologen Grant kam beim Betrachten der Handhygieneschilder ein Gedanke: Wie würde es sich auswirken, wenn man das Phänomen der »Illusion der eigenen Unverwundbarkeit« aushebeln und die »Verwundbarkeit der Patienten« mehr in den Mittelpunkt stellen würde? Würde es einen Unterschied machen, wenn man den Einfluss des eigenen Verhaltens auf das Wohlergehen anderer Menschen hervorheben würde?

Um das herauszufinden, installierte er mit seinem Kollegen David Hofmann von der University of North Carolina in einem Krankenhaus mehrere Seifen- und Desinfektionsspender, deren Gebrauch detailliert gemessen werden konnte. Das eigentliche Experiment fand jedoch außerhalb der Spender statt: Die beiden Forscher hatten zwei unterschiedliche Schilder vorbereitet, die sie über den Spendern aufhängten. Auf einem Schild stand der Text: »Ihre Hände zu reinigen, hilft Ihnen, gesund zu bleiben.« Auf dem anderen Schild stand: »Ihre Hände zu reinigen, hilft Ihren Patienten, gesund zu werden.«

Der beobachtbare Effekt war beeindruckend. Obwohl die Reinigungsgeräte identisch, die Schilder gleich groß und die Worte sehr ähnlich gewählt waren, war die Benutzungshäufigkeit messbar unterschiedlich: Wurde das Krankenhauspersonal durch das zweite Schild regelmäßig darauf aufmerksam gemacht, dass das eigene Händewaschen Einfluss auf die Gesundheit der Patienten hat, reinigten sich die Mitarbeitenden um 10 Prozent häufiger. Und nicht nur das: Auch die Intensität der Reinigung erhöhte sich – es wurden 45 Prozent mehr Waschgel und Desinfektionsmittel verbraucht.

Die Ergebnisse erinnern an das Digital-Team von Rieber, welches mit hoher persönlicher Leistung das digitale Tracking-System CHECK entwickelte. Der Eindruck des großen Einflusses der eigenen Arbeit auf das Leben anderer Menschen war für viele unserer Gesprächspartner ein bedeutsamer Faktor: Die einen waren angespornt von dem großen Gedanken an eine abfallärmere Welt und bessere Ernährung, die anderen von der konkreten Vorstellung, Kinder in Kindergärten und Schulen vor Lebensmittelvergiftungen zu schützen.

Die Erkenntnis: Wenn Menschen verstehen, dass ihr Handeln das Wohlergehen anderer positiv beeinflusst, sind sie bereit, das eigene Verhalten zu verändern.

IT-Chef Markus Lang war zudem durch den unmittelbaren Kontakt mit den Menschen beeindruckt, denen CHECK den Arbeitsalltag spürbar erleichtert hat: »Mich hat es damals besonders inspiriert zu sehen, welchen Unterschied das System bei unseren Kunden macht«, sagt er.

Der Einfluss von persönlichem Kontakt wurde von Adam Grant und vielen weiteren Wissenschaftlern ebenfalls detailliert untersucht. Wir haben zur Veranschaulichung ein Experiment gewählt, das inhaltlich gut zu Rieber passt: Ryan Buell von der Harvard Business School hat im Jahr 2015 eine Studie veröffentlicht, in der er erforschte, welchen Einfluss der Kontakt zwischen einem Koch und seinem Gast auf die Qualität des Essens hat.

Buell und seine Kollegen befragten zwei Wochen lang insgesamt 328 Gäste, die ihr Gericht im Speisesaal einer Universität an einer präparierten Essensausgabe bestellten. Die Köche befanden sich in einem hinteren Teil des Gebäudes, sodass kein direkter, persönlicher Kontakt zwischen Koch und Gast zustande kommen konnte. Die Wissenschaftler installierten sowohl hinten in der Küche als auch vorn bei der Essensausgabe iPads, die durch eine Videokonferenz-Software miteinander verbunden waren. Das Tonsignal hatten die Wissenschaftler ausgeschaltet, es wurde ausschließlich das Bild gesendet.

Buell testete mehrere Szenarien:

1. Der Gast konnte den Koch sehen, der Koch jedoch nicht den Gast.
2. Der Koch konnte den Gast sehen, der Gast jedoch nicht den Koch.
3. Koch und Gast konnten einander sehen.

Jeder Gast wurde im Anschluss nach der Qualität des Essens befragt. (»Auf einer Skala von 1 bis 7: Wie zufrieden waren Sie mit der heutigen Bestellung?«). An manchen Tagen der Studie waren die iPads deaktiviert. Die Befragungsergebnisse aus dieser Zeit dienten als Vergleichswert.

Was glauben Sie, welche Auswirkung der Kontakt hatte? Stellen Sie sich vor, Sie sitzen in einem Restaurant und sehen über einen Bildschirm dem Koch bei der Zubereitung des Essens zu. Möglicherweise bewerten Sie dann die Qualität ein klein wenig höher, da Sie beobachtet haben, wie viel Arbeit in dem Gericht steckt. Genau das konnten die Wissenschaftler in dieser Studie erkennen. In Szenario 1 (der Gast sieht den Koch, der Koch jedoch nicht den Gast) haben die Gäste die Qualität der Bestellung um marginale 0,19 Punkte besser bewertet, als die Gäste an den Vergleichstagen bei deaktivierten iPads.

Nun versetzen Sie sich in das zweite Szenario: Sie sind ein Koch, der gerade ein Gericht zubereitet. Auf einem Bildschirm können Sie den Gast sehen, der auf sein Essen wartet. Auch wenn Sie nicht mit ihm sprechen oder interagieren, kennen Sie das Gesicht des Menschen, der gleich von der Qualität Ihrer Arbeit beeinflusst wird. Seit der Zeit der Industrialisierung und der Aufteilung von Arbeitsprozessen ist der personliche Kundenkontakt ein rares Gut. Viele Menschen kennen ja nicht einmal die Person im nächsten Schritt der Wertschöpfungskette. Sie jedoch, weil Sie Ihren Kunden sehen können, bauen – bewusst oder unbewusst – eine Bindung zu ihm auf. Wie werden Sie sich verhalten? Geben Sie sich vielleicht etwas mehr Mühe? In Buells Experiment war genau das der Fall: Die Gäste (die den Koch nicht sehen, jedoch vom Koch beobachtet wurden) bewerteten die Qualität des Essens um 10 Prozent besser im Vergleich zu den Gästen der Kontrollgruppe.

Kommen wir zu dem Szenario, das der Situation von IT-Chef Lang am ähnlichsten ist: Koch und Gast können einander beobachten. Auch wenn keine persönliche Interaktion stattfindet und der Audiokanal deaktiviert ist, können sie eine gegenseitige Bindung aufbauen. Was schätzen Sie, geschah jetzt? Die Qualität des Essens stieg nochmals: Die Gäste bewerteten ihr Essen nun um 17 Prozent »leckerer«.

Buell und sein Team wollten jedoch noch eine weitere Bestätigung ihrer Ergebnisse. Daher suchten sie zusätzlich zu den subjektiven Bewertungen der Gäste auch nach objektiv messbaren Faktoren, die zeigten, dass die Qualität der Essenszubereitung tatsächlich stieg. Bei den Eiern wurden sie fündig.

Die Forscher hatten während der Studie Beobachter in der Küche platziert, die den Prozess der Essenszubereitung analysierten. Für gewöhnlich hatten die Köche bereits einige Spiegeleier auf den Herdplatten vorbereitet. Wenn die Bestellung eines Menüs mit Ei einging, fügten sie die vorbereitete Beilage einfach hinzu. Wenn allerdings längere Zeit kein Ei-Gericht bestellt wurde, hatte der Gast das Nachsehen: Er bekam ein viel zu durchgebratenes Spiegelei serviert. Sobald jedoch die Kameras aktiviert waren und der Koch seine Gäste sehen konnte, änderte sich sein Verhalten: Er briet die Eier nur noch dann, wenn eine Bestellung bei ihm einging. Das Menü wurde auf den Punkt zubereitet. »Die Köche berichteten, wie sehr es ihnen gefiel, ihre Kunden zu beobachten«, berichten die Forscher. »Viele von ihnen wollten die Videoübertragung nach dem Experiment am liebsten beibehalten.«

Bereits ein Gesicht lässt uns besser werden

Natürlich hat nicht jeder Mitarbeitende die Möglichkeit, mit einem Kunden direkt in Kontakt zu kommen. Viele Menschen arbeiten im Hintergrund, während nur die Kollegen im Vertrieb den Kunden persönlich kennen. Selbst praktizierende Ärzte arbeiten bisweilen komplett unterstützend. Insbesondere Radiologen verbringen viele Stunden pro Tag allein in ihrem Büro und interpretieren MRT- oder CT-Aufnahmen, die ihnen von Kollegen zugesendet wurden. Dr. Yehonatan N. Turner ist einer von ihnen. Er arbeitet am Shaare Zedek Medical Center in Jerusalem, Israel. »Ich habe irgendwann bemerkt, dass ich die Leber und die Milz mancher Patienten besser kannte, als die Menschen selbst«, berichtet Turner. »Ich dachte mir, dass mir ein Foto des Menschen helfen würde, eine andere Art von Beziehung zu ihm aufzunehmen.«

Um herauszufinden, ob es nur ihm so erging oder ob seine Kollegen ähnlich empfanden, initiierte der Radiologe eine Studie: Er bat 318 Patienten um die Erlaubnis, Fotos von ihren Gesichtern machen zu dürfen, um sie gemeinsam mit den CT-Scans an Kollegen weiterzureichen. Insgesamt 15 Radiologen werteten diese CT-Scans aus. Wenn sie die Dateien der Patienten öffneten, erschienen automatisch die von Turner gemachten Fotos. Dem Wissenschaftler fiel auf, dass seine Kollegen nun durchschnittlich längere Berichte mit mehr Empfehlungen verfassten, nachdem sie die Scans innerlich einem Menschen zugeordnet hatten. Diese Sorgfalt kann Leben retten: Arbeitet ein Radiologe besonders gewissenhaft und gründlich, erhöht sich die Wahrscheinlichkeit, dass er einen Zufallsbefund macht. Tatsächlich entdeckten die Radiologen bei 81 der CT-Scans Auffälligkeiten, nach denen sie ursprünglich gar nicht gesucht hatten. Turner bewahrte diese 81 CT-Scans auf und legte sie den 15 Radiologen seiner Studie drei Monate später nochmals anonymisiert zur Analyse vor – jedoch ohne die Patientenfotos. Das Ergebnis war erschreckend: 80 Prozent der zuvor gemachten Zufallsbefunde wurden dieses Mal nicht entdeckt!

So wie das Engagement der Ärzte durch einen zeitversetzten, virtuellen Patienten-/Kundenkontakt positiv beeinflusst wurde, geschieht es auch in anderen Wirtschaftsbereichen: Das Kölner Familienunternehmen Liftstar hat diese Wirkung bereits vor längerer Zeit entdeckt. Das Unternehmen vertreibt hauptsächlich Treppenlifte und verhilft seinen Kunden dadurch zu mehr Lebensqualität. Manche können überhaupt nur durch einen dieser Treppenlifte im eigenen Haus wohnen bleiben. »Ich habe vor 30 Jahren meinen ersten Treppenlift verkauft«, erzählt uns Harald Seick, Gründer und Gesellschafter des Unternehmens. »Wenn ich Kunden nach dem Einbau nochmal besucht habe, habe ich immer festgestellt, wie zufrieden sie mit der Entscheidung waren.« Von Liftstars 530 Mitarbeitenden arbeiten jedoch rund die Hälfte im Innendienst. Marketingmitarbeiterin Anna Ballentin stellt fest: »Anders als die Kolleginnen und Kollegen im Außendienst und im Service vor Ort, haben die Mitarbeitenden im Innendienst keinen direkten Kundenkontakt. Sie erleben die Dankbarkeit unserer Kunden somit nicht unmittelbar.« Ballentin und ihre Kollegen interviewten, fotografierten oder filmten daher ausgewählte Kunden wenige Wochen nach Einbau des Treppenlifts. Die Ergebnisse wurden den Mitarbeitenden über das Intranet oder über Aushänge zur Verfügung gestellt.

David Rosenbaum, bei Liftstar verantwortlich für »Kundenorientierte Zusammenarbeit«, sagt: »Die Fotos hängen in den Büros und Fluren der Mitarbeitenden und bewirken wahre Wunder. Grundsätzlich weiß jeder Mitarbeitende im Innendienst, wie wichtig und sinnstiftend unsere Arbeit für unsere Kunden ist. Durch die Bilder werden sie immer wieder daran erinnert. Ich erlebe, dass es sie emotional berührt.« Rosenbaums Eindruck wird durch die letzte Mitarbeiterumfrage untermauert: 90 Prozent von ihnen gaben an, dass ihre Arbeit eine besondere Bedeutung für sie habe.

Gründer Harald Seick ist sich sicher: »Wir haben jetzt nicht bewusst gemessen, welcher Mitarbeitende seine Leistung wie verbessert hat. Aber ich merke bei vielen Menschen im Unternehmen eine hohe Sinnhaftigkeit für das, was wir tun. Im Moment kann ich mich über wiederkehrende Rekordergebnisse freuen. Viele Menschen wachsen hier sehr über sich hinaus.«

> **Die Erkenntnis:** Selbst wenn Menschen nur mittelbaren Kontakt zu Kunden haben, die sie durch ihr Handeln positiv beeinflussen, entwickeln sie bessere, gewissenhaftere Leistungen.

Viessmann – Eine starke Ausrichtung auf das Warum

»Kommt am besten mal mit!«, sagt Maximilian Viessmann. Wir sind erst seit wenigen Augenblicken im Gespräch. »Nennt mich Max«, sagt er, während wir mit ihm durch die Büroetage in der Berliner Friedrichstraße laufen. Hier sitzt ein Teil des Digitalisierungsteams, das das Familienunternehmen Viessmann seit Anfang 2015 aufgebaut hat. Der Rest ist in der Firmenzentrale in Allendorf beheimatet, dem Hauptsitz des 1917 gegründeten Familienunternehmens. Es ist in 74 Ländern rund um den Globus insbesondere durch seine Heizungsanlagen und sein Wintersport-Sponsoring bekannt.

»Wir wollen das bestmögliche Kundenerlebnis erreichen«, meint Max, als wir mit ihm vor einer der bunt beklebten Flurwände stehen. Er zeigt auf die Zeichnung eines glücklichen, von Post-its umrahmten Menschen und erklärt uns ein erstes Ergebnis der Digitalisierung. »In der Vergangenheit hat sich der Nutzer unserer Produkte kaum online informieren können. Der Kauf von Heizungen hat primär offline stattgefunden. Das war sowohl für unsere Partner als auch für unsere Nutzer wenig skalierbar, sondern immer von der begrenzten Zeit der verfügbaren Installateure abhängig, und auf lokale Reichweite begrenzt.«

Diese Zeiten sind vorbei: Viessmann hat ein Online-Tool entwickelt, das die Heizungsinstallateure als Plug-in in die eigenen Webseiten integrieren können. Der Endkunde kann all seine Daten bequem online eingeben: die Art der gewünschten Heizung, Baujahr, Größe und Klassifizierung (alt/neu) des Hauses, die Anzahl der Räume, die Art des Daches und der Wärmedämmung. »Wir haben in den letzten Jahrzehnten genügend Marktdaten gesammelt, um anhand solcher Informationen zu bestimmen, was für eine Heizanlage benötigt wird«, sagt Max. Heutzutage erhält der Interessent bereits wenige Augenblicke nach der Eingabe über das Online-Tool ein unverbindliches Angebot. Der Installateur erspart sich dadurch viel unbezahlte Arbeit. Viessmanns Plug-in hat zudem ein optionales Modul für Suchmaschinen-Marketing integriert. Das hilft dem Installateur, mit seiner Website bei Google besser positioniert zu sein. Viessmann bietet ihm zusätzlich ein ausgefeiltes Logistiknetzwerk an, über das er innerhalb einer Tagesfrist alle Komponenten geliefert bekommt, die er für den Bau der Anlage benötigt. »Früher musste er sich das von verschiedensten Zulieferern bestellen, die deutlich länger dafür brauchten«, ergänzt Max.

Begonnen hat die digitale Transformation bei Viessmann auf einer Bergwanderung, die Vater Martin Viessmann und Sohn Maximilian im Herbst 2014 unternommen hatten. »Mein Vater ist ein unglaublicher Stratege und ein starker Umsetzer«, meint Max. »Eine außergewöhnliche Kombination!«

Martin Viessmann ist für seine Leistungen mit Ehrenprofessuren, Ehrendoktortiteln, dem Bundesverdienstkreuz und dem Preis »Unternehmer des Jahres« gekürt worden. Doch im Herbst 2014 spürte er, dass ihm die Erfolge der Vergangenheit keine Antwort für die Herausforderungen der Zukunft geben würden. Wie sollte er sein 12 000-Mitarbeiter-Unternehmen in die digitale Zukunft führen? Also bat er seinen Sohn um Rat. »Ich bin allerdings auch kein Digital Native, ich habe Maschinenbau studiert«, stellt Max klar. »Ich kenne mich aber beispielsweise durch meine Angel-Investments mit den klassischen digitalen Themen aus. So konnte ich meinem Vater eine Perspektive anbieten, die dem Unternehmen half.«

Die Viessmann-Führung setzte das Thema Digitalisierung weit oben auf die Agenda und begann es in drei Wellen umzusetzen:

1. Die erste Welle begann 2015 mit Joachim Janssen als Chief Digital Officer (CDO). Er verantwortet inzwischen als CEO das operative Kerngeschäft von Viessmann.
2. In der zweiten Welle, 2016, wurde Max CDO. Er ist nun CEO von VC/O, einer Schwesterfirma des Unternehmens, und kümmert sich um den Aufbau neuer Geschäftsmodelle.
3. Die dritte Welle begann 2017 und wird durch Markus Pfuhl begleitet. Er ist der jetzige CDO.

Aber der Reihe nach: Im Jahr 2015 wurde Joachim Janssen, damals noch CFO der Unternehmensgruppe, neben Martin Viessmann zum Co-CEO und CDO befördert, um die Grundlagen der Digitalisierung aufzubauen. »Es war klar, dass mein Vater sich mittelfristig auf seine Aufgabe als Präsident des Verwaltungsrats konzentrieren würde«, sagt Max. »Joachim hat die digitale Agenda mitgestaltet, sie wurde danach auch Teil seiner CEO-Agenda.« In dieser digitalen »Sensibilisierungsphase« gründete Janssen eine digitale Business-Unit aus 15 Mitarbeitenden, die er aus verschiedenen bestehenden Organisationseinheiten des Unternehmens rekrutierte. Das Team kümmerte sich ganz konkret um den Aufbau von Konnektivitätslösungen für das Kerngeschäft von Viessmann: Die Vitoconnect ist eine Kommunikationsschnittstelle, die der Endkunde an seinen Heizkessel anschließen kann. Durch WLAN-Anbindung der Vitoconnect kann er mit einer Mobile-App seinen Heizkessel überwachen und steuern. Zudem kann sich der Installateur auch jederzeit einloggen, wenn der Kunde anruft und ein Problem mit seiner Heizung meldet. Das spart Anfahrtskosten, und die Heizung funktioniert dadurch oftmals bereits nach einigen Minuten wieder. Inzwischen hat Viessmann die Systeme so weit entwickelt, dass sie den Installateur bereits vor einer möglichen Störung informieren.

Viessmann begann sehr früh, den Mitarbeitenden das Warum der Veränderung zu vermitteln. »Wir haben in dieser Phase bereits intensiv begonnen, im Unternehmen über Digitalisierung zu sprechen«, berichtet der jetzige CDO Markus Pfuhl. Er war damals für Corporate Development verantwortlich und arbeitete bereits eng mit dem digitalen Team zusammen. Markus, Max, der damalige CDO Joachim und zwei weitere Mitarbeitende schwärmten jeden Freitag in die Organisation aus und hielten »Info-Meetings«. Jeder von ihnen sprach vor jeweils 20 bis 30 Personen, um zu vermitteln, warum Viessmann sich überhaupt auf den digitalen Weg begeben hatte. »Wir haben bereits in dieser Zeit durch den intensiven Austausch die ersten 1 500 Menschen erreichen können«, sagt Markus Pfuhl.

Die zweite Welle begann im Juni 2016. Joachim Janssen wurde vom Co-CEO zum CEO. Max übernahm nun die CDO-Rolle. Die regelmäßigen »Info-Meetings« wurden vom Ende auf den Anfang der Woche verschoben. Sie hießen nun: »Thank God it's Monday«-Meetings (TGIM) und vermittelten das Warum noch intensiver. Max und andere Teammitglieder begannen vor bis zu 500 Mitarbeitenden zu Themen wie Unternehmenskultur, dem Nutzen von regelmäßigem Feedback und natürlich zu vielen Inhalten der digitalen Transformation zu sprechen. »Das bedurfte viel Fingerspitzengefühl. Zum einen wollten wir möglichst viele Inhalte vermitteln. Zugleich mussten wir jedoch aufpassen, dass wir den unterschiedlichen Wissensständen der Mitarbeitenden gerecht werden konnten«, erinnert sich Max' ehemaliger Assistent.

In den TGIM-Meetings wurde auch sehr viel über die neuen Marktbedingungen gesprochen. »Es ging mir darum, den Menschen zwei Dinge zu vermitteln«, sagt Max. »Erstens: Wir erleben derzeit eine technologiebasierte Kostendegression, die es in der jüngeren Geschichte so noch nicht gegeben hat. Sie findet mit rasend hoher Geschwindigkeit statt. Cloud Computing kostet heute nur noch 2 Prozent von dem, was man vor vier Jahren gezahlt hat. Sensorik und andere Bereiche entwickeln sich ähnlich. Und all das findet gleichzeitig statt. Dass das einen Einfluss auf uns haben wird, ist klar.«

Um den zweiten wichtigen Aspekt zu verdeutlichen, zieht er während der TGIM-Vorträge gerne sein Handy aus der Tasche: »Jeder hier im Raum ist im Privatleben längst in der digitalen Welt angekommen. Nur in Unternehmen ist sie weit entfernt.« Mehrere unserer Gesprächspartner erzählten uns, dass das für viele der Mitarbeitenden ein Augenöffner gewesen sei.

»Ich wollte damit keine Angst verbreiten, so wie manche Berater das gerne tun. Ich wollte ein Bewusstsein für das schaffen, was gerade in der Welt geschieht«, erklärt Max. »Digitalisierung ist für uns schließlich kein Vehikel zur Rationalisierung. Es geht uns darum, Menschen produktiver zu machen, damit sie ihre erhöhte Produktivität für ihr eigenes Wohlbefinden einsetzen können.«

Aus der früheren Digital Business Unit wurde unter Max eine Digital Taskforce. »Wir haben ein paar richtig gute Leute aus dem Ökosystem der Digitalszene für uns gewonnen«, freut sich Max. 70 Prozent der Mitarbeitenden, die heute die Transformation vorantreiben, sind jedoch aus dem eigenen Unternehmen rekrutiert. Damit kann sich das System Viessmann selbst verändern, anstatt ausschließlich von »externen Internen« in eine bestimmte Richtung gedrängt zu werden. Gemeinsam haben die digitalen Teams umfangreiche Workshops für die gesamte Belegschaft initiiert. Darin können die Mitarbeitenden – teilweise gemeinsam mit den Kunden – erarbeiten, warum die Digitalisierung für das Unternehmen, für seine Kunden und letztlich auch für den Hausbesitzer relevant ist.

»Die Workshops helfen den Teilnehmenden nachzuvollziehen, warum die Transformation unumgänglich ist«, erläutert Markus Pfuhl. »Wie können wir die schnellen Veränderungen im Markt gewinnbringend für unsere Kunden und damit auch gewinnbringend für Viessmann nutzen?«, lautete dabei oftmals die Leitfrage. Viessmann hat Workshop-Ansätze gewählt, in denen die Teilnehmenden gemeinsam Ideen entwickeln – ähnlich wie bei klassischen Design-Thinking-Formaten. Insgesamt haben bisher über 1 000 Mitarbeitende und Kunden daran teilgenommen. Auf großen Messen bucht das Unternehmen eigene Räume, um Fachmessebesucher zu Workshops mit seinen Mitarbeitenden einladen zu können.

Ursprünglich wurden dort 150 Ideen für Digitalisierungsprojekte generiert. Diese wurden im Laufe der Zeit auf 40 reduziert. »Wenn man nach einigen Wochen bemerkt, dass man mit einer Idee nicht vorwärtskommt, muss man sie loslassen. Kill your darlings!«, erklärt Max. Es war ein kultureller Wandel nötig, bis die Mitarbeitenden sich trauten, von ihren Ideen loszulassen. Viessmann ist traditionell auf Perfektionismus ausgerichtet.»Es war unser Job in der Führung, unseren Mitarbeitenden zu vermitteln, dass Fehler Teil der Iteration sind«, sagt Max.

»Wenn Mitarbeitende Verantwortung für neue Projekte übernehmen, dann kommt es vor, dass Führungskräfte in den Ebenen dazwischen das – teils unbewusst – ausbremsen. Wie ist es euch gelungen, das mittlere Management mit einzubeziehen?«, wollen wir wissen. »Get everybody in the same room!«, antwortet Max. Alle zwei Wochen setzt sich das Managementteam in sogenannten Collaboration-Sessions in Allendorf zusammen. Diese Sessions finden in verglasten Räumen statt, in die jeder hineinschauen kann. Für jeweils zehn Minuten können Teams aus verschiedenen digitalen Initiativen den aktuellen Stand, den nächsten Schritt und mögliche »Steine im Weg« präsentieren. »Jeder kann sich dazusetzen. Dann kann später niemand behaupten, er hätte von irgendetwas nichts gewusst – auch das mittlere Management nicht«, sagt Max. CDO Markus Pfuhl ergänzt dazu: »Die große Offenheit und viel Kommunikation stellen sicher, dass wir auf allen Ebenen die notwendige Unterstützung für die Projekte haben.«

»Die Geschäftsführung braucht keine Söldnertruppe, die eine Strategie umsetzt. Wir brauchen Menschen, die an die Transformation glauben, die sie mitgestalten und mittragen«, das ist Max wichtig. Um alle bestmöglich zu erreichen, legte sich die Digital Taskforce schwer ins Zeug. Neben den TGIM-Sessions hat Viessmann für seine 12 000 Mitarbeitenden eine mobile App bereitgestellt: Vi2Go steht jedem Smartphone-Nutzer zum freien Download zur Verfügung. Mit einem Mitarbeiter-Log-in kommt man in den internen Bereich. »Vi2Go ist unsere zentrale Content-Publishing-Plattform«, sagt Marius. »Neben der reinen Informationsvermittlung bieten wir auch Foren zu verschiedenen Themen an, in denen sich Mitarbeitende untereinander austauschen können.« CDO Markus fügt hinzu: »Der News-Feed aus allen Unternehmensbereichen ist der meistgenutzte Inhalt – insbesondere die People@Viessmann-Texte, in denen sich einzelne Mitarbeitende und Teams dem Rest des Unternehmens vorstellen.«

Auch das Ideenmanagement wird über Vi2Go abgebildet: Mitarbeitende können über die App eigene Geschäftsideen vorstellen, diese wiederum werden von anderen Mitarbeitenden bewertet. In diesem mehrstufigen Prozess kann es geschehen, dass einer der 12 000 Mitarbeitenden sich plötzlich bei einem gemeinsamen Kaffee in der Firmenkantine mit Max, Markus Pfuhl oder CEO Joachim Janssen wiederfindet.«

Um die digitale Kompetenz der Mitarbeitenden zu erhöhen, hat das Viessmann-Führungsteam ein spezielles Digital Element Education Program (DEEP) entwickelt. Auf dieser DEEP-Learning-Plattform kann sich jeder Mitarbeitende verschiedene Videos mit einer Länge von 15 bis 30 Minuten ansehen. Im Anschluss erfolgt eine Kurzabfrage, um sicherzustellen, dass das Gelernte auch verstanden wurde. Die Inhalte reichen von: »Wie erkläre ich meinen Kindern IoT?« über: »Was ist Design Thinking?« und »Employer Branding aus digitaler Sicht« bis hin zu: »Grundlagen des digitalen Marketings«. Was Max überraschte: Viele der Log-ins finden abends statt, wenn die Mitarbeitenden längst nicht mehr in der Firma sind. Das Interesse scheint bei vielen Menschen geweckt zu sein.

Im Juni 2017 ging Max' »kompromisslose Aufbauphase«, wie er sie nennt, zu Ende. Die dritte Welle begann mit Markus Pfuhl. Max kümmert sich seitdem als VC/O-CEO um den Aufbau neuer Geschäftsmodelle. Das Kerngeschäft wird durch CEO Joachim Janssen geleitet, während sich CDO Markus Pfuhl um die digitale Transformation im Kern kümmert. Die TGIM-Meetings heißen nun Q&A-Sessions. Die Digital Taskforce hat sich weiter ausdifferenziert. Es gibt nun eigene Teams, die sich um Themen wie Innovation, Data-Insights oder Organisationsentwicklung kümmern oder die die inzwischen 60 digitalen Initiativen des Unternehmens koordinieren. »Diese Themen werden ganz bewusst in den Business-Units vorangetrieben«, sagt Markus. »Die Transformation soll nicht gegen die Belegschaft stattfinden, sondern mit ihr.«

»Was hat sich in den zwei Jahren seit Beginn der Digitalisierung bei euch verändert?«, fragen wir Markus Pfuhl. »Ich habe kürzlich bei einem Vortrag den Anfang des Films *Star Wars* gezeigt«, sagt er. »In der ersten Szene fließt dieser lange Text durch das Bild: ›A long time ago ...‹ Genauso fühlt es sich für mich an. Vieles ist komplett anders. Die Unternehmenskultur hat sich sehr verändert. Unser Wertesystem hat sich den neuen Herausforderungen angepasst: So stehen beispielsweise Inhalte über Hierarchien.« Bestätigt wird das von einem aktuellen Video, das Max' Vater, Martin Viessmann, für seine 12 000 Mitarbeitenden aufgenommen hat: »Ich bin 64 Jahre alt. Vieles von dem, was ich in der Vergangenheit getan habe, hat zu dem Erfolg dieses Unternehmens beigetragen. Aber vieles davon wird in der Zukunft nicht mehr zu dem Erfolg von Viessmann beitragen.«

Wir wollen auch von Max wissen, was für ihn und das Unternehmen seit Beginn der digitalen Transformation anders geworden ist. »Wir haben erst jetzt eine ehrliche Sicht auf das, was möglich ist und was nicht. Vor zwei Jahren hätte ich vieles noch anders eingeschätzt. Das ist eine Herausforderung, vor der auch andere Unternehmen stehen, die jetzt erst beginnen: Man kann die Lernkurve nicht wirklich abkürzen. Man kann zu Beginn viele Dinge einfach nicht richtig abschätzen.« Fehler gehören eben auch dazu. Die digitalen Protagonisten haben manches ausprobiert, das nicht gelang. Ein Beispiel: Einmal statteten sie die Mitarbeitenden im Lager mit Datenbrillen aus. Jedoch führte das eher zu visuellen Irritationen als zu effizienterem Arbeiten.

»Wenn ich mir überlege, was sich für unsere Mitarbeitenden verändert hat, dann ist es uns ganz gut gelungen, dass sie zuallererst verstanden haben, warum wir diese Transformation begonnen haben«, reflektiert Max. »Wir leben in einer neuen Realität, die durch sich überlagernde Technologiesprünge geprägt ist. Wir haben im Unternehmen die Rahmenbedingungen dafür geschaffen, dass die Mitarbeitenden für sich selbst die neuen Möglichkeiten der Transformation nutzen und die digitale Zukunft des Unternehmens mitgestalten können.«

Wie Verstehbarkeit unser Gehirn beruhigt

Stellen Sie sich vor, Sie wären Teil eines Experiments: Wir beobachten die Aktivität Ihres Gehirns, während Sie 40 kurze Filmsequenzen anschauen. Es handelt sich um etwa 15-sekündige Szenen mit Bildern unangenehmer und abstoßender Natur. Wir bitten Sie während des Betrachtens, auf unterschiedliche Art und Weise auf diese Filme zu reagieren:

1. Wir bitten Sie, die Sequenz auf sich wirken zu lassen.
2. Wir bitten Sie, während des Betrachtens Ihre Gefühle zu unterdrücken.
3. Wir bitten Sie, während des Betrachtens der jeweiligen Sequenz eine neue Bewertung zu geben. Während Sie beispielsweise die Operation

eines schwer verwundeten Menschen sehen, könnten Sie sich innerlich in die Rolle eines objektiven, interessierten Arztes versetzen.

Während Sie in einem funktionellen Magnetresonanztomografen (fMRT) liegen, der es uns erlaubt, die Aktivität Ihres Gehirns während des Experiments zu untersuchen, sammeln wir weitere Informationen. Zum einen beobachten wir Ihr Gesicht, während Sie die ekelerregenden Filmsequenzen sehen, um an Ihrem Gesichtsausdruck zu erkennen, wie stark Sie darauf reagieren. Zudem bitten wir Sie, bei jeder Filmsequenz auf einer Skala von 1 bis 5 zu bewerten, als wie unangenehm Sie das Gesehene bewerten. »1« bedeutet: Alles okay. »5« bedeutet: Ganz schrecklich.

Dieses Experiment fand tatsächlich mit 17 Personen an der Stanford University statt. Der leitende Wissenschaftler Philippe Goldin veröffentlichte die Ergebnisse unter dem Namen »The Neural Bases of Emotion Regulation: Reappraisal and Suppression of Negative Emotion«. Goldins Arbeit zeigt, weshalb es für menschliche Gehirne günstiger ist, Situationen neu zu bewerten *(to reappraise)*, anstatt die eigenen Gefühle zu unterdrücken *(to suppress)*, was wir Ihnen in Kürze erläutern werden.

In Unternehmen, die eine digitale Transformation durchlaufen, haben die Mitarbeitenden verschiedene Möglichkeiten, mit der veränderten Umwelt umzugehen. Das Idealszenario wäre natürlich, dass alle Mitarbeitenden das Thema Digitalisierung als große Chance sehen und ohne jeden Vorbehalt begeistert mitziehen. Die Realität zeigt jedoch, dass Veränderungen in Unternehmen von vielen Menschen tendenziell als unangenehm bewertet werden. Manche Chefs würden es bevorzugen, dass diese Mitarbeitenden einfach »die Klappe halten« und die Transformation nicht stören. Das jedoch führt zu einer Unterdrückung unangenehmer Gefühle *(suppression)*. Und wie Sie gleich sehen werden, hat das fatale neurobiologische Auswirkungen auf die Betroffenen.

Falls diese Menschen jedoch ihren Unmut zum Ausdruck bringen, und der Chef, der CDO und die anderen wichtigen Protagonisten einen dauerhaften Dialog tatsächlich zulassen, eröffnet das die Chance, dass der Betroffene eine andere Sichtweise auf das Geschehen erlangt und die Situation neu bewertet *(reappraisal)*.

Der beste Weg wäre natürlich, wenn die Mitarbeitenden bereits sehr früh, vielleicht sogar vor Beginn der digitalen Transformation – immer und immer wieder – über die Gründe für den Wandel informiert werden. So wie Maximilian Viessmann in seinen wöchentlichen »Thank God It's Monday«-Meetings der Mannschaft half, die Sinnhaftigkeit der bevorstehenden Umstrukturierung zu verstehen. Die Erweiterung der eigenen Perspektive durch den regelmäßigen Dialog ermöglicht es den von der Digitalisierung Betroffenen, der Transformation eine neue Bewertung zu geben.

Mit welcher Strategie der Teilnehmende des Experiments auch auf die ekelerregenden Filmsequenzen reagiert – egal, ob er den Film nur auf sich wirken lässt, ob er seine Gefühle unterdrückt oder ob er dem Gesehenen eine andere Bedeutung gibt: Im Gehirn wird die Amygdala aktiv, der neuronale »Gefahrenriecher«: Wann immer wir eine echte oder vermeintliche Bedrohung wahrnehmen, springt sie an. Sie ist eng mit dem Hirnstamm verbunden und beeinflusst durch diese Verknüpfung viele autonome Funktionen unseres Körpers wie die Atmung und den Kreislauf. Wenn wir über eine Straße gehen und ein Auto auf uns zurast, können wir davon ausgehen, dass die Amygdala augenblicklich hochaktiv wird: Das Herzrasen, das wir noch spüren, wenn die Gefahr bereits vorüber ist, wird von der Amygdala mit ausgelöst. Diese hat zudem eine enge Verbindung zum Hypothalamus, einem Teil der Hypophysen-Hypothalamus-Nebennierenrinden-Achse (HHN). Wird die HHN-Achse aktiviert, schüttet unser Körper Cortisol aus. Wir sind dann mitten in einem Alarmzustand.

Wenn Sie beim Anschauen ekelerregender Filmszenen Ihre Gefühle unterdrücken, könnte man durch die fMRT-Scans feststellen, dass sich die hohe Aktivität Ihrer Amygdala nicht verändert. Die emotionsbezogene neuronale Aktivität in diesem Teil Ihres Gehirns bleibt während der gesamten Zeitdauer der Filmsequenz konstant hoch. Was hinzukommt: Nach einigen Augenblicken regt sich der rechte ventrolaterale Teil Ihres präfrontalen Cortex. Das sind genau die Netzwerke, die für hemmende motorische Funktionen verantwortlich sind. Ihr Gehirn bleibt also weiterhin in hohem Alarmzustand, während es zusätzliche Energie verbraucht, um die Gesichtszüge nicht entgleiten zu lassen. Goldin weist an dieser Stelle darauf hin, dass die Kombination dieser verschiedenen Faktoren zu einer Aktivierung Ihres Herz-Kreislaufsystems führt. Das, was Sie neuronal vergeblich aus Ihrem Kopf wegzudrücken versuchen, verschiebt sich also in den Körper und wirkt sich belastend auf Sie aus.

Wenn Sie die Filmsequenzen hingegen neu bewerten, ist zwar zu Beginn eine hohe Aktivität der Amygdala zu erkennen. Zeitgleich wird jedoch bereits jetzt Ihr präfrontaler Cortex aktiv. Insbesondere der mediale und der dorsomediale Bereich fahren hoch – sie helfen, der aktuellen Erfahrung eine neue Bewertung zu geben. Nachdem das für einige Sekunden geschehen ist, werden nicht nur diese Netzwerke Ihres Präfrontalen Cortex wieder ruhiger, sondern auch die anfangs hohe Amygdala-Aktivität reduziert sich. Im Gegensatz zum Gehirn im Unterdrückungsmodus haben sich der präfrontale Cortex und die Amygdala nach nur wenigen Sekunden einer Neubewertung ziemlich entspannt.

Was hinzukommt: Als Goldin neben den Hirnscans und den Gesichtsausdrücken auch noch die persönlichen Rückmeldungen (1 bis 5 auf der Skala: »Wie fühlen Sie sich?«) auswertete, stellte er fest: Die Teilnehmenden, die das negative Erlebnis neu bewerteten, fühlten sich tatsächlich besser, als diejenigen, die ihre Emotionen unterdrückten.

> **Die Erkenntnis:** Wenn Menschen unangenehme Gefühle unterdrücken, bleibt das Gehirn im Alarmmodus und verbraucht zusätzliche Energie, um äußerlich gelassen zu erscheinen. Zudem verschiebt sich der Stress in den Körper und belastet ihn. Findet ein Mensch für eine unangenehme Erfahrung jedoch eine positivere Sichtweise, wird der neuronale Alarmmodus bereits nach wenigen Sekunden beendet.

Der George-Clooney-Perspektivenwechsel

»Als ich im Jahr 1992 für Francis Ford Coppolas *Dracula* vorsprach, hatte ich vorher einige Drinks zu mir genommen«, berichtete Oscar-Preisträger George Clooney einmal in einem Interview. Da er einen Betrunkenen spielen sollte, so hatte der junge Schauspieler gedacht, sei es eine gute Idee, sich betrunken zu bewerben. Zudem sprach er in einem tiefen Kentucky-Hillbilly-Akzent, um sich von den anderen Schauspielern abzuheben. Coppola rief im Anschluss Clooneys Agenten an, um sich zu erkundigen, ob der Schauspieler psychische Probleme habe.

Clooney stammt aus einer Entertainer-Familie. Seine Tante Rosemary Clooney, eine bekannte Sängerin und Filmschauspielerin, vermittelte ihm damals immer wieder wichtige Kontakte. Doch George spielte viele Jahre in der zweiten Liga: Viele der Serien, in denen er mitwirkte, waren so erfolglos, dass sie oftmals bereits nach einer Episode eingestellt wurden.

»Als Schauspieler verkauft man sich selbst bei diesen Vorsprechen«, sagt Clooney. »Das ist anders als bei anderen Verkaufsgesprächen, bei denen man einen weiteren Staubsauger oder einen anderen Anzug anbieten kann, wenn der erste nicht gefallen hat. Wenn man als Schauspieler abgelehnt wird, dann geht es nicht um irgendein Produkt. Man selbst ist es, der nicht gewollt wird.«

Clooney gibt zu, dass er zu Beginn seiner Karriere in diesen Situationen nicht besonders gut war. Er hatte oftmals eine sehr limitierte Sicht. »Ich dachte immer: ›Hoffentlich versaue ich es nicht!‹ oder ›Hoffentlich bekomme ich den Job‹«. Er bekam in den ersten Jahren kaum gute Rollen angeboten, und wurde beim Vorsprechen oft zurückgewiesen.

Sein Erfolg kam erst, als es ihm gelang, seine eingeschränkte Perspektive zu den Vorsprechen zu erweitern. Irgendwann verstand er, dass auf der anderen Seite des Vorsprech-Tisches Menschen sitzen, die kaum weniger unter Druck stehen als der Bewerber selbst. »Der Produzent, der Regisseur und die Drehbuchautoren denken sich bei jedem neuen Schauspieler: ›Oh mein Gott, hoffentlich ist er die Rettung. Hoffentlich ist er der Richtige!‹« Als Clooney verstand, dass die anderen im Raum – genauso wie er – darauf hofften, dass man zueinander passt, konnte er sich selbst anders sehen und anders fühlen. Clooney gelang eine klassische Neubewertung (*reappraisal*). Sein Gehirn war dadurch weniger im Alarmmodus, und er erhielt einen besseren Zugriff auf das Potenzial, das in ihm steckt.

Essenz für Eilige

Verstehbarkeit – Menschen brauchen ein Warum und Wofür

- Widerstände von Mitarbeitenden während einer digitalen Transformation lassen sich verringern oder auflösen, wenn Führungskräfte den Sinn der Veränderung verständlich vermitteln.
- Der Küchentechnikproduzent Rieber entwickelte ein digitales Produkt mit dem Potenzial, den Carbon-Footprint der Lebensmittelindustrie als auch das Risiko von Nahrungsmittelvergiftungen zu reduzieren. Die Mitarbeitenden waren begeistert und überwanden viele schwierige Widerstände in der Phase der Produktentwicklung. Die innere Haltung der Beteiligten: »Wir müssen das Produkt unbedingt in die Welt bringen«.
- Wenn Menschen den positiven Einfluss des eigenen Handelns auf andere verstehen, beginnen sie sich gewissenhafter zu verhalten.
- Erleben Mitarbeitende durch direkten oder indirekten Kundenkontakt die Auswirkung ihrer Arbeit auf andere Menschen, erhöht sich ihre Leistungsbereitschaft. Der Treppenlifthersteller Liftstar führt mit seinen Kunden regelmäßig Interviews durch und stellt diese den Mitarbeitenden zur Verfügung. 90 Prozent der Belegschaft geben an, ihrer Arbeit eine hohe Bedeutung beizumessen. Zudem bescheren sie dem Unternehmer regelmäßig Rekordergebnisse.
- Der Heizungshersteller Viessmann investierte gerade zu Beginn der digitalen Transformation ein hohes Maß an Zeit und Aufwand, um die Sinnhaftigkeit des Wandels an alle Mitarbeitenden zu vermitteln. In wöchentlichen »Thank God it's Monday«-Meetings stellten sich die wichtigen Protagonisten der Digitalisierung vor Hunderte von Mitarbeitenden, um über das Warum der Veränderung zu sprechen. »Es ging darum, ein Bewusstsein zu schaffen«, sagt Max Viessmann.
- Regelmäßige Kommunikation vor und während der digitalen Transformation hilft Mitarbeitenden, die Veränderung besser zu verstehen. Je häufiger das geschieht, desto mehr sind diese

Menschen in der Lage, mögliche Ängste aufzulösen und dem Geschehen eine günstige, neue Bedeutung zu geben. Diese Neubewertung beruhigt messbar die Amygdala, den »Gefahrenriecher« des Gehirns, und sie erhöht den Zugriff auf den präfrontalen Cortex, den Ort der höheren geistigen Leistungen.

- Selbst George Clooney hat bei regelmäßigen Vorsprechen für neue Rollen zu Beginn seiner Karriere oftmals schlecht abgeschnitten, da er sich zu sehr sorgte. Als es ihm gelang, diese Erfahrungen neu zu bewerten, erhielt er plötzlich mehr Zugriff auf das, was in ihm steckte. Sein kometenhafter Aufstieg begann.

Kapitel 2

Fokus – Kein Wandel ohne Aufmerksamkeit

»Es ist niemandem angeboren, in der digitalen Welt
erfolgreich zu sein. Es ist eine Frage, wie intensiv man sich
damit auseinandersetzt.«

Maximilian Viessmann, Gesellschafter und Verwaltungsrat,
Viessmann Werke

»Unser Unternehmen wird in dieser Form in Zeiten von Google nicht überleben. Uns bleiben weniger als vier Jahre, um den Kurs zu korrigieren.«
Peter F. Schmid hatte gerade das Ruder beim Traditionsunternehmen Wer
liefert was? GmbH übernommen, als er der Mannschaft seine Einschätzung mitteilte. Bereits seit 1932 produziert die Hamburger Firma ein
branchenübergreifendes B2B-Nachschlagewerk – eine Art Gelbe Seiten
für Geschäftskunden. Suchte ein Unternehmen damals irgendwo im
deutschsprachigen Markt einen Lieferanten – von der Druckmaschine bis
zur Holzschraube – war das mehrbändige Druckerzeugnis ein guter Ort,
um Antworten zu finden. Ein krisensicheres Produkt über Jahrzehnte.

Die letzte Buchausgabe des ursprünglich von der Leipziger Messe
herausgegebenen Nachschlagewerks war im Jahr 2000 erschienen. Seitdem gab es nur noch eine CD-ROM und eine Online-Version – doch
auch das war im Grunde nur eine elektrifizierte Variante des früheren
Buchangebots. Das Geschäftsmodell war immer noch dasselbe wie im
Gründungsjahr 1932. Als die Investmentgesellschaft Paragon Partners
im Jahr 2012 die Firma übernahm, suchte sie bewusst nach einem neuen
Geschäftsführer mit Interneterfahrung. Schmid hatte zuvor Firmen wie
Autoscout24, eBay Classifieds und Parship geführt. Bereits vor seinem
ersten Tag im neuen Unternehmen erklärte Schmid dem neuen Investor,
dass er das tradierte Geschäftsmodell höchstens kurzfristig für überlebensfähig halte. »Die Herausforderung war groß: Ich musste sowohl
die Eigentümer als auch die Mitarbeitenden dazu bringen, meiner Ein-

schätzung zu folgen«, erinnert sich Schmid. Denn das Unternehmen hatte gerade ein exzellentes Geschäftsjahr hinter sich. Zudem hatte die vorherige Geschäftsführung eine 18-Punkte umfassende Balanced Scorecard eingeführt, und deren Ergebnisse waren durchweg positiv. »Das Problem war, dass bei den 18 Punkten kein einziger der zukunftsrelevanten Parameter abgefragt wurde«, erzählt Schmid. »Themen wie Online Traffic oder Kundenzufriedenheit fehlten«. Das ist so, als würde man mit einer schweren Kniearthrose zu einem HNO-Arzt gehen: Der Mann schaut den Kopf an und bescheinigt: »Bei Ihnen ist alles in Ordnung«.

Wer liefert was? – Bewusste Unruhe

»Dass wir uns weiterentwickeln mussten, hatten wir schon geahnt«, erzählt uns Ulf-Gerd Gebauer. Er ist bereits seit 25 Jahren im Unternehmen, derzeit ist er für die Suchmaschinen-Werbung verantwortlich. »Doch wie dringend das nötig war, das war schon überraschend. Finanziell ging es unserem Unternehmen ja immer gut: Wir haben nahezu jedes Jahr eine Gehaltserhöhung und auch einen Bonus erhalten.« Schmid ergänzt: »Einige Mitarbeitende fanden mich zu Beginn ›komisch‹, sagten sie mir später. Sie erzählten mir jedoch auch, dass sie mir vertrauten, da ich sehr klar und gut nachvollziehbar erklärte, warum ich die Welt anders sehe als sie.« Der neue Geschäftsführer musste viel Energie aufwenden, um das Unternehmen mit seiner jahrzehntealten Verlagshaus-DNA wachzurütteln. »Das hat lange gedauert«, seufzt er tief.

»Was sich damals unmittelbar verändert hat, war die Kommunikationskultur«, erzählt uns Chief Marketing Officer (CMO) Doreen Schlicht. »Zuvor war alles ein ›closed shop‹. Wir haben angefangen, viele Kennzahlen offenzulegen und diese regelmäßig zu kommunizieren.« Gebauer fügt dem hinzu: »Solche Informationen hatten wir bisher kaum zu Gesicht bekommen. Früher kam man ohnehin schlecht an die Geschäftsleitung ran.«

Als Schmid im Jahr 2012 seinen Dienst bei Wer liefert was? antrat, war die sechste Etage des firmeneigenen Gebäudes nur durch eine mit Zahlencode verriegelte Sicherheitstür zu erreichen. Diese war der Geschäftsleitung vorbehalten, die dort »in Ruhe« arbeiten sollte, berichtet uns der Internetveteran Schmid kopfschüttelnd. »Es gab auch eine Art ›Nichtangriffspakt‹ innerhalb der zweiten Führungsebene«, erzählt er weiter. »Budgets oder Ergebnisse wurden gegenseitig nicht hinterfragt. Dass in der Außenwelt Technologieunternehmen dabei waren, unser Geschäftsmodell zu torpedieren, schien niemand zu erkennen. Oder es wurde bewusst ignoriert.« Die altvertraute Bürosituation und die bequemen, eingefahrenen Strukturen waren miteinander verknüpft.

Schmids Ziel war es, die inneren Denkstrukturen, den Mindset der Mitarbeitenden zu verändern. Nach neun Monaten im Amt entschied er sich, das alte Firmengebäude in einem Hamburger Industrieviertel zu veräußern und das Unternehmen mitten in der Innenstadt, direkt neben Google, einzumieten. »Sie glauben gar nicht, über welche Themen ich mit dem Betriebsrat diskutieren musste«, sagt er. »Zuvor hatte jeder Mitarbeitende einen eigenen Parkplatz. In der Innenstadt war das nicht mehr möglich – zumindest war es nicht bezahlbar.« Gebauer erinnert sich: »Wir waren ziemlich skeptisch. Früher saßen wir teilweise zu zweit in einem Büro. Und dann sollten wir plötzlich in diese Großraumbüros in der Innenstadt, in denen wir mit vielen Kollegen zusammensitzen würden. Wir fragten uns, ob wir dort die Ruhe zum Arbeiten finden könnten.«

Schmid setzte bewusst Mitarbeitende der »alten« Welt neben Mitarbeitende der »neuen« Welt. »Ich hatte aus dem Gebäudeverkauf genügend Budget, um endlich auch ein Onlinemarketing-Team aufzubauen«, freut er sich. »Das gab es bis dahin noch nicht. Diese Menschen kamen natürlich mit einer ganz anderen Haltung zur Arbeit als die Kollegen, die uns noch als Verlagshaus ansahen – obwohl wir bereits mitten in der Transformation zum Internetunternehmen waren.« Gebauer erzählt: »Ich saß in dem neuen Gebäude in einem Raum mit vielen anderen Menschen. Das war für mich sehr überraschend und auch bereichernd – denn die meisten waren neu im Unternehmen.« Wir fragen nach: »War das denn nicht wie ein Sprung ins kalte Wasser nach 20 Jahren Betriebszugehörigkeit?« »Ach wissen Sie, ich komme aus dem Osten Deutschlands. Ich habe nach der Wende schon mal erlebt, wie man sich an ganz neue Gegebenheiten anpasst«, meint er dazu. »Daher hatte ich eine Referenzerfahrung, wie sowas geht.«

Bei unserem vierten Termin mit dem Unternehmen sind wir mit Lutz Preußners verabredet. Er wurde uns als Head of Add-on Products angekündigt – dem Bereich mit allen neu geschaffenen Produktarten. »Ich weiß nicht, ob Sie es schon wissen«, beginnt er das Gespräch. »Wir hatten gerade eine Reorganisation.« CEO Peter F. Schmid stößt also weiterhin mit hoher Geschwindigkeit neue Veränderungen an. »Die tradierten Strukturen werden wir nie wieder haben«, glaubt Schmid. »Die Veränderung hält uns wach.« Preußners ist nun anstatt für die Add-on-Produkte für alle Produkte verantwortlich. Er erzählt uns von seinen Anfängen: »Als ich bei Wer liefert was? begann, basierte unser Geschäftsmodell noch darauf, dass B2B-Kunden auf unserer Webseite gelistet wurden. Der Preis richtete sich nach der Anzahl der Kategorien und der Rangfolge auf der Liste. Das war viele Jahre lang unser einziger Weg, um Einnahmen zu generieren.« Neue Ideen waren in der alten Welt von Wer liefert was? nicht gerne gesehen. »Früher wurden Änderungsvorschläge von uns Mitarbeitern nur selten akzeptiert. Wir hatten ja auch tatsächlich nicht genug Einblick«, erinnert sich Gebauer. »Also führten wir die Aufgaben aus, die uns aufgetragen wurden.«

Fast alle früheren Wettbewerber waren bereits vom Markt verschwunden. »Dass auch wir nicht überleben würden, wenn wir uns nicht veränderten, konnten wir Peter daher sehr gut glauben«, sagt Gebauer. »Wir wussten, dass wir mit den Verkäufen der reinen Listenplätze langfristig immer weniger Umsatz machen würden«, fügt Preußners hinzu.

Induzierte Inkohärenz – Warum ein Schreck manchmal hilft

Was löst eine schockierende Ankündigung des Chefs bei den Mitarbeitenden aus? Diese Frage konnte ein spektakuläres Experiment am Baylor College of Medicine in Houston, Texas beantworten.

Stellen Sie sich vor, Sie stehen auf einer 31 Meter hohen Plattform. Hinter Ihrem Rücken geht es abwärts. Sie sind nicht gesichert. Kurz über dem Boden ist ein breites Netz aufgespannt, das Sie auffangen soll. Ihnen gegenüber steht ein Versuchsleiter, der Sie schubst – dann reißt die Schwerkraft Ihren Körper rückwärts ins Leere. Nach genau 2,49 Sekunden bremst das Netz Ihren Fall. Die Zeit kommt Ihnen jedoch deutlich länger vor. Unten wartet der Neurowissenschaftler David Eagleman, um Ihre Erfahrung genauer auszuwerten.

Viele Menschen, die in einen Autounfall verwickelt waren, haben berichtet, dass sie das traumatische Ereignis in Zeitlupe erlebten. Doch verlangsamt sich die Zeit tatsächlich für sie, oder ist das nur eine Illusion? Eagleman und seine Kollegen inszenierten daher eine besonders beängstigende Situation – einen ungesicherten Rückwärtsfall aus 31 Metern Höhe – und untersuchten, ob sich die Zeit in der Wahrnehmung der Teilnehmenden während dieser Grenzerfahrung tatsächlich verlangsamte. Die Wissenschaftler nutzten dabei ein Phänomen der visuellen Wahrnehmung: Wenn zwei Impulse hintereinander in einem Zeitfenster von unter 80 Millisekunden auf uns einwirken, werden sie unter normalen Umständen als ein Impuls anstatt als zwei Impulse wahrgenommen. Vielleicht kennen Sie noch aus Ihrer Kindheit diese kleinen Wunderscheiben, die auf der einen Seite das Bild eines Vogels und auf der anderen Seite das Bild eines Käfigs zeigen.

Hier können Sie ein kurzes Video des Wunderscheiben-effekts sehen: mit-hirn.de/wunder

Links und rechts an der Scheibe sind Fäden befestigt. Sobald man durch Zwirbeln an den Fäden die Scheibe in schnelle Rotation versetzt, hat es den Anschein, der Vogel säße in dem Käfig: Beide Bilder werden abwechselnd in einer so hohen Geschwindigkeit gezeigt, dass das Gehirn sie zu einem Bild verbindet.

Die Neurowissenschaftler am Baylor College of Medicine wollten diese 80-Millisekunden-Grenze nutzen, um herauszufinden, ob sich die Zeit für die Teilnehmenden, die den Rückwärtsfall erlebten, tatsächlich verlangsamte. Dazu entwickelten sie ein spezielles Gerät – den »Perceptual Chronometer«: Ein kleines LED-Display, das man am Arm trägt, zeigt eine bestimmte Abfolge von Zahlen so schnell, dass die Gesamtdauer des Zahlencodes unterhalb der magischen 80 Millisekunden bleibt. Anstatt der Zahlen sieht ein Mensch unter normalen Umständen daher nur ein großes, rotes Viereck.

Dass die Teilnehmenden die 2,49 Sekunden des Falls deutlich länger erlebten – dass die aus den Autounfällen bekannte Zeitverzerrung demnach tatsächlich stattfindet –, war bereits während des Experiments bewiesen worden: Die Teilnehmenden wurden gebeten, zu Beginn des

Falls und beim Auftreffen auf das Netz einen Knopf zu drücken, den sie in der Hand hielten. Nachdem Eagleman sie unten in Empfang genommen hatte, bat er sie, den Knopf zwei weitere Male zu drücken: einmal beim erinnerten Start und ein weiteres Mal beim erinnerten Ende des Falls. Die Teilnehmenden schätzten den freien Fall nur wenige Augenblicke später ungefähr 50 Prozent länger ein, als er tatsächlich gewesen war. Ihr Zeitempfinden hatte sich tatsächlich verschoben. Doch war es nur eine Illusion, oder verging die Zeit wirklich langsamer?

Den Teilnehmenden wurde in einem weiteren Durchgang der Perceptual Chronometer ans Handgelenk geschnallt, bevor sie rückwärts in die Tiefe fielen. Wenn sie die Zeit nun langsamer wahrnahmen – wenn also 1 Sekunde zu gefühlten 10 Sekunden wurde –, dann müssten sie in der Lage sein, einige der Zahlen zu erkennen, die unter normalen Umständen durch den schnellen Wechsel innerhalb der 80 Millisekunden nicht lesbar sind. Das Ergebnis war jedoch eindeutig: Keiner der Teilnehmenden konnte auch nur eine einzige dieser Zahlen identifizieren. Die Zeit verging nicht langsamer!

Doch wodurch entsteht die Illusion der verzerrten Zeit? In bedrohlichen Situationen wird in unserem Gehirn eine kleine mandelförmige Struktur aktiv: die Amygdala, der »Gefahrenriecher« in unserem Kopf. Sie sorgt dafür, dass die Ressourcen unseres Gehirns von allen unwichtigen Dingen abgezogen und auf das Bedrohliche fokussiert werden. Die Erfahrung wird dadurch mit einer viel größeren Detailtiefe wahrgenommen – so als würde man sie sich durch ein Vergrößerungsglas anschauen. Der ehemalige Harvard-Professor Peter U. Tse hat eine passende Erklärung für dieses Phänomen: Es ist so, als würden wir pro Zeiteinheit jeweils eine bestimmte Anzahl von Informationen bewusst verarbeiten. Wenn jedoch durch eine Bedrohung und die damit einhergehende Aktivierung der Amygdala eine starke Fokussierung stattfindet, sorgt das für eine deutlich erhöhte Informationsdichte pro Zeiteinheit. Diese höhere, bewusst verarbeitbare Informationsdichte führt zu der verzerrten Wahrnehmung von Zeit.

> **Die Erkenntnis:** In als bedrohlich wahrgenommenen Situationen fokussiert sich unser Gehirn auf den stressauslösenden Faktor. Wie durch ein Vergrößerungsglas nehmen wir bewusst Details wahr, die uns sonst entgehen würden.

Den Teufel an die Wand zu malen – so wie Peter F. Schmid es tat – kann also hilfreich sein, da Menschen dadurch bekannte Denk- und Verhaltensmuster verlassen und sich auf das fokussieren, was sie als Bedrohung empfinden. Jedoch sollte dieses Mittel nur in homöopathischer Dosierung angewendet werden. Denn jedes echte oder vermeintliche Schreckensszenario ist ein Stressor für unser neuronales System. Fühlen wir uns bedroht und springt unsere Amygdala an, führt das zu einer Inkohärenz des Gehirns. Unser zentrales noradrenerges System wird aktiv: ein Netzwerk neuronaler Strukturen, das für die Herstellung, Speicherung und Ausschüttung von Noradrenalin verantwortlich ist. Dieser Zustand verbraucht viel Energie. Das Gehirn beginnt nun einen Weg zu suchen, in einen energiesparenden Zustand zu gelangen und die Kohärenz wieder herzustellen.

Vorher kann jedoch noch etwas anderes geschehen: Erleben Menschen eine Bedrohung als zu massiv und ausweglos, führt das zu einer sogenannten unkontrollierbaren Stressreaktion. Diese wiederum aktiviert die Hypothalamus-Hypophyse-Nebennierenrinde-Achse (HHN-Achse). Die Folge: Unsere Nebennierenrinde schüttet Cortisol aus, der Puls beschleunigt sich, der Blutdruck steigt, und wir befinden uns in einem handfesten Angriff-, Flucht- oder Starre-Modus. Wenn sich eine Organisation in einem Change- oder Transformationsprozess befindet, ist das der ungünstigste Zustand, den man bei den Mitarbeitenden in diesem Unternehmen auslösen kann.

Es ist wichtig, dass ein Chef seinen Mitarbeitenden nach der induzierten Inkohärenz, dem kurzen »Aufrütteln«, einen Weg aus der ausgelösten Problemtrance aufzeigt. Doch auch hier sollten Führungskräfte die neuronalen Mechanismen genauer verstehen, um nicht in eine Falle zu tappen. Diese besteht darin, dass sich CEOs, CDOs und andere Führungskräfte von der Idee verführen lassen, als Retter aufzutreten.

Manche Berater arbeiten genau nach diesem Retter-Muster: Sie zeigen dem Kunden ein Schreckensszenario auf, von dem er noch nichts wusste, um dann unmittelbar eine Lösung zu präsentieren (»Unterschreiben Sie unten rechts diesen Jahresvertrag, und wir kümmern uns um das Problem!«). Das inkohärente, übererregte Gehirn des Kunden gelangt daraufhin wieder in einen kohärenten, ruhigeren Zustand. Es schüttet neuroplastische Botenstoffe aus, die genau die Netzwerke stabilisieren, die zur Auflösung des Erregungszustands geführt haben. Mit anderen Worten: Das Gehirn des Kunden wird sich auch in Zukunft daran erinnern, dass nur unten rechts der Beratervertrag unterschrieben werden muss, damit es zu einer Reduktion des empfundenen Stressgefühls kommt. Ob sich dadurch aber tatsächlich ein Erfolg eingestellt hat? Diese Information wird in dem simplen neuronalen Netzwerk nicht abgespeichert.

Zurück zu der Chef-Mitarbeitenden- oder CEO/CDO-Kollegen-Situation: Wenn einer der wichtigen Protagonisten für die digitale Transformation in seinem Unternehmen ein Schreckensszenario an die Wand malt (»Wenn wir unser Geschäftsmodell in Zeiten von Google nicht verändern, dann können wir in vier Jahren die Tore schließen ...«), kann das die neuronalen Netzwerke gerade der langjährigen Mitarbeitenden in eine Übererregung bringen. Idealerweise führt diese Übererregung zu einer Veränderung tradierter, festgefahrener Verhaltensmuster. Was der Transformations-Protagonist vermeiden sollte, sind Aussagen wie: »Keine Sorge Kollegen, ich werde das Problem schon lösen!« Denn das führt unmittelbar zu einer Abflachung der Übererregung bei dem Rest der Mitarbeitenden. Es verankern sich dann nur die neuronalen Netzwerke mit der abgespeicherten Information: »Wenn es schwierig wird, muss ich nur zu dem Digital-Kollegen gehen, der uns immer rettet: Er wird es auch dieses Mal tun.«

Jedoch kann niemand im Alleingang ein Unternehmen retten – kein Einzelner wie Peter F. Schmid, kein CDO, nicht einmal eine ganze Digitalabteilung. Die digitale Transformation muss früher oder später alle Hierarchieebenen und Abteilungen erreichen und von diesen mitgetragen werden. Daher ist es wichtig, nach dem »Aufrütteln« eine Richtung vorzugeben und dann die Kollegen einzubeziehen.

> **Die Erkenntnis:** Vermeiden Sie, die digitale Retter-Rolle einzunehmen. Die Antworten für die digitalen Fragestellungen müssen von einer breiten Basis mitentwickelt und mitgetragen werden. Ihre Aufgabe ist es, dafür die idealen Rahmenbedingungen zu erschaffen.

Wer liefert was? – Vom Verlagshaus zum Internetunternehmen

Nachdem CEO Schmid die Mitarbeitenden seines Unternehmens wachgerüttelt hatte, wurde ihm nach einigen Monaten der Weg in die Zukunft immer klarer: »Eine Art europäisches Alibaba, vergleichbar der weltweit größten E-Commerce Plattform aus China. Das ist es, wo wir hinwollen«, erzählt er uns. Nachdem er sich in den ersten Jahren um die mentale Ausrichtung (Mindset) der 140 Mitarbeitenden in der Zentrale gekümmert hat, holte er mit der internationalen Ausrichtung Mitte 2017 einen neuen Chief Sales Officer, Patrick Sostmann, an seine Seite. »Die Mitarbeitenden in der Fläche, also alle 60 Außendienstler, zu erreichen, ist nochmal etwas anderes«, stellt Schmid fest.

»Patrick hat bisher länderübergreifend die Verkaufsverantwortlichen in einem weltweiten Vertrieb geführt. Er hat Erfahrung damit, wie es gelingen kann, dass auch unsere Außendienstler in Deutschland sukzessive den neuen Mindset verinnerlichen. Im Moment spüre ich da noch eine Menge Streuverluste.« Schmid lud die Mitarbeitenden ein, selbst Ideen einzubringen und die Zukunftsvision mitzugestalten.

Das Produktteam von Lutz Preußners entwickelte eine Menge neuer Angebote, die den zahlreichen Außendienstlern seitdem mitgegeben werden. Das Unternehmen schloss strategische Partnerschaften mit mehreren europäischen B2B-Plattformen und kaufte das französische Pendant Europages auf. Europages arbeitet multilingual, sodass ein B2B-Kunde sich und seine Angebote nun in 26 Sprachen präsentieren kann. »Viele unserer deutschsprachigen Kunden wollen einen Auslandsvertrieb aufbauen«, erzählt Preußners. »Wir haben ihnen angeboten, über eine einzige Plattform den Zugriff auf den gesamten europäischen Markt zu erhalten.« Das Strategie-Team von Wer liefert was? mutmaßte, dass die über 560 000 Geschäftskontakte, die sie in der DACH-Region hatten, noch Bedarf haben könnten. »Es gibt unzählige kleine und mittlere Unternehmen mit fünf bis 150 Mitarbeitern, die kaum Online-Expertise besitzen«, sagt CMO Doreen Schlicht. »Diesen Firmen bieten wir an, sich in der digitalen Welt besser zu positionieren – und dafür brauchen sie mit uns nur einen Dienstleister anstelle von fünf.«

Wer liefert was? hatte das Geschäftsmodell bereits verändert. Aus dem deutschsprachigen Anbieter von Listenplätzen wurde ein europäischer, digitaler Online-B2B-Marktplatz: Kunden können heute verschiedenste Onlinemarketing-Kampagnen kaufen, darunter bezahlte Werbeplätze in der Suchmaschine Google, die Wer liefert was? jetzt als einer von gerade mal drei Dutzend Premium-Partnern von Google-Adwords anbieten kann.

Zum anderen können sie sogenannte Retargeting-Kampagnen buchen: Hat ein Besucher zuvor auf dem »Wer liefert was?«-Portal in einer Produktkategorie beispielsweise nach »Schrauben« gesucht, bekommt sein Browser automatisch eine Cookie-Datei verpasst. Surft dieser Besucher nun auf anderen Webseiten, kann der werbetreibende B2B-Kunde ihm über Wer liefert was? dort Anzeigen für Schrauben einblenden lassen. »Das können zwar auch andere Agenturen«, meint Preußners, »doch wir sind die einzigen, die sich ausschließlich auf den B2B-Werbetreibende fokussieren.«

Schmid hatte mit den Investoren die grobe Richtung sowie einige Zielzahlen vereinbart. Der Weg dorthin wurde gemeinsam von vielen Abteilungen erarbeitet. »›Was bedeutet das für uns?‹, lautet die Leitfrage, durch die die Bereichsleiter konkrete Ideen und Maßnahmen entwickeln«, sagt CMO Doreen Schlicht. »Das hohe Maß, in dem ich heutzutage meine eigenen Gedanken einbringen kann, ist das komplette Gegenteil von damals«, freut sich Ulf-Gerd Gebauer. »Meine Ideen werden gehört und gemeinsam diskutiert.« Die Mitgestaltung der Mitarbeitenden zahlt sich aus: Im ersten Halbjahr 2017 wuchs der Umsatz im zweistelligen Bereich. Heute generiert Wer liefert was? 30 Prozent der Umsatzzuwächse in neuen Geschäftsfeldern.

Um den Blick der Mitarbeitenden in der Zentrale immer wieder auf die neue Ausrichtung zu lenken, finden alle vier Wochen »Company-Meetings« statt: Schmid gibt die aktuellen Kennzahlen wie Traffic oder Umsatz bekannt, andere Führungskräfte präsentieren jeweils bis zu vier Business-Updates. Nach 60 Minuten sind diese Meetings vorbei. Eingeladen ist die gesamte Belegschaft. Meist sitzen die Teilnehmenden auch auf den Tischen und dem Boden, da der Raum überfüllt ist.

Der regelmäßige Kontakt aller Abteilungen untereinander, der persönliche Austausch, ist Schmid sehr wichtig. Zwar kann er Kollegen, die sich beklagen, auch durch gemeinsame Events und Einzelgespräche abholen. Sie nachhaltig zu überzeugen, gelingt jedoch besser, wenn die Mitarbeitenden sich gegenseitig inspirieren.

Zu Beginn seiner Amtszeit war das noch anders: Eine gerade von eBay abgeworbene Managerin verließ das Unternehmen bereits nach fünf Wochen. »Die Beharrungskräfte waren damals groß.«, sagt Schmid. Aber durch die Impulse, die der neue Chef inzwischen gesetzt hat, hat sich manches verändert. Den Prozess der inneren Veränderung muss er dennoch weiterhin konsequent im Blick haben. Anstatt die Teppichetage mit einer zahlenschloss-gesicherten Tür abzuriegeln, hat Schmid sein Büro direkt neben der Rezeption gewählt, um für seine Mannschaft jederzeit sichtbar und ansprechbar zu sein.

»Es ist schon interessant: Ich setze ja bewusst Teams mit Verlagshintergrund und Teams mit neuem Mindset zusammen«, sinniert Schmid. »Manche sprechen anfangs zwei Wochen nicht miteinander, doch irgendwann beginnt dann der Dialog. Was dort an innerer Veränderung entsteht, könnte ich top-down niemals erreichen.« Lutz Preußners ergänzt: »Peter Schmid sagt ja gerne, dass eine Organisationsstruktur nie fertig ist, sondern dass sie immer nur den bestmöglichen Zustand zum aktuellen Zeitpunkt abbildet. Ich bin mal gespannt, in welcher Struktur wir in einem Jahr miteinander arbeiten.«

Was wären wir ohne unsere neuronalen Potenziale?

Bereits bei Rosemarys Geburt lief nicht alles ideal. Vielleicht kam es dabei zu einer Sauerstoffunterversorgung, vielleicht war es aber auch einfach die Persönlichkeit des jungen Mädchens: Während sich all ihre Geschwister entsprechend der hohen Erwartungen des unternehmerisch erfolgreichen Vaters entwickelten, blieb Rosemary immer etwas zurück. Die gemeinsamen Familienessen wurden oft zu wahren Unterrichtsstunden, und die Kinder übertrumpften sich gegenseitig, um die Eltern zu beeindrucken. Rosemary war dabei immer die Langsamste. Gegen Ende der Pubertät begann sie, sehr impulsiv, teils sogar aggressiv zu werden. Gleichzeitig war sie eine attraktive junge Frau, die die Männer scharenweise anzog – und es zudem mit der vorehelichen Enthaltsamkeit nicht so genau nahm.

Die Kennedy-Familie würde in den kommenden Jahren noch viele Schicksalsschläge erleben und dabei mehrere Kinder verlieren – das bekannteste hieß John F. Kennedy. Doch für den allerersten Schicksalsschlag, für die Verkrüppelung seiner ältesten Tochter Rosemary, war der Patriarch Joseph Kennedy ganz und gar allein verantwortlich. Er fürchtete, dass

Rosemary den Ruf der hochgebildeten Familie beschädigen könnte, und wandte sich an einen Arzt in Boston. Dieser sollte an seiner Tochter eine sogenannte Lobotomie durchführen – ein inzwischen verbotener Eingriff. Die zu der Zeit gerade populär gewordene Methode versprach Heilung bei allerlei psychischen Erkrankungen. Während der Behandlung wird dem Patienten auf beiden Seiten des Schädels im Schläfenbereich ein Loch gebohrt, dann führt der Operateur ein Werkzeug ein und zerstört die Nervenbahnen, die das Frontalhirn mit den übrigen Bereichen des Gehirns verbinden. Der Bostoner Arzt lehnte Joseph Kennedys Gesuch jedoch ab: Die American Medical Association hatte bereits vor der Anwendung dieses Verfahrens gewarnt.

Daher suchte Kennedy mit seiner Tochter den bekanntesten amerikanischen Spezialisten im Bereich der Lobotomie auf: Dr. Walter Freeman. Im Herbst 1941 wurde Rosemary Kennedy operiert. Über die gesamte Zeit des Eingriffs ließ Freeman sie singen, Verse aufsagen und zählen. Doch während sein Kollege James Watts mit einem Spatel Nervenverbindungen in ihrem Hirn kappte, wurden ihre Worte immer unzusammenhängender. Letztlich verstummte sie. Die 23-Jährige verließ die Klinik mit dem geistigen Niveau eines Säuglings. Viele der längst erworbenen höheren geistigen Leistungen musste sie neu erlernen. Manche gewann sie nie zurück. Die Lobotomie wurde später als »Operation der Seele« bezeichnet. Vielen Beobachtern schien es so, als würde die Persönlichkeit der Patienten innerhalb weniger Minuten ausradiert.

Heute weiß man, dass bei Rosemary Kennedy ein Teil einer bedeutsamen Struktur des Gehirns zerstört wurde: der präfrontale Cortex. Dieser Bereich beherbergt unsere höheren geistigen Fähigkeiten, die sogenannten Exekutivfunktionen. Mithilfe bildgebender Verfahren wie der funktionellen Magnetresonanztomografie (fMRT) können Wissenschaftler heutzutage tief in ein lebendiges, menschliches Gehirn hineinblicken, ohne es auch nur zu berühren. Wenn die untersuchten Personen währenddessen Rätsel lösen, kreative Aufgaben bewältigen, sich voller Empathie in einen anderen Menschen hineinversetzen, vorausschauende Handlungen planen oder eine Übung durchführen, bei der sie ihre Impulse kontrollieren müssen – genau dann zeigt der fMRT-Scan eine hohe Aktivität des präfrontalen Cortex. In diesem Teil des Gehirns hat all das seinen Sitz, was den Charakter von Menschen ausmacht: Bei keinem weiteren Lebewesen auf dem Planeten ist der präfrontale Cortex – relativ zur Gesamthirnmasse – so groß wie bei uns.

Werden diese Netzwerke aktiv, erhalten wir Zugriff auf unsere höheren geistigen Leistungen, die sogenannten Exekutivfunktionen. Der präfrontale Cortex ist jedoch nicht nur die Heimat all der Dinge, die wir bereits im Laufe unseres Lebens entwickelt haben. Er ist auch der Ort unserer Potenziale – der Gedanken, Verhaltensweisen und Fähigkeiten, die noch in uns schlummern und die wir im Laufe unseres Lebens noch entfalten können. Denn die moderne Hirnforschung zeigt uns, dass wir in der Lage sind, den präfrontalen Cortex ein Leben lang zu verändern und neu zu vernetzen. Man nennt diesen Prozess der Neustrukturierung »Neuroplastizität«. Wenn Sie beispielsweise heute beginnen würden, jeden Tag für nur zwanzig Minuten Achtsamkeitsmeditation zu praktizieren, dann könnten Wissenschaftler bereits nach acht Wochen durch einen Hirnscan signifikante Veränderungen in verschiedenen Bereichen Ihres Gehirns feststellen.

Stellen Sie sich vor, was möglich wäre, wenn das bei vielen Menschen gleichzeitig geschähe. Denken Sie für einen Moment an Ihr Unternehmen und an die Mitarbeitenden. Wenn Sie sich in einer digitalen Transformation befänden, was würden Sie sich von diesen Menschen wünschen?

1. Dass diese beginnen, die Richtung ihrer Gedanken zu verändern, beispielsweise, indem sie über neue Geschäftsmodelle, andere Formen der Zusammenarbeit oder über Lösungen anstatt über Probleme nachdenken?
2. Dass sie neue Verhaltensweisen entwickeln, beispielsweise, indem sie mehr miteinander anstatt gegeneinander arbeiten?
3. Dass sie sich neue Fähigkeiten aneignen, beispielsweise, indem sie soziale Netzwerke verstärkt nutzen, agile Arbeitsmethoden erlernen oder wissen, wie man sich in ständig wandelnden Teamkonstellationen zurechtfindet?

Die Erkenntnis: Befindet sich eine Organisation in einem Transformationsprozess, sollten die Digitalisierungsverantwortlichen Rahmenbedingungen schaffen, die es den Menschen ermöglichen, Zugriff auf ihre präfrontalen Netzwerke, also ihre höheren geistigen Leistungen, zu erhalten.

Doch unter welchen Rahmenbedingungen kann diese Veränderung in menschlichen Gehirnen gelingen? Eine davon lautet: Fokus – die Aufmerksamkeit, mit der Menschen handeln.

Dazu ein kleines Experiment: Stellen Sie sich bitte vor, Sie würden in einem Hirnscanner liegen. Ihre rechte Hand ruht auf einer Tastatur. Bis auf den Daumen befindet sich unter jedem Ihrer Finger eine von vier Tasten. Sie werden gebeten, durch bloßes Ausprobieren aus diesen vier Tönen eine achtschrittige Melodie herauszufinden. Alle drei Sekunden wird Ihnen ein Klickgeräusch zugespielt, das die Geschwindigkeit vorgibt, mit der Sie die Töne testen dürfen. Zu jedem Klick können Sie nun eine der vier Tasten drücken. Haben Sie die richtige gewählt, ertönt ein hohes, angenehmes Geräusch. Haben Sie eine falsche Taste gedrückt, ertönt ein tiefer Fehlerton. Sie sind nun mit aller Aufmerksamkeit dabei, die Lösung zu erarbeiten. Während Sie diese Acht-Ton-Sequenz nachzuspielen versuchen, zeigt der PET-Scan eine hohe Aktivität Ihres präfrontalen Cortex an.

Nachdem Sie die Lösung gefunden haben, werden Sie gebeten, die Tonfolge wiederholt nachzuspielen – immer und immer und immer wieder, eine ganze Stunde lang. Wahrscheinlich wird Ihnen im Laufe der Zeit langweilig. Die Acht-Ton-Sequenz ist Ihnen nun so sehr in Fleisch und Blut übergegangen, dass Sie sich nebenbei sogar mit den Wissenschaftlern unterhalten können, die das Experiment durchführen. Während Sie Ihre Aufgabe quasi nebenbei erledigen, zeigt der PET-Scan, dass die motorischen Netzwerke Ihres Gehirns, die Sie zur Steuerung der rechten Hand benötigen, weiterhin aktiv sind. In Ihrem präfrontalen Cortex ist jedoch der zuvor erkennbare regionale Blutfluss zurückgegangen: Die Netzwerke sind hier inzwischen weit heruntergefahren.

Der leitende Wissenschaftler – übrigens heißt er Dick Passingham und lehrt an der Oxford University – bittet Sie nun, Ihre Aufmerksamkeit beim Spielen wieder auf die Tonfolge zurückzulenken. »Denken Sie an die nächste Bewegung«, lautete die genaue Anweisung, die Passingham den Teilnehmenden der Studie gab. Äußerlich scheinen Sie genau das Gleiche zu tun wie in der letzten Stunde, doch innerlich hat sich etwas verändert. Dadurch, dass Sie Ihren Fokus wieder zurückgeholt haben, kann man einen erhöhten regionalen Blutfluss in Ihrem präfrontalen Cortex feststellen. Um genau zu sein: Ihr dorsaler präfrontaler Cortex wurde wieder wach, dieselbe Hirnstruktur, die zuvor bereits beim Erlernen der Acht-Ton-Sequenz aktiv war.

Die Erkenntnis: Fokussiertes Handeln hat messbar aktivierenden Einfluss auf den präfrontalen Cortex, den Bereich unseres Gehirns, der unsere höheren geistigen Leistungen beherbergt.

BSH – Fokus auf die Transformation

»Ich komme gerade aus Asien. Die Digitalisierung findet dort mit einer ganz anderen Geschwindigkeit statt als in Deutschland«, erzählt uns Karsten Ottenberg, CEO der Bosch-Tochter Bosch-Siemens-Hausgeräte (BSH). Das 1967 gegründete Unternehmen ist mit weltweit 41 Fabriken und gut 13 Milliarden Euro Umsatz Europas größter Hausgerätehersteller. »Wenn uns unsere Kunden die Rückmeldung geben, dass wir den anderen Unternehmen der Branche in unserer digitalen Transformation voraus sind, ist das für uns ein sehr wichtiges Signal«, sagt Ottenberg.

»We prepare«, lautete über viele Jahre der weltweite BSH-Leitsatz, der die Haltung des Unternehmens zur Digitalisierung ausdrückte. Viele Mitarbeitende hatten dadurch das beruhigende Gefühl, dass – so drücken sie es aus – »man da auch etwas macht«. Als Karsten Ottenberg im Jahr 2014 die Rolle des CEO übernahm, stellte er fest, dass Manches auf dem Weg zur Digitalisierung bereits gut vorbereitet war. »Dennoch mussten wir Gas geben«, erzählt er: Aus »We prepare« wurde »We push digitalisation«. »Wir haben die Digitalisierung zu einem der sechs Fokusfelder unserer Strategie gemacht«, sagt Ottenberg. »Als ich kam, gab es quer über die Organisation verteilt viele Mitarbeitende, die als Projektteam am Thema Digitalisierung arbeiteten.« Um dem Fokusthema die angemessene Bedeutsamkeit zu geben, konsolidierte der neue CEO all diese Aktivitäten in der Abteilung Global Digital Transition und holte Mario Pieper als Chief Digital Officer ins Unternehmen, der seitdem direkt an ihn berichtet.

»Hätte Mario sich den bestehenden Strukturen untergeordnet, hätten wir uns nicht so schnell weiterentwickelt«, glaubt Executive

Vice President Thomas Baader, der verantwortlich für den Vertrieb in Westeuropa, Lateinamerika und Israel ist. »Er hatte einfach gewisse Grenzen zu überschreiten.« Mario Pieper fügt dem hinzu: »Wir mussten teilweise die bestehenden Kommunikationswege in der BSH bewusst missachten. So haben wir uns zum Beispiel einfach in eine Vielzahl von etablierten Meetings gesetzt und den Menschen eine Vision und Richtung aufgezeigt.« Karsten Ottenberg berichtete uns zwar, dass der neue Bereich bis heute immer noch eine Art »Welpenschutz« durch die direkte Berichtslinie zu ihm genießt. Zugleich hat der CEO bereits 2014 öffentlich bekannt, dass »Digitalisierung in Zukunft eine entscheidende Rolle beim Kauf und bei der Nutzung der BSH-Produkte« spielen werde. Pieper musste also liefern.

Doch ein neuer CEO und eine neu geschaffene Abteilung für digitale Transformation verändern noch keine 50 000-Mitarbeitende-Organisation mit Niederlassungen auf sechs Kontinenten. »Als ich kam, hatte BSH gerade ein fantastisches Geschäftsjahr hinter sich«, erinnert sich Pieper. Zudem hatte der CEO die Firma im April des Jahres zur Umsetzung einer neuen Wachstumsstrategie substanziell reorganisiert. Viele von Piepers neuen Kollegen waren danach noch immer mit der eigenen Rollenfindung innerhalb der veränderten Struktur beschäftigt. Anders ausgedrückt: Abgesehen von einigen wenigen Kollegen hatte die Organisation nicht unbedingt auf ihn gewartet. Es blieb Pieper also nichts übrig, als die tradierten Strukturen und Formen der Zusammenarbeit zu hinterfragen. Wie sonst sollte es gelingen, diese erfolgreiche Firma mit ihrer großen Menge an Beschäftigten auf die digitale Transformation auszurichten?

Auch wenn die wirtschaftlichen Kennzahlen gut aussahen, fand Piepers Abteilung konkrete Ansätze, um wachzurütteln: »Wenn man genau hinsah, gab es Indikatoren, die damals schon sehr klar zeigten, dass wir uns auf die digitale Reise begeben mussten«, erzählt uns Niels Kuschinsky, Director Digital Strategy & Acceleration. »Wir haben erkannt, dass unsere Handelspartner längst begonnen hatten, sich neu aufzustellen.« Kauften Konsumenten früher Siemens-Waschmaschinen, Neff-Herde oder Bosch-Kühlschränke in einem Geschäft vor Ort, bestellen viele inzwischen bequem online. »Das führte beispielsweise dazu, dass manche Händler die Qualität ihrer Beratung massiv verbesserten, um zu überleben«, ergänzt Pieper. »Wenn sich sogar der Handel verändert, dann sollten wir das auch bald tun«, führte der neue CDO als ein Argument an, damit seine Kollegen die Bereitschaft zur eigenen Transformation erhöhten.

Es gab weitere Gründe, sich nicht auf den guten Geschäftszahlen auszuruhen: Samsung, der weltweit größte Mischkonzern, hatte inzwischen nicht nur viele Produktklassen im Portfolio, die auch BSH erfolgreich verkaufte. Der asiatische Mitbewerber konnte auch mit Mobiltechnologie aufwarten, die zumindest theoretisch eine Vernetzung all dieser Geräte ermöglichte – eine Möglichkeit, die BSH in dieser Form bis dahin nicht hatte.

Und zu guter Letzt: Nachdem Unternehmen im Silicon Valley bereits mehrfach bewiesen hatten, dass sie andere Branchen höchst disruptiv aufwühlen konnten, wer wollte vorhersagen, dass nicht irgendwann eine iWash-Waschmaschine auf den Markt kommen würde? »Wir dürfen nicht ausschließlich auf diejenigen achten, die vor uns sind, um sie zu überholen«, sagt Pieper. »Auch manche unserer Mitbewerber – auch wenn wir ihnen bisher um Längen voraus sind – könnten etwas entwickeln, um wiederum uns abzuhängen. Das muss man den Kollegen angesichts des großen Erfolgs im traditionellen Geschäftsmodell immer wieder unter die Nase reiben.«

Karsten Ottenberg denkt und kommuniziert abstrakt und in großer Flughöhe. Damals brauchte er Menschen, die diese Zukunftsbilder für den Rest der Organisation greifbar machten. »Mit einem CEO wie Herrn Ottenberg kam 2014 eine visionsstarke und strategisch starke Person«, erzählt uns Michael Rosenbauer, Leiter Entwicklung Geschirrspüler, in breitestem Bayerisch. »Es war klar, dass jemand wie er einen Mann wie Mario holt, damit seine Vision auch umgesetzt wird.«

»Es ist wie beim Golfspielen«, sagt Pieper. »Nur weil man gut putten kann, heißt das nicht, dass das auch auf jedem Platz gelingt: Jedes Gras ist anders. Und ich musste erstmal verstehen, welche Eigenschaften das Gras bei BSH hat.« Pieper kam von der Deutschen Telekom und hatte ein Start-up-Zwischenspiel hinter sich. Er war überrascht von der Art, wie ihn seine neuen Kollegen empfingen. »Andere CDOs erzählen mir Ähnliches«, sagt er. »Was im alten Unternehmen funktionierte, klappt im neuen nicht unbedingt. Ich habe große Unterschiede bei den Mitarbeitergruppen erlebt. Habe ich vor unseren BSH-Trainees von Digitalisierung gesprochen, kam ich mir fast vor wie ein alter Mann beim Karneval, der mit ›Kamelle‹

wirft. Die fanden das alles klasse und haben mich mit ihren Ideen fast noch überholt. Auf anderen Ebenen war es teilweise viel schwieriger.«

Mit dem obersten Management teilte Pieper regelmäßig den Status der digitalen Transformation und organisierte intensive Workshops: »Ich erinnere mich an einen Tag, bei dem wir alle in einem Raum saßen. Plötzlich brach ein Shitstorm aus den sozialen Medien über uns hinein«, erzählt Verkaufschef Baader. »Das war zwar alles nur simuliert, doch die Geschwindigkeit, mit der wir gezwungen waren zu reagieren, war doch sehr beeindruckend.«

Neben der Führungsebene gab es die große Gruppe des mittleren Managements, die von unten die Fragen der Belegschaft spürte, jedoch von oben bisher nicht in ausreichender Detailtiefe informiert worden war. »Wir haben schnell gemerkt, dass wir noch mehr und noch besser kommunizieren müssen«, erzählt Pieper. »Also haben wir eine Guerilla-Kampagne gestartet. Ich habe mein Team gefragt: ›Wer kennt wen am besten?‹ Wir haben uns dann in die Meetings der Abteilungsleiter gesetzt, um noch mehr auf unsere Themen aufmerksam zu machen. Wir haben einfach infiltriert.«

Pieper und sein Team fokussierten sich erst einmal auf die Kollegen aus den Bereichen Marketing, Vertrieb, Kundenservice und Produktentwicklung. In diesen Meetings gelang es, viele Kollegen abzuholen und ihnen zu vermitteln, was im Zuge einer digitalen Transformation alles möglich ist. »Es sind manchmal ganz einfache Dinge wie beispielsweise Marktforschung, die wir ohne Digitalisierung niemals in dieser Detailtiefe haben könnten«, berichtet Pieper. »Wir müssen bisher antizipieren, wie oft ein Kühlschrank in seiner durchschnittlichen Laufzeit geöffnet wird und welche Materialdicke die Dichtung daher haben muss. Wenn wir in Zukunft durch eine Vernetzung unserer Produkte ihre Nutzung besser einschätzen können, sind wir in der Lage, die Geräte viel effektiver und hochwertiger zu entwickeln.« Geschirrspüler-Produktchef Rosenbauer erinnert sich: »Es dauerte bis Mitte 2016, um allen Kollegen zu vermitteln, dass die digitale Transformation ein ganzheitlicher Ansatz ist, der jeden einzelnen Bereich des Unternehmens betrifft. Die einmal pro Quartal stattfindenden globalen Strategie-Meetings haben dabei sehr geholfen. Man bemerkte sofort, wer in unserer Organisation das Thema schnell begriffen hat. Diese Menschen wurden dann zu Multiplikatoren.«

Zur IFA 2014 hatte ein dreiköpfiges Team der BSH einen Showcase für eine Innovation entwickelt, die heute eines der Vorzeigeprodukte der digitalen Transformation ist: Home Connect. Vernetzte Küchengeräte, die miteinander kommunizieren. Das Internet der Dinge (Internet of Things, IoT) war zwar in Fachkreisen schon lange ein Schlagwort, doch Presse und Besucher sahen mit Home Connect erstmals ein greifbares Produkt vor sich: Die Resonanz war überwältigend.

Trotzdem brauchte es einiges an interner Überzeugungsarbeit, um dieses nun sehr konkrete Digitalisierungsthema voranzutreiben. »Es war ja eine Investition in die Zukunft«, sagt Rosenbauer. »Wir sind ohnehin eine geringmargige Industrie. Jetzt noch zusätzliche Hardware in unsere Geräte einzubauen, damit diese miteinander kommunizieren konnten, wurde von manchen Kollegen sehr kritisch gesehen, da es die Gewinne weiter schmälerte.« Rosenbauer arbeitete mit einigen Kollegen hart daran, dass die Hardware günstiger wurde. Das Team um Pieper musste zeigen, welchen Mehrwert Home Connect für BSH hatte, damit kritische Stimmen verstummten und der Fokus der Organisation auf die digitale Transformation ausgerichtet blieb.

»Wir waren damals noch ganz am Anfang«, erinnert sich Piepers Strategie-Chef Niels Kuschinsky. »In der ersten Version vom Home Connect hatten wir noch ein geschlossenes System: Nur unsere Siemens- und Boschgeräte konnten miteinander kommunizieren.« Kuschinsky und Pieper ahnten, dass eine Kompatibilität mit Geräten anderer Anbieter den Erfolg von Home Connect massiv beschleunigen würde. Kundenservice-Leiter Michael Gerber sagt rückblickend: »Für uns bedeutete das eine grundlegende Veränderung. Wir brauchten Mitarbeitende mit einem neuen Verständnis für Service. Wenn sich bei einem Kunden der Kühlschrank nicht vernetzt, dann ruft er natürlich bei uns an. Der Fehler kann jedoch auch in seinem Router liegen. Wir müssen daher einen Kundenservice für Produkte anbieten, die gar nicht mehr von uns stammen.«

Inzwischen können auch Drittanbieter wie der Lebensmittellieferant »Hello Fresh« via Home Connect auf BSH-Geräte zugreifen. Wird einem Kunden von Hello Fresh eine Box mit frischem Gemüse zugestellt, erhält er zeitgleich via App das passende Rezept zur Essensbox. Die App wiederum steuert auf Wunsch den Ofen des Kunden, damit dieser die passende Temperatur und Zeit für das Rezept übermittelt bekommt. Seit kurzem ist nun auch Amazons Sprachsteuerungssystem Alexa an Home Connect angebunden. Hat der Kunde in seinem Haushalt einen dieser kleinen interaktiven Lautsprecher von Amazon, muss er nur laut aussprechen, dass er zum Beispiel gerne einen Cappuccino hätte. Amazon sendet die Anfrage dann an BSHs Kaffeemaschine, und diese startet den Brühvorgang.

»Das klingt noch etwas nach Zukunftsmusik«, erzählt uns Verkaufschef Baader. »Im Moment sind nur ausgewählte Produkte vernetzt. Doch unsere Händler mögen diese Geräte. Das ist ein bisschen vergleichbar mit der Zeit, als es bereits Fernsehgeräte gab, die HD-fähig waren, obwohl kaum HD-Signale ausgesendet wurden. Heute ist HD-Fernsehen ein etablierter Standard. In nicht allzu ferner Zukunft wird es mit Home Connect das Gleiche sein.« Die steigende Nachfrage der Händler freut Ottenberg: »Dadurch müssen wir das Thema Digitalisierung nicht immer von der Führungsebene in das Bewusstsein der Mannschaft bringen. Die 50 000 Mitarbeitenden werden nun auch vom Markt darauf aufmerksam gemacht.«

Damit der Fokus auf die digitale Transformation weiterhin steigt, beginnt Baader klare Erwartungen an seine Mitarbeitenden zu kommunizieren. »Bisher hatte meine Mannschaft einen hohen Freiheitsgrad, um den Verkauf der vernetzten Geräte in ihren jeweiligen Ländern zu testen. Ab jetzt werden wir konkrete Ziele setzen. Nicht nur, was den Absatz der Produkte betrifft, sondern auch in Bezug auf die Zahl der Online-Registrierungen von Geräten durch unsere Käufer.« BSH achtet darauf, dass die Mitarbeitenden in ihrem Wirkungskreis die digitale Strategie mitgestalten können. »Wir geben zwar im Headquarter die Rahmenbedingungen vor«, erzählt Pieper. »Doch die lokale Umsetzung liegt allein bei den Landesgesellschaften.«

Dass die neuen, digitalen Produkte im Moment noch keine allzu hohen Umsätze generieren, ist für CEO Ottenberg zum jetzigen Zeitpunkt vollkommen akzeptabel. Er weiß, dass manche seiner Mitarbeitenden die digitale Transformation daher auch nur als einen Agendapunkt ansehen, den man abarbeiten muss. »Doch wenn die Digitalisierung kommt, kann sie existenzbedrohend für eine unvorbereitete Organisation sein. Wir als Unternehmen müssen sie vorantreiben. Das heißt, dass ich den Fokus manchmal stärker auf diese Transformation setzen muss, als die aktuellen finanziellen Zahlen es erfordern. Ich merke das spätestens zum Budget-Zeitpunkt, wenn mein Managementteam an die Töpfe möchte, die ich für Mario vorgesehen habe.«

Neben der regelmäßigen internen Kommunikation und den Nachfragen der Händler gibt es weitere interne Entwicklungen, die der Mannschaft den Vorteil einer systematisch und fokussiert betriebenen Transformation aufzeigen. Quer durch Deutschland hat BSH sogenannte Haushalts-tester engagiert: echte Menschen in echten Haushalten, die für BSH an Marktforschungen teilnehmen. Deren Home-Connect-Geräte können nun auch direkt Daten an BSH senden. »Ohne Home Connect müssten wir Dutzende von Mitarbeitende beschäftigen, die Tausende von Kilometern durch Deutschland fahren und in jedem Test-Haushalt eine Festplatte einbauen, die wiederum alle Daten der Geräte erfasst. Im Anschluss daran müssten wir all diese Daten wieder einsammeln und auslesen. Das hätten wir nie gemacht, wir hätten uns weiterhin bequem auf die Rück-meldungen der Tester verlassen«, stellt Spülmaschinenchef Rosenbauer fest. »Eine erste ›low hanging fruit‹ war schnell erkennbar: Wir haben seit 2008 Geschirrspüler mit einem Zeolith-Trocknungssystem (kleine Mineralkügelchen, die der Luft Feuchtigkeit entziehen können) auf dem Markt. Jedoch erst 2016, nachdem die Geräte durch Home Connect mit uns kommunizieren, fanden wir heraus, dass sie im Haushalt ganz anders verwendet werden, als wir dachten!«

Die Auswertung der Home-Connect-Daten verriet BSH, dass das Zeolith-Trocknungssystem an den Geschirrspülern umprogrammiert werden muss. »Wir hatten das Trocknungsprogramm auf Standardgeschirr ausgerichtet. Viele Kunden haben jedoch auch Plastik im Geschirrspüler und klicken daher den ›Extra-Dry‹-Knopf, um bessere Trocknungsergebnisse zu erhalten. Das hat uns nur jahrelang kein Kunde zurückgemeldet. Wir haben das erst durch unsere digitalisierten Produkte erfahren!«, freut sich Rosenbauer.

Unser Fokus formt unsere Realität

> »Im Laufe der Zeit nimmt die Seele die Farbe der Gedanken an.«
>
> *Marcus Aurelius*

Helligkeit, Wärme, Lautstärke, Duft, Berührung, Geschmack: Je nach Studie strömen pro Sekunde durch unsere Sinne bis zu zwölf Millionen Impulse auf unser Gehirn ein. Das entspricht der Datendichte einer 12 Megabit/Sekunde-Breitbandleitung. Nur ein Bruchteil davon landet jedoch in unserem Bewusstsein. Das meiste davon wird ausgefiltert: Unser Gehirn unterscheidet Wichtiges von Unwichtigem. Wenn wir besonders konzentriert über etwas Wichtiges nachdenken, schließen wir manchmal die Augen, oder wir stellen die Musik leise, damit unsere Sinne nicht unseren Denkprozess stören.

Genau diesen Prozess wendet unser Gehirn automatisch an, um das Unwichtige auszublenden. Wenn wir beispielsweise ein Rätsel lösen, eine Antwort auf ein Problem suchen oder einen genialen Einfall haben, wird die Aktivität des Bereichs unseres Cortex, der für die Verarbeitung unserer Sinneseindrücke verantwortlich ist, kurzfristig heruntergefahren. Unser Gehirn blendet für den Bruchteil einer Sekunde die Außenwelt komplett aus, um neue Verknüpfungen verschiedener Hirnregionen durchzuführen. Unser bewusstes Augen-Schließen oder Musik-Runterregeln dient also der Unterstützung eines Prozesses, der ohnehin gerade in uns stattfindet.

Doch was hat Einfluss darauf, welche der zwölf Millionen Impulse ausgefiltert werden? Sie ahnen es schon: Es ist unser Fokus, also das, worauf wir gerade unsere Aufmerksamkeit richten. Sich auf etwas zu fokussieren bedeutet, einen Teil unserer Wahrnehmung auszublenden, und damit unserer Umwelt nur eingeschränkt wahrzunehmen.

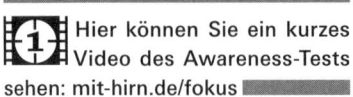
Hier können Sie ein kurzes Video des Awareness-Tests sehen: mit-hirn.de/fokus

Ein beeindruckendes Beispiel dafür ist der bekannte *Awareness*-Test mit dem Basketballteam und der Anzahl der gezählten Punkte. Falls Sie ihn noch nicht kennen, nehmen Sie sich 68 Sekunden Zeit, und schauen sich diesen Film an, bevor Sie weiterlesen.

Vielleicht ist Ihnen beim Anschauen des Films das Gleiche geschehen, was nahezu allen Menschen widerfährt: Sie haben etwas Offensichtliches komplett ausgeblendet, da Sie mit ihrer Konzentration woanders waren. Wie oft wir bedeutsame Erlebnisse ausblenden, hat die *Washington Post* mit einem sozialen Experiment bewiesen, für das sie später den Pulitzer Preis gewann: Der unter Musikliebhabern wohlbekannte Violinist Joshua Bell spielte am 13. Januar 2017 ein ausverkauftes Konzert in Boston. Genau einen Tag vorher hatte er mit seiner millionenschweren, 1713 gebauten Stradivari morgens mit Baseballmütze und Sweatshirt in der Eingangshalle einer Washingtoner U-Bahn gestanden. Dort spielte er Bachs *Chaconne* – eines der schwierigsten Musikstücke überhaupt – und Schuberts *Ave Maria*. Über 1 000 Menschen strömten an ihm vorbei und fast alle waren mit ihren Gedanken offensichtlich ganz woanders. Bei dieser Anzahl von Menschen sollte man darunter so manchen Klassikliebhaber vermuten, der für eine außergewöhnliche Aufführung sofort stehenbleiben würde. Tatsächlich aber hörten nur eine Handvoll Menschen Bell für einige Augenblicke zu. Am Ende kamen 34 Dollar an Spenden zusammen – gerade mal ein Drittel dessen, was eine einzige Eintrittskarte für sein Konzert am nächsten Tag kostete. »Perlen zum Frühstück« betitelte die *Washington Post* ihren Artikel.

Die meisten der 1 000 Menschen, die an diesem grauen Januarmorgen an Joshua Bell vorbeieilten, hatten mutmaßlich einen ganz normalen Tag, bei manchen war er vielleicht sogar eher schlecht. Die Wenigen jedoch, die sich auf »die Perlen« fokussierten, erlebten einen besonderen Moment: Musik von Weltklasse. Und nur eine einzige Person erkannte zudem, von wem sie gespielt wurde: von einem internationalen Star.

Gerade in Momenten von Wandel und Transformation kann man in Unternehmen Mitarbeitende beobachten, die besondere Phasen nicht als »Perlen« wahrnehmen, sondern bestenfalls neutral. Viele werden sie womöglich sogar als unangenehm oder bedrohlich erleben. Die Unternehmensberatung McKinsey & Company hat das genauer analysiert – mit einem Ergebnis, das Unternehmenslenker aufhorchen lassen sollte: 70 Prozent aller Change-Projekte scheitern, da die Mitarbeitenden der Organisation sich im inneren Widerstand befinden.

Dass Mitarbeitende gerne auch die Probleme der digitalen Transformation sehen, basiert auf einem neuronalen Schutzmechanismus: Unser Gehirn ist auf Überleben programmiert. Es fokussiert sich automatisch auf Probleme und Bedrohungen, um diese langfristig zu vermeiden. Dieser Schutzmechanismus lässt sich jedoch durch regelmäßige Neuausrichtung verändern – Sie wissen ja inzwischen, dass das Gehirn in der Lage ist, sich durch Neuroplastizität umzustrukturieren.

Es ist die Aufgabe der Digitalisierungsverantwortlichen und der anderen wichtigen Protagonisten, den Fokus der Mannschaft auf das zu lenken, was während der digitalen Transformation gelingt oder bereits gelungen ist. Das muss beständig und immer wieder geschehen.

Bereiten Sie Ihrer Mannschaft Joshua-Bell-Momente – also besondere Ereignisse. Und sorgen Sie dafür, dass diese auch wahrgenommen werden! Ein kurzes Wachrütteln durch ein Bedrohungsszenario, wie Peter F. Schmid es bei Wer liefert was? tat, ist hilfreich – doch langfristig sollte der Fokus auf das Gelingen und auf das bereits Gelungene gerichtet sein. Erfolgserlebnisse durch »low hanging fruits«, wie BSH-Produktchef Rosenbaum die ersten Marktforschungsergebnisse nach Beginn der Transformation nannte, sind dabei sehr wichtig.

Dass Mitarbeitende, die sich besser fühlen und glücklicher sind, zudem einen messbar positiven Einfluss auf die digitale Transformation haben, fanden drei Wissenschaftler bereits im Jahr 2005 heraus. Sonja Lyubomirsky von der University of California, Laura King von der University of Missouri und Ed Diener von der University of Illinois haben in einer Metanalyse mit dem Namen »Does Happiness lead to Success?« über 220 Studien zusammengefasst. Das Ergebnis: Mitarbeitende, die sich als glücklich beschreiben, sind durchschnittlich um 31 Prozent produktiver. Sie verkaufen um 37 Prozent mehr, und sie sind 300 Prozent kreativer als ihre Kollegen.

> **Die Erkenntnis:** Unser Gehirn ist nicht dafür konstruiert, uns automatisch glücklich zu machen. Es ist unser Job, das zu tun, indem wir den Fokus immer wieder auf das Gute, auf das Gelungene richten.

Achtsamkeit – Ein effektiver Weg zum persönlichen Fokus

»Unsere Skype-Konferenz ist mehrfach zusammengebrochen«, erzählt uns Michael Sittard, Gründer und Miteigentümer des Geoinformationssystemherstellers Esri aus Kranzberg. »Wir konnten noch nie ein so hohes Interesse an einer Fortbildung verzeichnen wie bei diesem Achtsamkeitsvortrag.« Nachdem wir einige Monate zuvor bei einem Workshop mit 150 Führungskräften dieses Thema und die möglichen positiven Auswirkungen der Achtsamkeit auf jeden einzelnen Mitarbeitenden kurz benannt hatten, entstand bei Esri eine große Nachfrage. Das Unternehmen hatte sich inzwischen eine Achtsamkeitstrainerin eingeladen. »Ungefähr zwei Drittel aller Mitarbeitenden waren entweder vor Ort oder per Skype zugeschaltet«, erinnert sich Sittard.

Auch außerhalb von Esri interessieren sich immer mehr Unternehmen und Mitarbeitende für Achtsamkeitstrainings. Firmen wie Google und SAP haben eigene Achtsamkeitsbeauftragte. Doch auch Medienunternehmen wie Universal Deutschland, Handelsfirmen wie die Otto Group oder auch die US-Army setzen inzwischen auf diese hoch wirksame, Jahrtausende alte Methode. Formel-1-Weltmeister Nico Rosberg verrät, dass er sogar nach Kyoto geflogen sei, um dort einen Achtsamkeitslehrer zu treffen. Als ich (Sebastian) im Jahr 2015 für mein Buch *Führen mit Hirn* in Deutschland Führungskräfte und Mitarbeitende unterschiedlicher Firmen interviewte, die sich mit dem Thema beschäftigten, fand ich nur vereinzelte Beispiele. Inzwischen ist die Anzahl rapide gestiegen.

Und noch eine weitere Entwicklung lässt sich erkennen: Während die meisten Unternehmen Achtsamkeitsmethoden früher vor allem als eine Maßnahme des betrieblichen Gesundheitsmanagements verstanden haben, erkennen inzwischen immer mehr Führungskräfte, dass sie dadurch ihre Führungsqualitäten verbessern können. Und auch ihren Mitarbeitenden geben sie durch Achtsamkeitstrainings Methoden an die Hand, die diese in die Lage versetzt, fokussierter zu arbeiten.

»Ich habe mich vor drei Jahren erstmals mit dem Thema beschäftigt«, erzählt uns Robert Kronenberg, Head of GAS Portfolio Management bei RWE Supply & Trading. Teamassistentin Linda Genter berichtet: »Robert ist seitdem in Stresssituationen viel gelassener. Ich erlebe, dass er sich inzwischen auch besser in andere Menschen hineinfühlen kann. Das hilft dem ganzen Team.« Kronenberg zeigte den vier Führungskräften, die unmittelbar an ihn berichten, immer wieder kurze Filme über Achtsamkeit. Manchmal berichtete er ihnen auch, was sich bei ihm selbst verändert hatte. »Nach einigen Monaten hatte ich genügend Interesse geweckt«, sagt er. Gemeinsam lernten nun auch sein Managementteam Achtsamkeitsmeditation und andere Formen achtsamkeitsbasierter Selbstmanagement-Methoden. »Nachdem Robert mich und meine drei Kollegen zu der sogenannten Mindfulness-Journey eingeladen hatte, sind wir näher zusammengewachsen, haben die Teamzusammenarbeit gefestigt und unsere Art der Führung verbessert«, erinnert sich Wouter Visser, der direkt an Kronenberg berichtet. Linda Genter stellte fest: »Die gelassene Art, mit Stress umzugehen, ging nun auf das gesamte Management über.« Da Genter auch Zugriff auf die Mail-Accounts der fünf Chefs hat, konnte sie sehen: »Die Mail-Kultur wurde besser. Viele Formulierungen waren durchdachter, sie führten zu besseren Ergebnissen und weniger Eskalationen. Die Arbeit wurde effizienter.«

Nach einem Jahr setze Kronenberg ein eigenes mehrtägiges Training für alle seine 65 Mitarbeitenden auf, um auch diese in die Lage zu versetzen, sich in dem schnelllebigen Trading-Umfeld immer wieder neu auf das Wesentliche zu konzentrieren. »Ich bemerkte eine größere Offenheit in meinem Team«, sagt Kronenberg. »Die Menschen sind viel enger in Kontakt miteinander. Sie verstehen auch besser, wie sie selber ticken, und sind dadurch in der Lage, sich selbst besser zu führen.«

Achtsamkeitstrainings sind der Königsweg, um zu erlernen, mit dem Geist dort zu bleiben, wo der Körper ist. Denn allzu oft sind wir mit unseren Gedanken in der Zukunft (»Ich muss morgen noch die Präsentation für den CEO vorbereiten!«), in der Vergangenheit (»Das Teammeeting lief gestern wirklich holprig.«), oder wir denken an etwas, das gerade anderswo stattfindet (»Während ich hier jetzt mit X sitze, würde ich viel lieber Y tun.«).

Wenn Sie ausprobieren wollen, wie leicht oder wie schwer es Ihnen gelingt, für einige Augenblicke komplett auf das Hier und Jetzt fokussiert zu bleiben, machen Sie folgendes Experiment: Achten Sie zwanzig Atemzüge lang ausschließlich ganz konzentriert darauf, wie es sich anfühlt, wenn beim Ein- und Ausatmen die Luft an Ihrer Nasenspitze entlangströmt. Erst danach lesen Sie weiter.

Falls Sie an diesem Kurzexperiment teilgenommen haben, haben Sie vielleicht bemerkt, dass Sie von Ihren Gedanken ab und an fortgetragen wurden. Das ist ein ganz normaler Prozess, den die Buddhisten den »Affengeist« nennen. Sie können Ihr Gehirn jedoch so trainieren, dass es Ihnen gelingt, immer langer konzentriert bei Ihrer Atmung zu bleiben.

Die deutsche Wissenschaftlerin Britta Hölzel hat im Jahr 2011 an der Harvard Medical School in einer viel beachteten Studie erforscht, was dabei geschieht: Gemeinsam mit der Harvard-Professorin Sara Lazar konnte sie zeigen, dass Achtsamkeitsmeditation bereits nach acht Wochen zu bemerkenswerten strukturellen Veränderungen des Gehirns führte.

Hölzel vermittelt mittlerweile beruflich Menschen und Unternehmen die Vorzüge von Achtsamkeitspraktiken. Sie erzählt uns von einer weiteren Studie, an der sie als Wissenschaftlerin mitwirkt hatte: Vergleicht man Menschen, die regelmäßig Achtsamkeitsmeditation praktizieren, mit Menschen ohne Meditationserfahrung, kann man feststellen, dass der Verlust der fluiden Intelligenz in fortschreitendem Alter deutlich geringer ist. Man weiß, dass fluide Intelligenz – also die Fähigkeit zu lernen, Probleme zu lösen oder auch das Arbeitsgedächtnis – im Alter abnimmt. Während sich dieser Wert in der Studie bei Menschen, die nicht meditierten, im Alter zwischen 40 und 70 Jahren nahezu halbiert hatte, konnte man bei den Teilnehmenden mit Meditationserfahrung erkennen: Die fluide Intelligenz sank gerade mal um 20 Prozent. »Das ist jedoch nur eine allererste Erkenntnis«, erzählt sie. »Da es eine Querschnittsstudie ist, würde ich im Moment noch nicht zu viel davon ableiten. Es ist jedoch eine schöne Indikation, welchen Einfluss Achtsamkeitsmeditation im Laufe unseres Lebens noch auf uns haben könnte.«

In die gleiche Richtung weist eine andere ermutigende Studie mit dem Namen »Mindfulness meditation improves cognition: Evidence of brief mental training« von Fadel Zeidan, Associate Director of Neuroscience at the Wake Forest Center for Integrative Medicine. Klassisches Achtsamkeitstraining wie beispielsweise Mindfulness Based Stress Reduction (MBSR) sieht eine Praxisphase von acht Wochen vor. Zeidan untersuchte, welchen Einfluss deutlich kürzere Meditationsphasen haben können. Wie wäre es mit vier Tagen à 20 Minuten?

Zeidan hat dazu zwei Gruppen gebildet. Stellen Sie sich vor, Sie sind in Gruppe 1 und werden gebeten, an vier Tagen jeweils 20 Minuten lang Achtsamkeitsübungen durchzuführen, beispielsweise Ihre Aufmerksamkeit auf den Luftstrom an der Nasenspitze zu richten. Sie kennen das ja inzwischen. Ein Freund von Ihnen

Hier können Sie Achtsamkeit sofort online erlernen: mit-hirn.de/achtsamkeit

ist auch Teil der Studie. Aber während Sie Ihre 20 Minuten in Achtsamkeit verbringen, hört er ein Hörbuch: Tolkiens *Der Hobbit*.

Sie beide würden vor und nach den 20 Minuten jeweils nach Ihrem Gemütszustand befragt und müssten einige Tests durchführen, die Ihre kognitiven Fähigkeiten messen. Worin, glauben Sie, bestünde nach diesen vier Tagen der Unterschied zwischen Ihnen beiden?

Zeidan hat natürlich nicht nur zwei, sondern 45 Menschen an dieser Studie teilnehmen lassen. Bereits nach der kurzen Zeit von vier Tagen kam er zu erstaunlichen Ergebnissen: Die subjektiv wahrgenommene Erschöpfung der Teilnehmenden, die die Achtsamkeitsübungen durchgeführt hatten, war um 70 Prozent geringer als zuvor. Bei den Teilnehmenden, die Tolkien gehört hatten, war der Wert hingegen unverändert. In den kognitiven Tests konnte Zeidan feststellen, dass sich die sprachliche Assoziationsfähigkeit bei den Meditierenden um 20 Prozent verbessert hatte. Noch eindeutiger waren die Ergebnisse eines Tests, bei dem das Arbeitsgedächtnis und die Aufmerksamkeitsspanne gemessen wurden: Der Messwert hatte sich verdreifacht.

Essenz für Eilige

Fokus – Kein Wandel ohne Aufmerksamkeit

- Um festgefahrene Arbeits- und Denkstrukturen bei den Mitarbeitenden zu verändern, hilft ein kurzes Aufrütteln durch das Aufzeigen möglicher Bedrohungen. Das aktiviert die Amygdala, den »Gefahrenriecher« im Gehirn. Die aktuelle Situation wird mit mehr Detailtiefe wahrgenommen. Peter F. Schmid, der Geschäftsführer von Wer liefert was?, etwa benannte es klar: »Wir werden in dieser Form nicht überleben«.
- Führungskräfte sollten Schreckensszenarien nur in homöopathischer Dosierung nutzen. Zu viel davon könnte bei manchen Mitarbeitenden zu einer neuronalen Übererregung führen. Das kann in Angriff-, Flucht- oder Starre-Reaktionen der Betroffenen resultieren. Diese Menschen haben dann nur einen eingeschränkten Zugriff auf ihre höheren geistigen Leistungen.
- Nach dem Aufrütteln ist es günstig, zeitnah und eine gemeinsam getragene digitale Transformation zu beginnen. Viele Ideen und Lösungsansätze sollten von den Mitarbeitenden und nicht allein von den Führungskräften entwickelt werden. Die Verantwortlichen der Digitalisierung sind nicht die Retter, sondern eher die Regisseure und Impulsgeber auf diesem Weg.

- Die moderne Hirnforschung beweist: Unser Gehirn kann sich durch sogenannte Neuroplastizität ein Leben lang neu strukturieren. Dadurch sind Menschen in der Lage, neue Gedanken, neue Verhaltensweisen und neue Fähigkeiten zu entwickeln.
- Direkt hinter der Stirn befindet sich der präfrontale Cortex. Das ist der Ort der menschlichen Potenziale, in dem die höheren geistigen Leistungen verborgen liegen. Wenn es Führungskräften gelingt, diesen Teil bei ihren Mitarbeitenden bestmöglich zu aktivieren, können diese über sich hinauswachsen und die beste Version ihrer selbst werden. Sie entwickeln dann hilfreiche Verhaltensweisen wie Flexibilität und Ideenreichtum, die die digitale Transformation besser gelingen lassen.
- Fokussierte, aufmerksame Handlungen sind *ein* möglicher Weg, um den präfrontalen Cortex zu aktivieren. Bosch-Siemens-Hausgeräte-CEO Karsten Ottenberg hat daher die digitale Transformation zu einem »Fokusfeld« seines Unternehmens gemacht.
- Unser Fokus bestimmt, welche der Abermillionen Impulse, die jede Sekunde auf unser Gehirn einströmen, von uns bewusst wahrgenommen werden. Ändern wir den Fokus, ändern wir den Zugriff auf unseren präfrontalen Cortex.
- Führungskräfte sollten dafür sorgen, dass ihre Mitarbeitenden den Fokus auf das bisher Gelungene der digitalen Transformation richten. Die dadurch entstehende neuronale Aktivität, die sich durch das gesteigerte Zufriedenheitsempfinden zeigt, kann die Produktivität um 31 Prozent und die Kreativität um sogar 300 Prozent erhöhen.
- Einer der Wege, den eigenen Fokus zu trainieren, sind regelmäßige Achtsamkeitsübungen. RWE Supply & Trading vermittelt diese Methoden ganzen Teams. Achtsamkeit stabilisiert das Arbeitsgedächtnis, sie verringert die persönliche Erschöpfung und erhöht die kognitiven Fähigkeiten.

Kapitel 3

Das rechte Maß – Die Energie für den Wandel

»Wir hinterfragen uns regelmäßig, für welchen Teil unserer Organisation welche Impulse in welcher Intensität angemessen sind.«

Prof. Dr. Gunther Olesch, Geschäftsführer, Phoenix Contact

»Wenn das eigene Kapital mit 500 Meilen pro Stunde unterwegs ist, dann muss man schnell reagieren«, sagt Herb Kelleher, der ehemalige CEO der texanischen Fluglinie Southwest Airlines. Dazu hat er eine Geschichte aus seinen frühen Tagen bei der Fluglinie parat: Es sind die ersten Wochen im Amt für Don Valentine, den neuen Vizepräsidenten für Marketing bei Southwest. Zu Beginn des Jahres trifft er sich mit seinen Mitarbeitenden, um eine neue TV-Kampagne zu besprechen. Unter ihnen ist CEO Herb Kelleher. Valentine beginnt mit seiner Präsentation: Im März soll das Drehbuch stehen, im April wird es final genehmigt, im Juni werden die Schauspieler für den Spot gecastet und im September beginnen die Dreharbeiten. »Don, tut mir leid, das zu sagen«, unterbricht ihn Kelleher. Dann formuliert er seine eigene zeitliche Erwartung, wann der Spot fertig sein soll: »Wir sprechen hier über kommenden Mittwoch!«

Bei Southwest ist man gewohnt, schnell zu agieren. In der Anfangszeit des Unternehmens im Jahr 1971 musste aufgrund eines Gerichtsentscheids eine von vier Boeing 737 verkauft werden, die für eine feste Route eingeplant war – und das innerhalb kürzester Zeit. Doch wie sollte man mit drei Flugzeugen einen Flugplan einhalten, den zuvor vier Maschinen geflogen waren? Bill Franklin, Southwests Mann für die Abfertigung, berechnete es: Wenn es dem Unternehmen gelänge, jede Maschine nach der Landung innerhalb von zehn Minuten wieder in der Luft zu haben, dann könnte es den Flugplan und damit auch das Umsatzziel einhalten. Beim Flugzeughersteller Boeing, bei der Bundesluftfahrtbehörde und fast überall in der Industrie bezweifelte man, dass so etwas möglich sei. Andere Fluggesellschaften benötigten 45 Minuten oder länger. Southwest jedoch gelang innerhalb einer Woche das Unvorstellbare ...

Die Airline verbesserte den Prozess radikal und sicherte damit ihr Überleben. Alle Mitarbeitenden packten bei jeder Aufgabe mit an. Selbst die Piloten helfen seitdem nach der Landung beim Ausladen des Gepäcks. Die Flugbegleiter nahmen die Tickets der Passagiere erst in der Luft in die Hand, um keine wertvolle Zeit am Boden zu verlieren. Southwest etablierte damals einen neuen Standard: Innerhalb von zehn Minuten gehen alle Passagiere von Bord, die Maschine wird gereinigt, die nächsten Passagiere steigen ein, das Flugzeug wird betankt. Zeitgleich wird das Gepäck aus- und eingeladen. Die Zehn-Minuten-Regel war über viele Jahre das Markenzeichen von Southwest – und einmalig in der gesamten amerikanischen Luftfahrtindustrie. Erst die erhöhten Sicherheitsanforderungen nach dem Terroranschlag vom 11. September 2001 verlangsamten den Prozess. Bis heute ist das Unternehmen jedoch das schnellste, wenn es um den Neustart nach einer Landung geht. Und seit 44 Jahren – selbst in Krisenphasen der Industrie – wirtschaftet es durchgehend profitabel.

Anders hingegen verhalten sich seit über einem Jahrzehnt viele Unternehmen der musikauswertenden Industrie. Zu Beginn des Jahrtausends begann ich (Sebastian) bei Sony Music neue digitale Geschäftsfelder aufzubauen. Die Branche ist komplex: Wann immer Musik in physischer oder digitaler Form verkauft wird, halten mindestens drei Industrievertreter die Hand auf: die Plattenfirmen, die Verlage und die Verwertungsgesellschaften – in Deutschland die GEMA. Den Plattenfirmen allein gelang es jahrelang nicht, ein schlüssiges Download-Angebot auf den Markt zu bringen. Das gemeinsame Industrieprojekt wurde hinter vorgehaltener Hand »Phono Collect« genannt, da es genauso desaströs langsam voranging wie damals das bekanntere Projekt Toll Collect. Während Plattenfirmen, Verlage und Verwertungsgesellschaften also in starren Strukturen und Grabenkämpfen verharrten, und es uns nicht gelang, Musik gemeinsam online verfügbar zu machen, zog das agile Unternehmen Apple mit hoher Geschwindigkeit an uns vorbei. Die Firma aus Cupertino hatte den Plattenfirmen einfach eine größere Summe auf den Tisch gelegt – und schon wurden die dazugehörigen Lizenzverträge eilig unterschrieben. iTunes kam auf den Markt und beschämte mit seinem schnellen Erfolg die gesamte Musikbranche.

Als ich einige Jahre später für den Telekommunikationszulieferer Ericsson weltweit Musikrechte einkaufte, um unser Digitalgeschäft aufzubauen, erlebte ich das ganze Ausmaß der Zerstrittenheit der Marktteilnehmer untereinander: In manchen Ländern gab es gleich mehrere Verwertungsgesellschaften, die zusätzlich zu den Musikverlagen behaupteten, dass nur sie die rechtmäßigen Lizenzgeber seien. Das ist so, als würden Sie ein Haus mieten, und sowohl der Bauherr, der Eigentümer und der Hausverwalter wollten einen Vertrag mit Ihnen abschließen.

Dr. Eberhard Kromer, seit 30 Jahren im Geschäft, war früher der Leiter der Rechts- und eMedia-Abteilung einer großen Plattenfirma und arbeitet heute als Anwalt vieler Musikkünstler. Er attestiert der Branche: »Selbst nach 15 Jahren haben sich die wichtigen Protagonisten noch nicht geeinigt. Es werden immer noch Rückstellungen in Millionenhöhe gebildet, weil niemand genau weiß, an wen er wie viel zu zahlen hat und welche Rechte er dafür bekommt. Diese Unsicherheit macht allen Beteiligten, am meisten aber den Künstlern, das Leben schwer«. Das Ergebnis: Die Industrie wird durch die Marktveränderungen getrieben, gestaltet sie aber nicht selbst. Inzwischen liegt der Umsatz der Branche 40 Prozent hinter dem von 1999. Es gab massenhafte Entlassungen, und von den ursprünglich fünf großen Plattenfirmen sind inzwischen nur noch drei übrig.

Wenn sich die wirtschaftlichen Rahmenbedingungen für ein Unternehmen ändern, dann muss dieses (re-)agieren. Dabei müsste es gelingen, das rechte Maß zu finden, sich an die Gegebenheiten anzupassen und auf diese Weise zu überleben – so wie Southwest, so wie Wer liefert was?, die Swisscom, die Otto Group und viele weitere Unternehmen, die wir in diesem Buch porträtieren. Wer allerdings das rechte Maß nicht findet, der reiht sich womöglich früher oder später ein in die Liste der Nokias, Commodores oder Grundigs.

Doch was genau ist das rechte Maß an Veränderung, das Führungskräfte ihren Mitarbeitenden und der Organisation während der digitalen Transformation zumuten können? Wie viel Aktivierungsenergie ist nötig, und wie lässt sich eine Überforderung der Menschen vermeiden?

Den Autopiloten ausschalten

Erinnern Sie sich noch an das Experiment von Dick Passingham aus dem Kapitel »Fokus – Kein Wandel ohne Aufmerksamkeit«? Die Teilnehmenden mussten eine Acht-Ton-Sequenz herausfinden und im Anschluss eine Stunde lang wiederholen. Dabei ging ihnen die Bewegung so sehr in Fleisch und Blut über, dass sie sich nebenbei mit den Wissenschaftlern unterhalten konnten. Währenddessen reduzierte sich die Aktivität des präfrontalen Cortex. Die Bewegung der Finger wurde von anderen Bereichen des Gehirns koordiniert, die weniger Energie verbrauchen: den Basalganglien. Diese Strukturen übernehmen die ehemals bewussten Handlungen, die nun unbewusst stattfinden.

Sie kennen das: Erinnern Sie sich noch an Ihre ersten Fahrstunden? Die zu Beginn komplizierte Koordination von Gas-, Kupplungs- und Bremspedal? Den richtigen Gang einlegen, dann die Kupplung langsam kommen lassen und parallel noch den Straßenverkehr überwachen ... Dazu brauchte es viel Aufmerksamkeit – und die Netzwerke des präfrontalen Cortex, der diese einzelnen Tätigkeiten bewusst koordiniert. Heutzutage steigen Sie in den Wagen, denken vielleicht an die Einkaufsliste, telefonieren über die Freisprecheinrichtung oder müssen das Kind auf dem Rücksitz beschäftigen, während Sie problemlos ausparken und losfahren. Dieser automatisierte Prozess des Autofahrens wird von Ihren Basalganglien gesteuert. Das Wunderbare dieser Hirnstruktur: Sie verbraucht deutlich weniger Ressourcen als die Netzwerke Ihres präfrontalen Cortex für die gleiche Handlung. Mithilfe der Basalganglien können wir mehrere Stunden Auto fahren und haben danach immer noch Energie zur Verfügung – es ist ja ein unbewusster Prozess. Wären wir die ganze Zeit hochkonzentriert und voll bewusst bei jedem einzelnen Schalten, Bremsen oder Gasgeben, wären wir nach einer Stunde fix und fertig.

Und hier befinden wir uns bereits mitten in einer der neurobiologischen Widerstandssituationen, die so viele Unternehmen während eines Transformationsprozesses in ihren Belegschaften überwinden müssen: Das menschliche Gehirn bevorzugt, energiesparend zu arbeiten. Wenn es in seinen gewohnten Bahnen denken und die bereits verfestigten neuronalen Verschaltungen weiterhin nutzen kann, geht es ihm gut. Es ist vergleichbar mit neuronalen Autobahnen, die bequem immer wieder befahren werden.

Wenn Sie möchten, dass sich Ihr Unternehmen verändert, dann setzen Sie sich zwangsläufig mit vielen menschlichen Gehirnen auseinander, für die es einfacher wäre, genauso weiterzuarbeiten wie bisher. Es muss Ihnen und den anderen Protagonisten, die die Digitalisierung vorantreiben, ein kleines Kunstwerk gelingen.

> **Die Erkenntnis:** Mitarbeitende sollten von einer automatischen Nutzung der eigenen bestehenden neuronalen Autobahnen zu einem bewussten Aufbau neuer neuronaler Verbindungen wechseln. Damit gehen neue Gedanken, neue Verhaltensweisen und neue Fähigkeiten einher, die in diesen Menschen entstehen.

Das ist etwas, das nicht nur kurzfristig (etwa durch ein »Aufrütteln«, wie in Kapitel »Fokus – kein Wandel ohne Aufmerksamkeit« beschrieben), sondern langfristig geschieht. Denn nur durch die vermehrte Nutzung neuer Netzwerke des präfrontalen Cortex erhalten diese Menschen den optimalen Zugriff auf die in ihnen liegenden Potenziale. Und nur dann können Sie Mitarbeitende erleben, die zeigen, was in ihnen steckt. Zugleich sollten Sie jedoch darauf achten, dass die von Ihnen gegebenen Impulse nicht zu einer neuronalen Übererregung führen, die Ihre Mitarbeitenden in einen Angriff-, Flucht-, oder Starre-Modus rutschen lässt. Daher ist es ein kleines Kunstwerk, das rechte Maß zu finden. Lassen Sie uns ein Unternehmen genauer anschauen, dem das gut gelungen ist.

Phoenix Contact – Alle mit an Bord

»Als Barack Obama während der Hannover Messe auf unserem Stand den DeLorean, das Auto aus dem 80er-Jahre-Hollywood-Blockbuster *Zurück in die Zukunft* sah, war er ganz aus dem Häuschen«, berichtet Prof. Dr. Gunther Olesch. »Er erzählte, dass er den Film mit seiner Familie mehrmals gesehen und den Wagen sofort wiedererkannt habe.« Olesch ist Geschäftsführer für Human Resources, Information Technology und Facility Management des weltweit tätigen Elektrotechnik- und

Automationsherstellers Phoenix Contact. Das im Jahr 1923 gegründete Blomberger Familienunternehmen setzt mit seinen 15 000 Mitarbeitenden knapp zwei Milliarden Euro um.

Wir wollen mit Gunther Olesch über Digitalisierung und Industrie 4.0 in seinem Unternehmen sprechen. Er kommt gerade von einer Betriebsversammlung, in der er genau über diese Themen referiert hat und ist noch ganz im Rederausch. Er rennt durch sein Büro zu seinem Schreibtisch, schnappt seinen Laptop, kämpft einige Momente mit verschiedensten Kabeln für den externen LCD-Bildschirm und zeigt uns letztlich einige der Slides, die er gerade seinen Mitarbeitenden vorgeführt hat. Mit dabei: das Foto des amerikanischen Präsidenten am Phoenix-Contact-Stand direkt neben der deutschen Bundeskanzlerin. »Barack Obama hat ihr von dem DeLorean vorgeschwärmt, doch sie kannte den Wagen nicht«, sagt Olesch. »Bis wir irgendwann verstanden haben, weshalb: *Zurück in die Zukunft* lief einige Jahre vor der Wende. Der amerikanische Präsident hat der Bundeskanzlerin versprochen, ihr eine DVD des Films zu schicken.«

Das Auto stand auf der Messe, um zu symbolisieren, dass Phoenix Contact ganz vorn bei der Entwicklung einer Zukunftstechnologie mitspielt: dem Schnellladesystem für E-Autos. Damit soll ein Elektrofahrzeug in Zukunft innerhalb von drei bis fünf Minuten für 100 Kilometer mit Strom betankt werden können. Dafür hat das Unternehmen zum Beispiel eine Lösung entwickelt, wie man Kabel und Adapter kühlen kann. Die 500 Ampere bei 1 000 Volt, die wie ein Blitz in das Auto jagen, erhitzen das Material nämlich stark. Auf Oleschs Foto sieht man neben Barack Obama und Angela Merkel auch Phoenix Contact-CEO Frank Stührenberg, der genau so ein Ladekabel mit integriertem Kühlsystem in den Händen hält. Es leuchtet in dem gleichen satten Blau wie die Bluse der Bundeskanzlerin. »Ja, wir haben einfach ein gutes Design gewählt«, sagt Olesch verschmitzt.

Gunther Olesch wird in den kommenden Tagen zwei weitere Betriebsversammlungen mit jeweils 2 000 Mitarbeitenden besuchen und dabei auch über Digitalisierung sowie Industrie 4.0 sprechen. Er äußert sich während unseres Gesprächs verstimmt über »sogenannte Spezialisten«, die in einer Talkshow behauptet haben, dass Industrie 4.0 zum Abbau von 50 Prozent aller Arbeitsplätze führen werde. »Über solche Aussagen rege ich mich einfach auf«, widerspricht Olesch den Äußerungen. »Eine Verunsicherung der Menschheit« sei die ganze Medienberichterstattung zur digitalen Transformation, in der einige Pseudoexperten zu Wort kämen und sich zu Themen ausließen, die Olesch dann in seinem Unternehmen wieder geraderücken müsse.

»Ganz ehrlich: Wir wissen doch auch nicht ganz genau, wo die Reise hingeht. Zukunft ist nie Wissen, sondern nur Glaube, Hoffnung und Überzeugung«, sagt er. »Aber was wir tun können und auch regelmäßig tun: Wir sprechen über jeden einzelnen Schritt der Digitalisierung.« Die Betriebsratsvorsitzende Uta Reinhard ergänzt: »Ich empfinde es als eine Wertschätzung meinen Kollegen und Kolleginnen gegenüber, dass die Kommunikation der Geschäftsführung zu Industrie 4.0 und der Digitalisierung so offen und ehrlich stattfindet.« Phoenix Contact hatte bereits im Krisenjahr 2008/2009 diese Strategie gewählt: Während die Umsätze in den Keller rauschten, sprach die Geschäftsführung sehr oft vor und mit den Mitarbeitenden. Als die Krise vorbei war, hatte die Belegschaft anstatt in Angststarre zu verharren, die Zeit genutzt und einige wichtige Innovationen entwickelt.

Das Blomberger Unternehmen hat einen bewusst partizipativeren Weg für den Umgang mit der Digitalisierung gewählt, als viele andere Firmen es derzeit tun. Es gibt keine gesonderte Digitalisierungsabteilung, die die Digitalisierungsstrategie des Unternehmens vorantreibt. »Eine Industrie-4.0-Strategie zu erarbeiten, ist einfach«, sinniert Olesch. »Man setzt sich an seinen Computer oder vor ein Blatt Papier und schreibt sie auf. Der Computer gibt ja auch keine Widerworte. Das Blatt Papier nimmt alles an, was ich aufschreibe. Der wichtigere Teil dieser Transformationsarbeit ist es, die Mitarbeitenden mitzunehmen. Das macht 90 Prozent der Aufgabe aus!«

Phoenix Contact hat bereits eine Referenzerfahrung, wie das gelingen kann: Im Jahr 2016 entwickelte das Unternehmen seine Agenda 2023, eine Fünf-Jahres-Strategie. Anstatt diese im Elfenbeinturm der Geschäftsleitung entstehen zu lassen, bereisten die Geschäftsführer mehrere Monate lang diverse Standorte des Unternehmens und trafen dort viele der damals 15 000 Mitarbeitenden. Sie präsentierten den aktuellen Status der Strategie und holten sich Rückmeldungen aus der Belegschaft ein. Jeden Montag trafen sich die vier Geschäftsführer und diskutierten gemeinsam bis in den Abend hinein die Rückmeldungen, die sie von den Mitarbeitenden erhalten hatten.

»Das Partizipative ist tief in unserem unternehmerischen Wertesystem verankert«, erklärt uns Olesch. »Wir haben uns bewusst entschieden, dass wir die digitale Transformation vielleicht etwas langsamer umsetzen, dafür jedoch die gesamte Belegschaft an Bord haben. Wir glauben, dass wir damit auch die besten Ergebnisse erreichen werden.« Diese Haltung funktioniert: Phoenix Contact hat 80 Jahre gebraucht, um einen Umsatz von einer Milliarde Euro zu erreichen. Nachdem das Unternehmen die Mitarbeitenden in den Fokus der Firmenstrategie genommen hat, wuchs der Umsatz innerhalb von neun Jahren auf zwei Milliarden Euro. »Aktuell wachsen wir um 13 Prozent, da wir Technologien für Industrie 4.0 bauen«, freut sich Olesch.

Digitalisierung ist bei den Blombergern Chefsache – einen Chief Digital Officer kann man dennoch lange suchen. »Wir in der Geschäftsleitung müssen das Thema vorantreiben. Aber inhaltlich erarbeitet wird es durch unsere Mitarbeitenden«, sagt Gunther Olesch. Das Unternehmen hat im Jahr 2016 daher wieder einmal einen Prozess mit einem sehr hohen Maß an Beteiligung begonnen: Initiiert durch den Betriebsrat trafen sich Mitarbeitende aus dem Produktionsbereich des Blomberger Standortes mit Teilnehmenden aus der Personalabteilung, dem Betriebsrat und der IG Metall. Unter dem Namen »Zukunftswerkstatt Combicon« (Combicon ist eine sehr große Steckverbindungs-Produktgruppe) startete ein 18-Monats-Projekt. »Unsere Kollegen sollen merken, dass sie die Möglichkeit haben, mitzugestalten«, sagt Betriebsratsvorsitzende Uta Reinhard.

Daher wurde durch Multimomentaufnahmen (ein Stichprobenverfahren) und Interviews zuerst der Status quo der Prozesse und Produkte in den insgesamt 21 Blomberger Werkstätten der drei großen Produktionsbereiche von Phoenix Contact festgestellt. Im Anschluss fanden Workshops zu verschiedenen Zukunftsthemen statt. Beispielsweise arbeiteten die Teilnehmenden an Ideen wie »Selbstkonfiguration der Produkte für die Geschäftskunden durch ein Webfrontend«. Es entstanden mehrere Projekte, an denen die Mitarbeitenden sich beteiligten. Sie bearbeiteten Themen wie »Wartung 4.0 – welche Anforderungsprofile haben wir an Mitarbeitende?« Oder: »Wie schaffen wir bei einer Losgröße zwischen 1 und 50 000 eine Variantenvielfalt?«. »Wir haben Projekte für die Bereiche Technik, Organisation und Mensch begonnen«, sagt Uta Reinhard. »Natürlich macht es Sinn, die Technik etwas früher beginnen zu lassen. Unsere Erkenntnis: Es ist wichtig, das Thema Industrie 4.0 und Digitalisierung ganzheitlich zu betrachten und recht schnell auch Projekte für Organisation und Mensch zu starten.«

»Wir haben im Einklang mit der digitalen Agenda beispielsweise etwas entwickelt, womit wir einen 15-Tages-Prozess auf zwei Stunden verkürzen konnten«, erzählt uns der Unternehmensbereichsleiter Tools and Parts, Ralf Gärtner. »Früher mussten wir bei neuen Artikeln aus einem soeben fertiggestellten Werkzeug ausgesprochen viele Messpunkte aufnehmen, diese in eine Excel-Liste übertragen und mit den Toleranzen beziehungsweise Sollwerten abgleichen. Das bedeutete einen sehr hohen personellen Aufwand.« Inzwischen misst das Unternehmen diese Artikel mithilfe von Tomografen – Geräte, mit denen man im medizinischen Bereich auch menschliche Körper scannen kann – und erhält nach 120 Minuten alle benötigten Ergebnisse.

»Das abstrakte Thema Digitalisierung wurde durch die Zukunftswerkstatt sehr konkret und besprechbar«, sagt Uta Reinhard. Eric Hampe, Leiter HR für die Business Area Device Connectors, fügt dem hinzu: »Das war nicht immer Friede, Freude, Eierkuchen«. Uta Reinhard erinnert sich an die ein oder andere Tür, die während dieser Zeit etwas lauter geschlossen wurde. »Letztlich haben sich die Gemüter aber alle wieder beruhigt«, sagt sie. »Durch manch hitzige Diskussion haben wir in der Zukunftswerkstatt sehr viele nachhaltige Ergebnisse erreicht.« Insgesamt bescheinigt sie Phoenix Contact eine überdurchschnittliche Unternehmenskultur. »Insbesondere das C-Level und die Eigentümer machen vieles richtig.«

Anstatt per Mail oder Mitarbeiterzeitschrift über die Entwicklung der Zukunftswerkstatt zu informieren, hat das Unternehmen einen aufwändigeren, jedoch nachhaltigeren Weg gewählt: »Wir haben bewusst viel investiert, um die Kollegen bestmöglich einzubinden und zu erreichen«, erzählt Eric Hampe, einer der Repräsentanten des Personalbereichs in der Zukunftswerkstatt. Es entstand ein eigenes Kommunikationsteam für das Projekt, das jeweils aus zwei Betriebsräten, zwei HR- und zwei Fachbereichsvertretern besetzt wurde. »Ich hätte im Vorfeld niemals erwartet, wie wichtig es war, dass wir bei der Zukunftswerkstatt die Arbeitnehmervertreter von Beginn an und so tief eingebunden haben«, erzählt Hampe. »80 Prozent aller Ideen, die wir im Kommunikationsteam umsetzen wollten, sind tatsächlich Realität geworden.« Für die tiefer gehende Kommunikation buchte das Team das Betriebsrestaurant und lud alle Mitarbeitenden der Früh-, Spät- und Nachtschicht nacheinander zu Workshops ein. Sie präsentierten in einem Kurzvortrag alle wesentlichen Details zu Hintergrund und Entwicklung der Zukunftswerkstatt. »Irgendwann werden auch neue Maschinen in den Hallen stehen, die aus diesem Projekt entstanden sind«, erzählt Hampe. »Dann sollten die Kollegen auch wissen, wie es dazu kam.«

Uta Reinhard reflektiert: »Wir haben viel aus der Zukunftswerkstatt lernen können. Auch wenn wir diese Prozesse nicht 1:1 in andere Unternehmensbereiche übernehmen können – dort sind die Herausforderungen andere –, gibt es doch einige Dinge, die gut übertragbar sind: beispielsweise das frühe Einbeziehen der Mitarbeitenden, die Transparenz der Prozesse und das Sichtbarmachen der Ergebnisse.«

Auf den Vorschlag eines Lernwerkstattleiters hin ist inzwischen ein Raum mit Exponaten entstanden: Sowohl der Prozess der gemeinsamen eineinhalbjährigen Arbeit als auch die Ergebnisse sind für alle Mitarbeitenden sichtbar: jede Menge Flipcharts, Fotos und auch konkrete neue Produkte. Jeder Mitarbeitende, der sich für das partizipative Projekt interessiert, kann den Raum nach vorheriger Anmeldung besuchen. »Das Sichtbarmachen des gemeinsamen Prozesses ist auch eine Wertschätzung für alle, die daran beteiligt waren«, sagt Hampe.

Aus diesem Geist heraus ist auch ein eigenes Start-up entstanden: das B2B-3D-Druckunternehmen Protiq. »Ich erinnere mich noch an einen Impulsvortrag unseres CEO«, sagt Ralf Gärtner, nun in einer Doppelrolle als Bereichsleiter bei Phoenix Contact und Geschäftsführer von Protiq. »Er erzählte gerade, dass Phoenix Contact bald 100 Jahre bestehen werde und dass wir uns fragen sollten, was in den kommenden 100 Jahren auf uns wartet.« Bei einer vortragsbegleitenden Abbildung wurde Gärtner besonders aufmerksam: Uber wurde mit den klassischen Taxiunternehmen verglichen, die *New York Times* mit Facebook und Alibaba mit WalMart. Die Aussage dahinter war: Die neuen Unternehmen sind an der Börse höher bewertet, arbeiten jedoch mit geringerem Risiko. »Dass uns in der Wertschöpfungskette ein Teil unserer Marge genommen werden konnte, war eine Vorstellung, die mir nicht gefiel«, sagt Gärtner. »Wenn wir uns nicht gemeinsam, zusammen mit den Arbeitnehmern mit der Zukunft auseinandersetzen, verpassen wir möglicherweise Chancen und verlieren Kunden«, ergänzt Betriebsratsvorsitzende Reinhard.

»Beim Kerngeschäft macht uns keiner was vor: Wir machen bei uns Grundlagenforschung«, stellt Gunther Olesch klar. »Wir sind mit unseren Produkten oftmals einzigartig. Die Wahrscheinlichkeit, dass ein anderer uns disruptiv auseinandernimmt, ist eher gering.« Auf manche Phoenix-Contact-Produkte gibt es bis zu 40 Jahre Garantie. Beispielsweise dann, wenn das Unternehmen Bauteile für Öl- oder Gasplattformen in Sibirien liefert, die Temperaturschwankungen zwischen minus 60 und plus 35 Grad ausgesetzt sind. »Solche Produkte bekommen sie im Silicon Valley nicht – und so ein Risiko will dort auch niemand eingehen.«

Phoenix Contact bietet B2B-3D-Druck bereits seit sechs Jahren an. Doch der Prozess war bisher ein sehr manueller: Sowohl die Auftragsübergabe, die Anlieferung der Daten, die Bezahlung und auch die Lieferung. »Agil konnte man das nicht unbedingt nennen«, lacht Gärtner. »Ich wollte nicht, dass irgendwann ein Dritter daherkommt, eine tolle Onlineplattform baut und auf unsere Dienstleistung zugreift.« Gemeinsam mit zwei Kollegen skizzierte er ein Executive Summary der Idee und holte sich von der Geschäftsführung die Freigabe, diese weiter verfolgen zu dürfen. Dem Managementteam gefiel die Initiative der Mitarbeitenden: Es erteilte die Freigabe für Budget und Ressourcen. »Das ist genau das partizipative Element, das wir uns wünschen«, sagt Gunther Olesch. »Menschen aus dem traditionellen Geschäftsbereich beginnen, unsere Digitalisierung voranzutreiben.«

Innerhalb einer Jahresfrist war eine GmbH gegründet und das Produkt am Markt. »Mit der Protiq-Idee betraten wir Neuland«, meint Gärtner. »Zwar ist das Ganze eigentlich auf B2B-Kunden ausgerichtet, doch über eine Online-Plattform können sich nun plötzlich auch Endverbraucher bei uns Produkte bestellen.« Das Protiq-Team dachte zu Beginn, dass sich vor allem Maschinen- oder Werkzeugbauer bei ihnen melden würden: Wenn man etwa für einen 356er Porsche einen neuen Motorträger benötigt, den man heutzutage kaum noch bekommt, dann kann man ihn bei Protiq drucken lassen, soweit man die 3D-Druckvorlage besitzt. Die eingehenden Anfragen jedoch überraschten das Team. »Wir bekamen plötzlich Aufträge aus dem Orthopädiebereich – beispielsweise für speziell an den Arm eines Patienten angepasste Stützen«, sagt Gärtner.

Das Unternehmen unterstützt zudem den Mutterkonzern. »Manche Produkte können auch schnell im 3D-Druckverfahren hergestellt werden«, so Gärtner. Beispielsweise wurden Bauteile produziert, die Phoenix Contact benötigte, um das Temperaturproblem der Schnellladesysteme in den Griff zu bekommen. Die Agilität des Tochterunternehmens erhöht die Geschwindigkeit, mit der das Mutterschiff arbeiten kann.

»Industrie 4.0 bedeutet für uns auch eine stärkere Vernetzung mit dem Kunden«, sagt Gärtner. »Anstatt über unseren Vertrieb und den Einkauf unserer Kunden zu gehen, kann dieser nun direkt 3D-Drucke beauftragen.« Bezahlt wird unter anderem per PayPal, und die Rechnung wird von Protiqs System automatisch innerhalb weniger Minuten per Mail zugestellt. Für den Endkunden ist das bekannt – genau so findet Einkauf in einem Onlineshop statt. Für Industriekunden hingegen ist das neues, ungewohntes Terrain, das viele Prozesse der Auftragsvergabe verändert und massiv beschleunigt.

Während des gesamten Prozesses band Gärtner wiederum auch seine Phoenix-Contact-Kollegen partizipativ ein. Allein die Namensfindung gestaltete sich aufwändig. Über das Intranet erhielt er über 500 Namensvorschläge für die neue Firma. »Auch wenn wir ein kleines eigenständiges Unternehmen sind, haben wir eine starke Anbindung an die Menschen von Phoenix Contact«, sagt Gärtner. Er bittet immer wieder Kollegen aus dem Bereich Recht, IT oder Marketing um Rat und Hilfe. Für all die, die Protiq unterstützen, hat er einen eigenen Blog eingerichtet, auf dem er für die Phoenix-Contact-Kollegen regelmäßig über Updates und aktuelle (Produkt-)Entwicklungen berichtet.

»Vor 100 Jahren war Deutschland Innovationsweltmeister«, sagt Gunther Olesch. »Die meisten Patente weltweit wurden hier angemeldet. Inzwischen sind wir Bedenkenträger geworden: Wir sehen 80 Prozent Probleme und 20 Prozent Chancen. In den USA ist es genau umgekehrt. Daher haben die auch ihr Silicon Valley.« Olesch stöpselt sein Monitorkabel wieder ab und klappt seinen Laptop zu. »Wissen Sie, ich kann in Deutschland die Einstellung der Menschen kaum ändern. Aber ich kann zumindest auf die Einstellung unserer Mitarbeitenden zu Industrie 4.0 positiv einwirken.«

Wenn Menschen mitgestalten dürfen

Phoenix Contact hat exemplarisch mit der Zukunftswerkstatt gezeigt, wie es gelingen kann, das rechte Maß eines Aktivierungsimpulses bei den Mitarbeitenden und der Organisation zu setzen. Mitarbeitende mitgestalten zu lassen, ist ein sehr effektiver Weg, wie sie vom automatischen neuronalen Autobahnmechanismus zur Aktivierung und Neuvernetzung des präfrontalen Cortex gelangen. Neurobiologisch betrachtet erhalten Menschen dadurch mehr Zugriff auf die in ihnen liegenden Potenziale: Sie kommen auf neue Gedanken, können neue Verhaltensweisen hinzugewinnen und zusätzliche Fähigkeiten erlangen. Und zugleich wird die digitale Transformation für sie bedeutsamer – wie uns die folgenden Studien zeigen werden.

Der Sozialpsychologe Joel Cooper ist inzwischen 75 Jahre alt, lehrt aber dennoch weiterhin als ordentlicher Professor an der Princeton University. Im Jahr 2017 erhielt er den Distinguished Scientific Contribution Award für seine Arbeit und seine empirischen Leistungen. Bereits 1983 veröffentlichte Cooper eine wegweisende Studie, die in bemerkenswerter Weise aufzeigt, wie stark Menschen sich selbst beeinflussen: Unsere vergangenen eigenen Bemühungen verändern unser dann folgendes Verhalten.

Cooper rekrutierte durch eine Zeitungsanzeige für sein Experiment 68 übergewichtige Personen, die allesamt bereit waren, abzunehmen. Cooper unterteilte die Teilnehmenden in zwei Gruppen. Eine der beiden Gruppen würde sich im Laufe des fünfwöchigen Experiments bei verschiedenen Aufgaben sehr anstrengen müssen, die zweite Gruppe würde die gleichen Aufgaben in einer deutlich leichteren Version absolvieren. Das Besondere: Die Aufgaben hatten keinerlei unmittelbaren Zusammenhang mit Gewichtsveränderungen.

Beide Gruppen wurden durch Fragebögen dabei unterstützt, das eigene Ess- und Sportverhalten zu analysieren und zu optimieren. Dann begann der außergewöhnliche Teil der Studie: Ein wissenschaftlicher Mitarbeitender erzählte allen Teilnehmenden eine »etwas spezielle« Geschichte: Forscher hätten einen Zusammenhang zwischen neurophysiologischen Erregungsmustern und emotionaler Empfindlichkeit entdeckt, und man könne diese Erkenntnisse zur Gewichtsabnahme nutzen. Die Teilnehmenden wurden an Lügendetektor-ähnliche Geräte angeschlossen, die normalerweise zum Messen der Veränderung des Hautwiderstands verwendet werden. Allerdings: So wie die »etwas spezielle« Geschichte erfunden war, so fand auch die Nutzung dieser Geräte nur statt, um die Show aufrechtzuerhalten. Das eigentliche Experiment bestand aus zwei Aufgaben:

1. Die Teilnehmenden schauten auf einen Monitor, dort mussten sie kurz aufblitzende Linien betrachten. Viele dieser kurz sichtbaren Linien waren annähernd senkrecht, einige wenige jedoch waren vollkommen senkrecht. Die Aufgabe bestand darin, diese wenigen, vollständig senkrechten Linien von den anderen, nur fast senkrechten zu unterscheiden und zu identifizieren. Während eine der beiden Gruppen diese Linien für jeweils eine Sekunde sehen konnte und die Aufgabe bereits nach drei Minuten vorüber war, musste sich die andere Gruppe deutlich mehr anstrengen: Sie bekamen die Linien jeweils nur für 350 Millisekunden eingeblendet und mussten ganze 20 Minuten lang arbeiten.

2. Die Teilnehmenden wurden gebeten, alte Kinderreime aufzusagen und eine kurze Geschichte vorzulesen. Während sie das taten, trugen sie einen Kopfhörer, dessen akustische Signale sie irritierten: Zum einen hörten sie ihre eigene Stimme mit kurzer Zeitversetzung, zum anderen wurde von einem Tonband eine weitere Frauenstimme eingespielt, die eine ähnliche Aufgabe durchführte. Die Gruppe, der es die Wissenschaftler bereits bei der ersten Aufgabe einfacher gemacht hatten, hörte ein Echo der eigenen Stimme mit nur 158 Millisekunden Zeitversetzung, und sie musste diese Aufgabe nur 10 Minuten durchführen. Die andere Gruppe hingegen, die bereits bei der ersten Aufgabe mehr gefordert worden war, hatte ein Echo der eigenen Stimme mit einer deutlich störenderen Zeitversetzung von 318 Millisekunden. Sie musste die Aufgabe 30 Minuten ausführen.

Die Prozedur wurde innerhalb der drei Wochen des Experiments fünf Mal durchgeführt. Cooper wollte wissen: Hat das Maß, in dem sich die Teilnehmenden im Experiment anstrengen mussten, einen Einfluss auf ihr Verhalten im Alltag? Würde sich womöglich sogar ein Unterschied im Gewicht erkennen lassen?

Und tatsächlich: Alle Teilnehmenden, die vor der Studie ein Übergewicht von durchschnittlich 17 Pfund hatten, haben im Verlauf der Studie abgenommen. Die Unterschiede zwischen den Gruppen waren allerdings signifikant. Nach drei Wochen hatten diejenigen, die sich während der fünf Experimenttage nur wenig einbringen mussten, gerade mal 400 Gramm abgenommen. Die anderen hingegen, die deutlich mehr involviert gewesen sind, verloren mehr als das Doppelte an Gewicht: knapp ein

Kilo. Richtig interessant wurde es jedoch nach sechs Monaten: Cooper hatte die Teilnehmenden nach drei Wochen aus der Studie entlassen, ohne anzukündigen, dass er sich noch einmal bei ihnen melden würde. Daher war es für die Menschen überraschend, als sie nach einem halben Jahr einen Anruf erhielten, in dem sie gebeten wurden, ihr aktuelles Gewicht anzugeben. Die Hälfte derer, die sich während des Experiments kaum einbringen mussten, hatte weiter an Gewicht verloren – wenn auch nur marginal, durchschnittlich um wenige hundert Gramm. Ganz anders hatte sich das Verhalten und auch das Gewicht der Teilnehmenden entwickelt, die sich während der kurzen Phase des Experiments stark anstrengen mussten: Nahezu jeder hatte Pfunde verloren, im Durchschnitt waren es 8,55 Pfund!

Die merkwürdigen Übungen, die von den Wissenschaftlern mit den Teilnehmenden durchgeführt wurden, hatten natürlich keinerlei direkten Einfluss auf die Gewichtsabnahme. Die Teilnehmenden aber waren vom Gegenteil überzeugt. Und tatsächlich: Ihr niedriges beziehungsweise hohes Engagement machte den Unterschied!

> **Die Erkenntnis:** Je mehr sich ein Mensch für die Erreichung eines Zieles einbringt, desto mehr entwickelt er ein Verhalten, das ihm hilft, dieses Ziel auch zu erreichen.

34 Jahre später: Im Jahr 2010 ging Prof. Nikolaus Franke, Gründer des Institute for Entrepreneurship and Innovation der Wirtschaftsuniversität Wien, noch einen Schritt weiter. Er erforschte in mehreren Studien, wie groß der Einfluss des eigenen Mitwirkens darauf ist, welchen Wert Menschen einem Produkt beimessen.

114 Studierende nahmen an einem ersten Experiment teil. Franke teilte die Probanden in drei Gruppen ein. Gruppe 1 durfte kaum mitgestalten: Sie wurde gebeten, sich ein Poster eines ganz bestimmten T-Shirts mit Universitäts-Logo anzuschauen. Die Wissenschaftler fragten: »Sie haben die Möglichkeit, dieses T-Shirt bei einer Auktion zu gewinnen. Welchen Betrag würden Sie bieten?«

Die zweite Gruppe hingegen durfte in hohem Maße mitgestalten: Diese Menschen bekamen Zugang zu einem Onlinedesign-Tool, mit dem sie selbst ein T-Shirt gestalten konnten. Die Wissenschaftler zeigten den Teilnehmenden das Universitäts-Logo des T-Shirts von Gruppe 1. Gruppe 2 sollte das Design exakt nachbauen, sodass für einen Außenstehenden kein Unterschied zwischen den beiden Produkten erkennbar ist. Die Studierenden mussten dafür eine Grafik hochladen, vier Texte erstellen und das alles sehr detailgenau arrangieren. Im Durchschnitt benötigten sie dafür 23 Minuten. Im Anschluss wurden sie gebeten – genauso wie Gruppe 1 –, auf dieses Produkt ein Gebot abzugeben. Franke und seine Kollegen dachten sich: »Vielleicht ist den Teilnehmenden durch die 23-Minuten-Designdauer das Produkt schon so sehr vertraut, dass sie allein deshalb mehr Geld dafür bieten würden«.

Daher gab es noch eine dritte Gruppe. Gruppe 3 designte – so wie Gruppe Nummer 2 – das T-Shirt genauestens nach den Vorgaben der Wissenschaftler. Bieten durften sie jedoch nur auf ein vorgefertigtes T-Shirt (das gleiche, das auch Gruppe 1 angeboten wurde), nicht aber auf das selbst erstellte.

Was glauben Sie, geschah? Welchen Unterschied konnten Franke und seine Kollegen zwischen Gruppe 1 (T-Shirt gesehen und geboten), Gruppe 2 (T-Shirt design und darauf geboten) und Gruppe 3 (T-Shirt design und dann auf ein anderes geboten) feststellen?

Gruppe 1 bot durchschnittlich 4,75 Euro für das fertige T-Shirt. Gruppe 3 bot 11 Prozent mehr: 5,26 Euro. Die Zeit, die sich die Teilnehmenden mit dem Produkt beschäftigt hatten, schien tatsächlich dazu geführt zu haben, dass es ihnen vertrauter wurde und sie daher bereit waren, etwas mehr Geld dafür auszugeben. Interessant war jedoch das Gebot von Gruppe 2: 6,85 Euro – ganze 44 Prozent mehr waren die Studierenden bereit, für das T-Shirt auszugeben. Es war zwar absolut identisch mit dem vorgefertigten Produkt, auf das die Gruppen 1 und 3 geboten hatten. Doch die Tatsache, dass sie es selbst erstellt hatten, machte es für die Teilnehmenden aus Gruppe 2 deutlich wertvoller.

Nun war die Möglichkeit der Mitgestaltung von Gruppe 2 zwar größer als die von Gruppe 1. Doch die Gestaltungsmöglichkeit war noch etwas beschränkt. Das Ergebnis war vorgegeben, man musste es nur noch umsetzen. Franke und seine Kollegen führten daher noch eine weitere Studie durch. Dieses Mal nahmen 116 Studierende aufgeteilt auf zwei Gruppen teil. Beiden Gruppen wurden zunächst Skier gezeigt. Insgesamt 14 Paar sollten im Anschluss verlost werden. Gruppe 1 durfte sich eines von 28 vorgefertigten Designs aussuchen. Gruppe 2 hingegen bekam die Möglichkeit, ein komplett eigenes Design zu entwickeln. Anders als im vorherigen Experiment gab es keinerlei Vorgaben von den Wissenschaftlern.

Im Anschluss mussten die Teilnehmenden für die Verlosung einen Einsatz bieten – jedoch nicht auf die Skier, sondern auf das Design. Die Studierenden warfen echtes, eigenes Geld in den Ring. Durch eine besondere Auktionsform wurde sichergestellt, dass sie einen realistischen Preis boten: Die Studierenden hatten keine Kosten, wenn sie bei der Verlosung leer ausgingen. Hatten sie jedoch das Glück, eines der 14 Paar Skier erlangen zu können, wurde aus einer Urne ein zufälliger Preis gezogen. Lag das eigene Gebot des Studierenden darüber, war er verpflichtet, das Design zum Urnenpreis zu kaufen. Lag es darunter, durfte er das Design nicht kaufen und seine nagelneuen Skier blieben weiß. Durch diese Art der Auktion wurde ein Taktieren verhindert: Bei einem zu niedrigen Preis bekommt der Bieter das Design nicht. Da es jedoch einen Kaufzwang gibt, bietet auch keiner zu hoch. Die Studierenden, die ein vorgefertigtes Design ausgewählt hatten, boten im Durchschnitt 45 Euro. Hatten sie jedoch ein eigenes Design erstellt, lag das Gebot bei 75 Euro – also ganze 66 Prozent darüber.

Die Erkenntnis: Je mehr ein Mensch mitgestalten kann, desto wertvoller wird für ihn das erreichte Ergebnis.

Mitgestaltung als hilfreiches Korrektiv

Die frühzeitige Einbindung der Mitarbeitenden – so wie es bei dem Elektrotechnik-Unternehmen Phoenix Contact geschehen ist – ist also ein guter Weg, diesen Menschen einen besseren Zugriff auf ihre eigenen Potenziale zu ermöglichen und auf diese Weise die Bedeutsamkeit der Digitalisierung für sie zu steigern. Darüber hinaus hat die Möglichkeit zum Mitgestalten einen weiteren wichtigen Vorteil. Denn wenn Führungskräfte diese mit allen Konsequenzen zulassen, wirkt sie als wichtiges Korrektiv für die Chefs: Je weiter oben sich eine Führungskraft in der betrieblichen Hierarchie befindet, desto größer ist häufig ihre Bereitschaft zum Wandel: Wenn ein Bereichsleiter eine von mehreren Unterabteilungen an einen anderen Bereichsleiter abgibt, da es sinnvoll für die digitale Agenda ist, dann ist das vielleicht schwer für das eigene Ego, womöglich hängt sogar etwas Herzblut an der Unterabteilung. Doch erleben bisweilen die Menschen, die in dieser Abteilung arbeiten, mögliche Veränderungen deutlich intensiver, da sie für sich unangenehme Folgen befürchten: durch einen neuen Arbeitsort und längere Fahrzeiten, durch andere Arbeitszeiten oder auch dadurch, dass ihre Aufgaben unter dem neuen Bereichsleiter teilweise redundant sind. Die Veränderung kann für sie bedeutend größere Auswirkungen haben, als für Menschen weiter oben in der Hierarchie.

Während der Zukunftswerkstatt bei Phoenix Contact zeigten sich diese unterschiedlichen Change-Flexibilitäten. Daher knallten auch ab und an Türen etwas lauter: Die Mitarbeitenden oder der Betriebsrat sprachen sich gegen manche Erwartungen des (mittleren) Managements aus. »Letztlich haben sich die Gemüter wieder beruhigt«, meint Betriebsratsvorsitzende Reinhard. Die Zukunftswerkstatt führte zu Dutzenden nachhaltigen Verbesserungen. Und zugleich mussten während des Prozesses viele Vorstellungen der Beteiligten miteinander abgeglichen werden. Inzwischen ziehen alle noch mehr an einem Strang: »Wenn wir uns nicht gemeinsam – also auch die Arbeitnehmenden – mit der Zukunft auseinandersetzen, verpassen wir möglicherweise Chancen und verlieren Kunden«, sagt Betriebsrätin Reinhard. »Das heißt aber nicht, dass wir unbedingt eine Sieben-Tage-Woche einführen müssen.«

Weshalb wir täglich Zähne putzen

Die Marketingchefin eines Münchner Familienunternehmens sitzt etwas niedergeschlagen am Tisch. »Ich bin schon etwas enttäuscht«, sagt sie. »Es hat sich so wenig verändert.« Neun Monate zuvor hatte die Firma 150 Mitarbeitende eingeladen, gemeinsam das Zukunftsbild einer neuen Unternehmenskultur zu erarbeiten. Vier Monate später fand ein Folge-Workshop im kleineren Rahmen statt. Seitdem aber geschah kaum noch etwas. Der mit viel Enthusiasmus begonnene Prozess war den internen Grabenkämpfen der Gesellschafter zum Opfer gefallen. »Vielleicht haben wir einfach zu wenig für den Prozess getan«, mutmaßt der Firmengründer. »Ja, das haben Sie definitiv«, erwidern wir ihm schonungslos.

Die von uns untersuchten Unternehmen, die sich erfolgreich in einer digitalen Transformation befinden, arbeiten konsequent und in hoher Regelmäßigkeit daran. Die Kerngruppe der Zukunftswerkstatt von Phoenix Contact trifft sich jede Woche zu sogenannten »Donnerstagsrunden«. Mario Pieper von BSH besucht mit seinem Team Dutzende von Bereichsleitermeetings, um regelmäßig neue Impulse zu setzen. Maximilian Viessmann lädt alle zwei Wochen zu Collaboration-Meetings ein, an denen jeder im Unternehmen teilnehmen kann. Viessmanns CDO, Markus Pfuhl, berichtet: »In den ersten zwölf Monaten haben fünf Personen aus unserem ursprünglichen digitalen Team jeden Freitag Kurzvorträge in der gesamten Belegschaft gehalten, bis wir die ersten 1 200 Menschen inspiriert hatten«. Dominik Grau, CIO des Ebner-Verlags aus dem Kapitel »Digital Transformation Coaches – die operativen Beschleuniger«, ist seit Jahren nahezu täglich unterwegs, um Mitarbeitende an verschiedenen Standorten zu treffen und mit ihnen über die neue digitale Strategie zu sprechen. Und auch jedes einzelne Otto Group Vorstandsmitglied verbringt monatlich zwischen ein und drei Tage ausschließlich damit, sich mit dem unternehmensweiten Wandel zu beschäftigen.

Wenn Menschen abnehmen wollen, reicht es nicht, nur an einem Tag im Monat weniger zu essen. Wenn wir sportlicher werden möchten, genügt nicht der eine Waldlauf im Quartal. Trotz dieser einfachen, bekannten Muster, die jedermann kennt, erleben wir immer wieder Firmen, die verwundert sind, weshalb »der Workshop vom letzten Sommer« nicht zu den nachhaltigen Veränderungen geführt hat, die sie sich erhofft hatten. Veränderungsimpulse müssen beständig gesetzt werden. Oft und in kurzen Abständen.

> **Die Erkenntnis:** Unternehmen, denen eine digitale Transformation gelungen ist, halten es mit der Veränderungsarbeit wie mit dem Zähneputzen: Man sollte es regelmäßig tun!

Otto Group Digital Solutions – Der Company-Builder

»Die Art und Weise, wie wir mit unserem Team arbeiten, lässt sich in keiner Weise mit dem vergleichen, wie innerhalb des traditionsreichen

Otto-Unternehmens gearbeitet wird«, erzählt uns Paul Jozefak. »Ob Otto oder andere Konzerne: Die meisten Menschen in diesen Firmen haben gelernt, in Budgets und Business Cases zu denken. Sie berechnen vor Beginn eines neuen Projekts die voraussichtlichen Umsätze und Gewinne der kommenden drei bis fünf Jahre. Wir ticken da anders.«

Wir wurden auf Jozefak während einer Podiumsdiskussion beim Digital Advisory Board Summit aufmerksam, einer Veranstaltung für Entscheider aus der traditionellen sowie aus der digitalen Wirtschaft. Jozefak ist laut und polarisiert gerne. Er machte sich über die Silicon-Valley-Trips mancher deutscher Geschäftsreisender lustig und erzählt viele Anekdoten. Denn die Kreativen des Silicon Valley kommen sich aufgrund der Massen von Besuchern nicht selten wie exotische Tiere im Zoo vor. Es gibt sogar separate verglaste Wege, von denen aus die Besucher ihnen beim Arbeiten zuschauen können.

Die Erfahrung, den SAP European Venture Fund geleitet zu haben, Managing Partner beim Venture-Capital-Unternehmen Neuhaus Partners gewesen zu sein und über zwei Dutzend Unternehmen mit aufgebaut zu haben, scheint Jozefak ein gesundes Selbstbewusstsein zu verleihen. Er wirkt wie jemand, der weiß, wovon er spricht – und er verachtet Buzz Words. Seine direkte Art hat auch die Otto Group Anfang des Jahres 2012 überzeugt, ihm gemeinsam mit dem IT-Spezialisten Michael Backes den Aufbau neuer digitaler Unternehmen anzuvertrauen.

Unter dem Dach der Otto Group, zu der inzwischen mehr als 40 Tochterunternehmen wie Manufactum, SportScheck oder shopping24 gehören, gründeten Jozefak und Backes den »Company-Builder« Liquid Labs für die Förderung neuer digitaler Firmen. Daraus wurde inzwischen die Otto Group Digital Solutions (OGDS). Gründungsgeschäftsführer sind Michael Backes und Paul Jozefak.

»Ich gründe Firmen, ohne einen Business-Plan zu erstellen«, erzählt uns Jozefak. Seine slowakischen Wurzeln schimmern sprachlich kaum noch durch – vielmehr ist man versucht, mit ihm ins Englische zu wechseln, da dieser Akzent bei ihm sehr dominant ist. »Oftmals bauen wir ein Produkt und versuchen, dafür Kunden zu gewinnen. Wenn das gelingt, schauen wir uns hinterher alle Zahlen an. Manchmal erst ein Jahr später. Die meisten Start-ups – wenn zwei Jungs in der Garage etwas beginnen – schreiben zuvor auch keinen Business-Plan.«

Der Vorstand der Otto Group genehmigte zu Beginn ein Budget von fast 10 Millionen Euro, das er im Jahr 2015 auf 35 Millionen erweiterte. Das zentral freigegebene Budget dient dazu, schnell innerhalb des Unternehmens agieren zu können. »Wenn wir eine konkrete Geschäftsidee haben, sprechen wir mit einzelnen Business-Units und bieten an: ›Ihr habt kein Risiko: Wir bauen euch etwas auf, wir finanzieren es vor, und wenn es klappt, könnt ihr es integrieren. Wenn es scheitert, übernehmen wir die Verantwortung‹«, erzählt uns Michael Backes. »Manche guten Ideen würde in den bestehenden Strukturen nicht umgesetzt werden, da es oft Konflikte um Prioritäten gibt: Die meisten Menschen in diesem Umfeld wollen keine fünf Jahre warten, bis das neue Geschäftsfeld sich gut entwickelt hat. Aus ihrer Karriereperspektive heraus engagieren sich viele Mitarbeitende lieber bei Projekten, die kurzfristig erfolgreich sind. Das hilft bei einer Beförderung.«

Neben den möglichen Prioritätskonflikten gibt es eine weitere Herausforderung: Einerseits braucht der Aufbau neuer digitaler Geschäftsfelder ausreichend Energie, damit Bewegung in das traditionell geprägte System kommt. Zu viel davon kann jedoch zu ungewollten tektonischen Verschiebungen führen. Gewachsene Systeme, die ein über Jahre oder Jahrzehnte etabliertes Biotop von Führungskräften, Mitarbeitenden und Betriebsräten beherbergen, lassen neue Impulse häufig nicht zu. »Bei uns arbeiten Mitarbeitende keine 40, sondern phasenweise auch mal 100 Stunden pro Woche – und das freiwillig und eigenmotiviert«, erzählt Jozefak. »Das wäre in unserem Mutterkonzern noch nicht einmal erlaubt.«

Bereits Phoenix-Contact-Geschäftsführer Prof. Gunther Olesch hatte uns von der Notwendigkeit berichtet, bisweilen in Start-up-Strukturen auszuweichen, da manche Arbeitszeitmodelle im Mutterunternehmen nicht umsetzbar sind. »Menschen, die neue digitale Geschäftsfelder mit hoher Geschwindigkeit aufbauen wollen, müssen auch mal am Wochenende arbeiten – aber das bekomme ich hausintern nicht durch«, berichtet uns Olesch. OGDS ist die Otto-Group-Lösung für diese Herausforderungen. »Hätten wir in unserem kleinen Unternehmen die Regeln unseres Mutterunternehmens, bräuchten wir gar nicht erst zu beginnen. Wir wären zum Scheitern verurteilt«, erzählt Jozefak.

»Was bewegt einen Mitarbeitenden, sich so sehr über das Geforderte hinaus zu engagieren, obwohl er es woanders bequemer haben könnte?«, wollen wir von ihm wissen. »Das Gute an einem Company Builder, der einem Traditionskonzern angehört, ist: Wir vereinen das Beste beider Welten«, sagt Jozefak, und beginnt aufzuzählen. »Zum einen genießen unsere Mitarbeitenden sehr viel Freiheit in der täglichen Arbeit, sie sind frei von starren Regeln und Prozessen. Zum anderen bekommen sie ein Budget und einige Monate Zeit, wenn sie mich von einer wirklich guten Idee überzeugen. Sie können also etwas aufbauen, ohne ins persönliche Risiko zu gehen. Im Gegenteil: Sie haben sogar noch ein regelmäßiges Einkommen.« Und da gibt es noch etwas, Jozefak nennt es »Downside Protection«: Will oder kann ein Mitarbeitender nicht mehr bei OGDS arbeiten und braucht eine neue Anstellung, greift Jozefak oft selbst zum Telefon. Meist findet er in einem der anderen Unternehmen der Otto Group schnell einen neuen Job.

»OGDS erlaubt es uns, Geschäftsideen zu entwickeln, die zu unserem Konzern passen, die wir in den bisherigen Strukturen jedoch niemals mit der nötigen Geschwindigkeit hätten erschaffen können«, erzählt uns Dr. Rainer Hillebrand, Vorstand für Strategie, E-Commerce und Business Intelligence der Otto Group. Ein weiterer Grund, weshalb der Otto Group-Vorstand gerade die innovativen Konzepte bevorzugt über Backes und Jozefaks »Company Builder« erstellen lässt, sind die möglichen disruptiven Ansätze, die ansonsten das eigene Kerngeschäft infrage stellen würden. Die etablierten Otto Group-Unternehmen würden schon aus Selbstschutz manche Geschäftsideen gar nicht erst angehen.

So etwas ist auch in anderen Konzernen ein bekanntes Phänomen. Axel Springer etwa akquirierte seinerzeit die Online-Jobbörse StepStone und torpedierte damit das Anzeigengeschäft der eigenen Printmedien. Heute allerdings erwirtschaftet Springer deutlich mehr Umsatz mit dem Online-Jobportal, als in den besten Zeiten der Print-Jobanzeigen.

Die Otto Group-Tochter EOS, traditionell für das Forderungsmanagement verantwortlich, hätte möglicherweise niemals das Geschäftsmodell des OGDS-Projekts collectAI aufgebaut. collectAI ist eine – der Name verrät es – auf künstlicher Intelligenz (AI – Artificial Intelligence) basierende Plattform, die säumige Kunden an ausstehende Zahlungen erinnern soll. Die entscheidende Idee dazu kam Jozefak wegen eines Alltagsärgernisses. »Ich war verstimmt über eine Mahnung meines Zahnarzts. Er hatte mir eine Rechnung nicht zustellen können, da ich umgezogen war«, erinnert sich Jozefak. »Hätte er einfach nur meine hinterlegte Handynummer angerufen, wären ihm und mir viel Ärger erspart geblieben.« Mit collectAI kann das nicht geschehen: In Zukunft – so das geplante Konzept von collectAI – sollen alle Kontaktdaten eines Kunden online erfasst werden. Dann kann collectAI neben dem klassischen Postversand alle zur Verfügung stehenden Kommunikationskanäle wie automatisierte Anrufe, WhatsApp, E-Mail und SMS nutzen, um seine säumigen Kunden an die Zahlung zu erinnern. »Das Ziel von OGDS ist, die neuen Unternehmensstrukturen zu etablieren und an die etablierten Firmen zu übergeben«, erklärt uns Jozefak. »Bei collectAI ist es bald so weit«, ergänzt Backes. »Die Übergabe an EOS steht kurz bevor.«

»Unser dritter Kunde war Alibaba – das weltweit größte E-Commerce-Unternehmen«, erzählt uns Malte Gosau, CEO von BorderGuru. Seine Firma ist ein Tochterunternehmen der Hermes-Gruppe und wurde ursprünglich durch den OGDS-Vorgänger Liquid Labs entwickelt. »Das, was BorderGuru heutzutage für uns tut, hätten wir intern niemals so schnell aufbauen können«, berichtet Martin Kreiter, Bereichsleiter Group Marketing & Business Development bei Hermes. »Es hätte interne Friktionen gegeben, wir haben eine lange IT-Pipeline, und wir hätten damals nicht die Ressourcen bekommen.«

BorderGuru ist inzwischen ein internationaler Paketdienst und ein Paradebeispiel für den erfolgreichen Aufbau einer neuen Firma inklusive Übergabe an den Mutterkonzern. »Bei uns im Produktmanagement hatten wir schon früher eine ähnliche Idee«, sagt Kreiter. »Allerdings bekam ich damit beim Vorstand zu dem Zeitpunkt keine Priorität«. Als Kreiter sechs Monate später nochmals nachhakte, empfahl ihm Hermes-CEO Hanjo Schneider Kontakt zu Paul Jozefak aufzunehmen. »98 Prozent unseres Geschäfts ist lokal«, erzählt Kreiter. »Internationale Geschäftsfeldentwicklungen stehen da einfach hinten an. Hanjo Schneider wusste, dass wir die Idee, aus der heraus BorderGuru entstand, nur mit Pauls Team schnell genug umgesetzt bekommen.«

Backes und Jozefak trafen sich mit Kreiter und seinem Team. »›Wir legen direkt morgen los‹, sagten wir den Hermes-Kollegen nach dem Meeting«, erinnert sich Backes. »Das meinten wir wortwörtlich.« Schon drei Wochen später stand das Konzept für BorderGuru fest, nach drei Monaten war die erste Software-Version fertig.

Das Geschäftsmodell von BorderGuru, ein virtueller Paketdienst mit einem Rundum-Sorglos-Paket, zielt darauf, Handelsunternehmen den B2C-Verkauf ihrer Produkte weltweit zu vereinfachen. Möchte eine Firma aus den USA an Kunden in Schweden Produkte verkaufen, übernimmt BorderGuru den Versand, die Rechnungsstellung und alle Zollabfertigungen. »Unternehmen wie FedEx oder UPS bieten Zollabfertigungen nur für wenige Länder an – wir können es weltweit«, erzählt uns BorderGuru-CEO Malte Gosau.

Über die Otto-Group-Tochter Bonprix, die wiederum Eigentümerin des kalifornischen Bademodenversands Venus ist, fand OGDS den ersten Kunden für BorderGuru. »Bleib mir weg mit E-Commerce im Ausland«, war die erste Reaktion des Venus-CEO. Während alle Welt von Print zu Online wechselte, gehörte Venus zu den letzten Händlern in den USA, die noch in großem Stil mit Katalogen arbeiteten – und das sehr erfolgreich. Die Idee, online ins Ausland zu verkaufen, stieß daher auf nicht allzu offene Ohren. BorderGuru brauchte aber einen ersten Kunden, um zu beweisen, dass die Plattform mit allen angeschlossenen Dienstleistungen funktioniert. »Ihr habt keinerlei Kosten«, überzeugte Jozefak das Unternehmen aus Jacksonville, Florida. »Wir kümmern uns um alles. Und wenn es funktioniert, macht ihr mehr Umsatz.«

Im Winter 2014 eröffnete Venus mithilfe von BorderGuru einen Onlineshop für die Märkte außerhalb der USA. Nun ist Weihnachten nicht unbedingt ein guter Zeitpunkt für Bademoden – es sei denn, man verkauft sie nach Australien. »Wir haben bereits am ersten Tag 80 Bestellungen aus Down Under erhalten, nachdem BorderGuru den internationalen Verkauf für Venus ermöglicht hat«, erinnert sich Backes begeistert. »Das kam uns ungewöhnlich viel vor. Also riefen wir bei Venus an und fragten, woher all die Kunden kamen. ›Oh, wir haben mal dieses ›Google-Adwords‹ ausprobiert‹, erzahlte uns das Marketingteam dort.« Heute verschickt Venus dank BorderGuru monatlich über 10 000 Pakete weltweit.

OGDS-Geschäftsführer Jozefak erklärt: »Für uns macht es nur Sinn, neue Unternehmen zu entwickeln, wenn wir das Otto-Group-Netzwerk nutzen können«. BorderGuru-CEO Gosau verdeutlicht: »Dass wir zu Hermes gehören, brachte uns einen unmittelbaren Imagetransfer. Dass wir uns auf Paketversand verstehen, hat nie jemand infrage gestellt. Ohne Hermes wären wir von Alibaba niemals wahrgenommen worden.« Das chinesische Unternehmen betreibt die weltweit größte B2B-Handelsplattform. Zugleich bietet es B2C-Marktplätze an: Unter der Alibaba-Webadresse, tmall.hk, können internationale Unternehmen ihre Produkte an Endkunden in China vertreiben. BorderGuru ist dann immer mit an Bord. »Wenn beispielsweise die Drogeriemarktkette dm über die Alibaba-Plattform Milchpulver oder Babylotion an Konsumenten in China verkauft, dann sind wir der Logistikpartner«, erklärt Gosau. »Das Transportvolumen ist so groß, dass wir gemeinsam mit Hermes feste Luftfrachtkontingente nach China gebucht haben.« Das neue Unternehmen hat inzwischen eine mehrstellige Anzahl fester B2B-Kunden, die teilweise ebenfalls mit vielen Unterhändlern arbeiten. »Für unsere Kunden ist es technisch ganz einfach«, sagt Gosau. »Sie müssen im Check-out-Prozess auf ihrer Website im Hintergrund nur einige Programmcodes von uns einbauen. Dann können wir dem Endkunden automatisiert einen finalen Preis für den Versand inklusive aller möglichen Einfuhrkosten nennen.«

In Europa werden die BorderGuru-Pakete mindestens auf den »letzten Meilen« durch das existierende Hermes-Netzwerk zum Endkunden transportiert. »Auf anderen Kontinenten haben wir externe Dienstleister eingekauft«, erzählt Gosau. »Wir erweitern durch unser Angebot zum einen das bisherige Geschäftsfeld von Hermes, zum anderen sind wir ein Verkaufskanal für die bestehenden Logistikdienstleistungen.«

»Nicht jede Geschäftsidee von OGDS hat so gut funktioniert. Aber das erwarten wir auch nicht«, fasst Otto Group-Vorstand Dr. Rainer Hillebrand für uns zusammen. »Die bisherigen Erfolge haben dazu beigetragen, dass Pauls und Michaels Ansätze ein hohes Maß an Vertrauen innerhalb der Otto Group genießen, und die Offenheit für eine Zusammenarbeit von vielen Seiten steigt.« Hillebrand hat im September 2017 das 35-Millionen-Budget von OGDS nochmal um 50 Millionen Euro aufgestockt.

Menschen möchten gerne wissen, was geschieht

Phoenix-Contact-Geschäftsführer Prof. Dr. Gunther Olesch nennt es »Verunsicherung der Menschheit«: Medien oder (vermeintliche) Experten malen düstere Zukunftsszenarien über die Auswirkung der Digitalisierung, der digitalen Transformation, Industrie 4.0 oder ähnlichen Synonymen. Und tatsächlich führen dieses mediale Grundrauschen und die sichtbaren Veränderungen in manchen Unternehmen zu Verunsicherungen bei vielen Beschäftigten.

»Wir wissen doch auch nicht genau, wie die Zukunft aussehen wird«, sagt Olesch und beschreibt damit präzise das Gefühl vieler Verantwortlicher, die sich heutzutage ernsthaft mit der Digitalisierung im eigenen Unternehmen auseinandersetzen. Doch auch wenn niemand exakt vorherzusagen vermag, was sich genau in fünf, zehn oder fünfzehn Jahren verändert haben wird – in einem sind sich alle einig: Vieles wird bedeutend anders sein als bisher. Doch genau diese Vorhersagbarkeit wäre für viele Menschen ein hilfreicher Faktor, das eigene Erleben von Stress – mit allen damit verbundenen körperlichen Reaktionen – reduzieren zu können.

Bereits bei alltäglichen Erfahrungen führt Vorhersehbarkeit zu verminderten körperlichen Stressreaktionen. Das beginnt schon auf dem Weg zur Arbeit. Richard Wener, Professor für ökologische Psychologie am Polytechnic Institute der New York University, ging der Vorhersehbarkeit auf den Grund: Viele Beschäftigte in New York verbringen eine Menge Zeit mit der täglichen beruflichen An- und Abreise. In seiner Studie »Predictability and Commuter Stress« hat Wener im Jahr 2002 insgesamt 56 Pendler untersucht. Mindestens vier Mal pro Woche mussten diese Menschen mit öffentlichen Verkehrsmitteln während der Rushhour den Weg von New Jersey nach Manhattan auf sich nehmen. Die Wissenschaftler nahmen den Teilnehmenden sowohl auf dem Weg zur Arbeit als auch am Wochenende Speichelproben ab – jeweils zur gleichen Uhrzeit, um tageszeitabhängige Schwankungen der Messwerte auszuschließen. Sie verglichen die Werte des Stresshormons Cortisol an den Tagen daheim mit den Tagen in der Bahn. Zudem bat Wener die Teilnehmenden, während der Untersuchung einige Fragen zu beantworten. Beispielsweise konnten sie auf einer Skala von 1 bis 5 die Richtigkeit bestimmter Aussagen bewerten, wie etwa: »Ich kann für gewöhnlich voraussagen, wann ich bei der Arbeit ankomme.«

Manche Pendler mussten auf ihrem Weg zur Arbeit umsteigen. Gerade in der Rushhour waren die Bahnhöfe brechend voll, sodass der Fußweg von einem zum anderen Gleis lange dauern konnte. Ebenso das Warten am Bahnsteig: An einigen Tagen mussten sie wegen Überfüllung mehrere Züge abwarten, bis sie sich hineindrängeln konnten. Einfacher war es für die Gruppe der Pendler, die mit der Metro North direkt zur Grand Central Station fuhren. Sie konnten ihre Ankunftszeit deutlich besser voraussagen.

Je unvorhersehbarer für die Probanden die Zeitdauer des Arbeitsweges war, desto größer war die Schwankung ihrer Cortisol-Werte. Um durchschnittlich 50 Prozent mehr stieg der Cortisol-Spiegel während der Fahrt von Pendlern, die ihre Ankunft kaum voraussagen konnten, im Vergleich zu denen, die in der Lage waren vorher genau einzuschätzen, wann sie bei der Arbeit sein werden.

Hohe Unsicherheit im beruflichen Umfeld führt zu starken körperlichen Stressreaktionen. Der Neurowissenschaftler Dr. John Coates akquirierte seine ehemaligen Kollegen als Probanden für eine Studie – und kam zu überraschend erschreckenden Ergebnissen. Coates hatte in seinem früheren Leben einen Bereich des Wertpapierhandels der Deutschen Bank in London geleitet. Als er einige Jahre später in Cambridge forschte, kontaktierte er einige altbekannte Trader und bat sie darum, ihre Cortisol-Werte in verschiedenen Marktsituationen untersuchen zu dürfen. Manche Trader investieren in Aktien, bei denen steigende Märkte Gewinn bedeuten. Andere wiederum wetten durch Leerverkäufe auf fallende Kurse. Ein und dieselbe Bewegung kann daher für den einen Trader günstige, für einen anderen ungünstige Auswirkungen bedeuten.

Coates erhielt von den Ex-Kollegen mehrfach pro Tag Speichelproben und analysierte ihren Cortisol-Spiegel. Cortisol ist das Hauptharmon einer Stressreaktion. Dieser Botenstoff arbeitet eng mit Adrenalin zusammen. Letzteres führt zu sekundenschnellen Reaktionen und verschwindet nach wenigen Minuten wieder aus dem Blut. Erinnern Sie sich noch an das Experiment aus dem letzten Kapitel, in dem Sie rückwärts ungesichert 31 Meter in die Tiefe fielen? In so einem Moment würde Ihr Körper Adrenalin ausschütten. Cortisol hingegen übernimmt eher, wenn der stressauslösende Faktor länger andauert – wenn Sie beispielsweise tage- oder wochenlang auf ein sehr bedeutsames Projekt hinarbeiten und die Zeit immer knapper wird. Der Cortisol-Spiegel ist für gewöhnlich direkt nach dem Aufstehen am höchsten. Er sinkt im Laufe des Tages meist nahezu linear um mehr als 50 Prozent und erreicht am Abend seinen Tiefstwert.

Umso überraschender war Coates Analyse des Cortisol-Spiegels bei den Tradern, denn anstatt zu sinken, stieg dieser an manchen Tagen stark an. Der Wissenschaftler verglich die Marktbewegungen mit den Cortisol-Bewegungen: Je volatiler – also je unvorhersagbarer – die für die Trader relevanten Märkte waren, desto mehr Stresshormone hatten sie im Blut. Teilweise stieg der Pegel um das Fünffache. Das sind klinisch bedenkliche Werte, bei denen ein Arzt beginnen würde, zusätzliche Tests durchzuführen, um Krankheiten auszuschließen.

Auch das zweite Resultat von Coates' Studie stimmt nachdenklich: Befragte er die Trader nach ihrem Wohlbefinden, erklärten diese, keinen erhöhten Stress wahrzunehmen. Ihr persönliches Empfinden und ihre körperlichen Reaktionen waren entkoppelt.

Diese Entkopplung von wahrgenommenem Stress und körperlicher Reaktion fand übrigens nicht nur bei den Tradern, sondern auch bei den Pendlern in New York statt: Während die Unvorhersehbarkeit zu einer um 50 Prozent höheren Steigerung des Cortisol-Spiegels geführt hatte, stieg der in der Umfrage angegebene subjektive Stress gerade mal um 8 Prozent.

Untersucht man die Gehirne von Menschen, die nachweislich über einen längeren Zeitraum einen erhöhten Cortisol-Spiegel hatten, lassen sich zwei neuronale Veränderungen feststellen:

1. Nervenzellen im Hippocampus sterben ab! Diese Struktur ist der »Bibliothekar« unseres Gehirns. Er ist mit vielen weiteren neuronalen Netzwerken verbunden, und er »weiß«, wo er Informationen ablegen und abspeichern kann. Zudem ist er die »Nervenzellfabrik« in unseren Köpfen: Im Hippocampus findet die Neurogenese, die Neuproduktion von Nervenzellen, statt. Sterben Teile von ihm ab, weil sie über einen zu langen Zeitraum von Cortisol überschwemmt wurden, zieht er seine Verbindungen zu den anderen Hirnteilen zurück. Auch die Neurogenese reduziert sich. Der Bibliothekar kann seiner Aufgabe nicht mehr so gut nachkommen. Die Nervenzellfabrik produziert weniger neue Nervenzellen.

2. Langanhaltender Stress und Unsicherheit begünstigen zudem eine ungünstige Stabilisierung von neuronalen Verbindungen in der Amygdala. Sie ist der »Gefahrenriecher« in unserem Gehirn. Wann immer wir eine

echte oder auch nur eine vermeintliche Gefahr wahrnehmen, springt sie an. Je aktiver und dauerhaft die Amygdala agiert, desto emotionaler und irrationaler verhält sich der Mensch.

> **Die Erkenntnis:** Auch wenn Menschen gelernt haben, Stress kaum oder gar nicht wahrzunehmen, zahlen sie körperlich einen hohen Preis.

Neben der Beeinflussung von Hippocampus und Amygdala wurde auch die Auswirkung von Cortisol bei Schlaganfällen und Herzerkrankungen nachgewiesen: Das *European Heart Journal* veröffentlichte dazu im Februar 2010 eine Studie mit 514 Teilnehmenden. In einem Experiment wurden die Probanden unter psychischen Stress gesetzt. Konnten die Ärzte bei den Menschen im Anschluss erhöhte Cortisol-Werte feststellen, erhöhte sich die Wahrscheinlichkeit, dass sie in den Arterien dieser Probanden Ablagerungen fanden. Der englische Kardiologe Prof. Avijit Lahiri, der die Studie durchgeführt hat, erklärt: »Die Ergebnisse zeigen, dass es einen klaren Zusammenhang zwischen Stress und Erkrankungen der Herzkranzgefäße gibt.«

Was man als Führungskraft falsch machen kann. Der New Yorker Group-CEO eines Unternehmens, mit dem wir früher einmal zusammengearbeitet haben, tendierte dazu, jede neue Idee sofort im großen Mail-Verteiler an die CEOs der Ländergesellschaften und deren Direktoren zu kommunizieren. Teilweise schnappte er sich mitten in einem Meeting den Blackberry, kommunizierte seinen aktuellen Impuls und verunsicherte dadurch rund um den Globus seine Mitarbeitenden. Im Laufe der Zeit konnten ihm seine Länder-CEOs zusammen mit uns durch gemeinsame Workshops die negativen Auswirkungen seines Handelns verdeutlichen. Gemeinsam haben sich CEOs und Group-CEO darauf geeinigt, dass er nur noch zu Beginn jeden Monats seine gesammelten Ideen an die Mannschaft kommuniziert, oder das, was noch übrig war, denn vieles hatte er bereits verworfen.

Wenn Ihr Unternehmen sich mitten in einer Veränderung befindet, und das in einer Zeit, in der die Außenwelt (der Markt) immer weniger vorhersagbar ist, sollten Sie in Ihrem Wirkungskreis für Vorhersehbarkeit sorgen. Die Geschäftsführung von Phoenix Contact verspricht ihren Mitarbeitenden glaubhaft in persönlichen Vorträgen, sie über jede neue

Entwicklung zu informieren. Im Kerngeschäft der Otto Group wären manche Impulse zu stark gewesen. Das rechte Maß wäre überschritten und »in den bisherigen Strukturen niemals mit der nötigen Geschwindigkeit« möglich, sagt uns Otto Group-Vorstand Dr. Rainer Hillebrandt. Vorhersehbarkeit findet dadurch statt, dass die Mitarbeitenden wissen: Die wirklich disruptiven Geschäftsmodelle werden bei OGDS entwickelt. Erst wenn sie den tradierten Unternehmensteilen wirklich helfen, werden sie integriert – so wie CollectAI bei EOS.

Ein weiteres beeindruckendes Beispiel finden Sie in dem folgenden Kapitel »Würdigung – Menschen wollen gesehen werden«: Die Hamburger Hafen und Logistik AG hat einen besonderen Vertrag mit ihren Mitarbeitenden geschlossen, der ihnen bereits vor Beginn der Digitalisierung einen konkreten Rahmen ihrer Arbeitsverhältnisse zusichert. Damit schafft sie Vorhersehbarkeit.

> **Die Erkenntnis:** Wenn sich Ihr Unternehmen in einer digitalen Transformation befindet, sorgen Sie für eine bestmögliche Vorhersehbarkeit bei internen Veränderungen.

Wir möchten gerne kontrollieren, was geschieht

Kennen Sie den Moment, wenn Sie unter Zeitdruck an Ihrem Computer noch schnell eine wichtige Mail oder ein wichtiges Dokument fertigstellen wollen, und mittendrin beginnt das Gerät plötzlich sekundenlang zu rechnen, oder es friert gar ganz ein? Bei Windows-Nutzern erscheint dann die sich drehende Sanduhr oder ein blauer Kreis. Bei Apple-Geräten ist es der bunte Wartekreis – auch »Todesmurmel« genannt. An ruhigen Tagen würden Sie jetzt die Zeit nutzen, um noch etwas anderes zu erledigen. Wenn unser Stresslevel jedoch durch den Zeitdruck erhöht ist, fühlt sich das an, als wären wir der Maschine ausgeliefert. Man kann nichts tun, außer zu warten. Manche Menschen atmen dann tief durch, andere hämmern auf der Tastatur herum, dritte wiederum schreien das Gerät an – und ganz seltene Exemplare zerlegen ihren Computer auf archaische Weise.

Doch weshalb reagieren wir innerlich oder äußerlich ausgerechnet in diesen Situationen so stark?

Uns kommt in diesen Momenten etwas abhanden, das uns beruhigen könnte: das Gefühl von Kontrolle. Das lässt sich unmittelbar im Cortisol-Spiegel ablesen.

John Hanson von der University of Wisconsin hat bereits 1976 die Auswirkung von fehlender Kontrolle in Stresssituationen untersucht. 24 Rhesusaffen wurden von ihm in drei Gruppen eingeteilt. Gruppe 1 und Gruppe 2 setzte er unter Stress. Gruppe 3 war die Kontrollgruppe. Allen Affen nahm er mehrfach Blut ab, um den Cortisol-Gehalt zu untersuchen.

In einem ersten Experiment wurden Gruppe 1 und Gruppe 2 mit lauten Geräuschen beschallt. Hanson setzte jeweils einen Affen aus Gruppe 1 mit einem Affen aus Gruppe 2 in nebeneinanderstehende Käfige und drehte den Lautstärkeregler auf. Nach mehreren Minuten wurde dem Affen aus Gruppe 2 ein Hebel in den Käfig geschoben. Sobald er ihn umlegte, verstummten die Boxen. Beide Affen hatten endlich Ruhe. Als die Wissenschaftler im Anschluss das Blut der beiden untersuchten, stellten sie fest: Obwohl beide Tiere über denselben Zeitraum dem ohrenbetäubenden Lärm ausgesetzt waren, hatte der Affe, der ihn beenden konnte, einen deutlich niedrigeren Cortisol-Wert. Er lag nahezu bei dem Wert der Affen aus Gruppe 3, also der Kontrollgruppe, die über die ganze Zeit Ruhe hatte. Das Gefühl, Kontrolle über die Situation gehabt zu haben, verringerte bei den Affen aus Gruppe 2 den biologischen Stress signifikant.

In einem zweiten Experiment waren Affen aus den Gruppen 1 und 2 abermals gemeinsam dem Lärm ausgesetzt. Nach einigen Minuten wurden dem Affen aus Gruppe 2 wieder ein Hebel in den Käfig geschoben. Doch dieses Mal zeigte das Umlegen des Hebels keine Wirkung: Der Lärm blieb an. Der Affe, der einst die Kontrolle gehabt hatte, machte nun die Erfahrung, dass er sie verloren hatte. Als der Lärm nach endlosen 13 Minuten endlich verstummte, nahmen Hanson und seine Kollegen den beiden Blut ab. Der Affe aus Gruppe 1 hatte einen etwas geringeren Wert, als zuvor: Er schien sich an den Krach bereits gewöhnt zu haben. Sein Leidensgenosse jedoch war außer sich: Es schien ihm richtig zugesetzt zu haben, dass der Einfluss, den er in der ersten Runde noch gehabt hatte, nun offensichtlich verloren gegangen war. Sein Cortisol-Wert lag dieses Mal deutlich über dem des anderen Affen. Das Gefühl, in einer stresserzeugenden Situation die Kontrolle verloren zu haben, führte zu einer höheren biologischen Stressreaktion, als wenn er sie niemals zuvor gehabt hätte.

Das erinnert an die Situation mit dem Computer: Gerade noch glauben wir, die wichtige Mail noch kurz vor Feierabend versenden zu können, und dann stürzt das Gerät ab.

Mitgestaltung zuzulassen, bietet mehrere Vorteile. Sie kann nicht nur ein wunderbarer Weg sein, Menschen aus ihren neuronalen Autobahn-Mechanismen zu holen und die Aktivität des präfrontalen Cortex zu erhöhen. Sie ermöglicht Menschen das Gefühl, eine gewisse Kontrolle über das zu haben, was geschieht. Und das reduziert oder vermeidet eine neuronale Übererregung. Der Mensch wird gefühlt vom Spielball zum Spielmacher.

Essenz für Eilige
Das rechte Maß – Die Energie für den Wandel

- Wenn Führungskräfte möchten, dass Mitarbeitende sich bestmöglich einbringen, dann sollten sie ihnen Rahmenbedingungen bieten, die so anregend sind, dass die Gehirne dieser Menschen nicht nur allein die automatischen neuronalen Autobahnen nutzen. Auch der präfrontale Cortex mit seinen höheren geistigen Leistungen sollte sich regelmäßig einschalten.
- Mitarbeitende mitgestalten zu lassen, ist *ein* weiterer Weg, den präfrontalen Cortex zu aktivieren. Phoenix Contact ist noch einen Schritt weiter gegangen und hat sowohl den Betriebsrat als auch die IG Metall mitgestalten lassen. Durch gemeinsame Workshops wurde die Strategie für die digitale Zukunft des Unternehmens erarbeitet.
- Dürfen sich Menschen bereits sehr früh einbringen, erhöht sich die Beharrlichkeit, mit der sie das gesetzte Ziel verfolgen. Zudem identifizieren sie sich mehr mit dem Thema, an dem sie arbeiten, und sie geben ihm eine messbar höhere Bedeutung.

- Wenn Mitarbeitende in das Design und die Umsetzung der digitalen Transformation einbezogen werden, können sie zudem ein wichtiges Korrektiv für die Führungskräfte sein. Sie verhelfen ihren Chefs nicht selten zur notwendigen Bodenhaftung – gerade in den oberen Etagen.
- Digitale Transformation ist kein *One-Hit-Wonder*, sondern ein langfristiger Prozess. Alle Protagonisten sollten beständig daran arbeiten. Es verhält sich wie mit dem Zähneputzen: Regelmäßigkeit hilft.
- Manche Impulse sind zu stark, als dass sie von der bestehenden Organisation verarbeitet werden könnten. Das kann beispielsweise dann der Fall sein, wenn sie das bestehende Geschäftsmodell zu sehr infrage stellen. Die Otto Group hat dafür einen sicheren Rahmen geschaffen: Otto Group Digital Solutions (OGDS) ist ein »Company Builder«, der neue Firmen aufbaut. Bei Erfolg werden diese an die Kernunternehmen übergeben. Ein konkretes Beispiel ist der Paketdienstleister BorderGuru: Von OGDS aufgebaut, gehört er inzwischen zur Otto-Tochter Hermes.
- Selbst wenn Menschen angeben, wenig oder keinen Stress wahrzunehmen, spricht der Körper oftmals eine andere Sprache: Untersuchungen zeigen, dass bei Mitarbeitenden, die große berufliche Unsicherheit erleben, der Pegel des Stresshormons Cortisol bis zu fünf Mal höher sein kann als bei entspannten Angestellten. Dieser Botenstoff beschädigt messbar einzelne Hirnstrukturen, wenn er langfristig in zu hoher Konzentration ausgeschüttet wird.
- Führungskräfte sollten für Strukturen und Prozesse sorgen, die den Mitarbeitenden ein gewisses Maß von Vorhersehbarkeit vermitteln. Entwicklungen besser einzuschätzen und das Gefühl zu haben, Einfluss nehmen zu können, führt zu messbar weniger Stresshormonen im Blut.

Kapitel 4

Würdigung – Menschen wollen gesehen werden

»Ich erlebe eine größere Humanisierung durch die Vereinbarungen, die wir miteinander geschlossen haben.«

Thomas Mendrzik, Betriebsratschef,
Container Terminal Altenwerda

»Manchmal kam es vor, dass die ›alten‹ Mitarbeitenden von den ›neuen Digitalen‹ abgewertet wurden, weil diese sich als besonders bedeutsam empfanden«, erzählt uns Eric Hofmann. »Das hat schnell zu ausgesprochenen oder unausgesprochenen Spannungen geführt«. Hofmann ist einer von vielen Gesprächspartnern, mit denen wir uns über die verdeckten Faktoren gelungener Digitalisierung unterhalten haben. Mit seiner Biografie als Geschäftsführer einer Digitaltochter der österreichischen Post, nach vielen Jahren als Marketing-Direktor des Online-Armes von Peek & Cloppenburg und Gründungsmitglied des Unternehmens mirapodo ist er jemand, der manch ein wiederkehrendes Muster erkennt. »Die Spannungen lösen sich erst auf, wenn die ›neuen Digitalen‹ beginnen, die anderen Mitarbeitenden wertzuschätzen und zu würdigen«, ergänzt er.

Das Muster ist in vielen Unternehmen erkennbar: In Phasen großen Erfolgs erhalten die Mitarbeitenden der Digital-Abteilung aus der Führungsebene viel Bestätigung. Nicht selten sind es auch nur Vorschusslorbeeren. Dem Rest der Mannschaft wird dadurch implizit und explizit vermittelt: Ihr gehört zum alten Eisen. Es entstehen offene oder unausgesprochene Rivalitäten. Die Motivation der Alteingesessenen sinkt, das neue digitale Geschäft wird von ihnen blockiert.

»Das haben wir auf subtile Weise gemerkt«, erinnert sich Peter Fregelius von der Swisscom, den Sie mit seinem digitalen Blockbuster-Produkt im Kapitel »Digital Transformation Coaches – Die operativen Beschleuniger« kennen lernen. »Meetings wurden verschoben. Einige Alteingesessene haben immer wieder ›vergessen‹, wichtige Dokumente an uns zu senden. Er musste manche Menschen aus seinem digitalen Team daran erinnern, dass sie sich den aktuellen Erfolg nicht zu Kopf steigen lassen dürften. Auch Karsten Ottenberg, CEO von Bosch-Siemens-Hausgeräte, warnt: »Nur weil die digitale Transformation gerade ein Fokus-Thema ist, dürfen wir den anderen Mitarbeitenden für das, was bisher erreicht wurde, nicht den Stolz nehmen. Es ist eine wichtige Führungsaufgabe, immer wieder darauf zu achten, dass es kein ›wir‹ und ›die‹ gibt, dass keine neuen Silos aufgebaut werden.«

Wenn den übrigen Mitarbeitenden durch die ›neuen Digitalen‹ oder das Managementteam vermittelt wird, dass sie nun weniger bedeutsam seien, wird eine Quelle ihres persönlichen Wohlempfindens angegriffen: der eigene Status. Damit ist in diesem Kontext nicht der sozioökonomische Status gemeint, der sich aus Gehalt, Firmenwagen oder Wohlstand speist. Es geht vielmehr um den sogenannten soziometrischen Status, der durch die Anerkennung und den Respekt des täglichen sozialen Umfelds entsteht.

Cameron Anderson, Professor an der Haas School of Business der University of California Berkeley, hat in vier umfangreichen Studien den Einfluss dieser beiden Arten von Status auf unser persönliches Wohlempfinden untersucht. Anderson analysierte sowohl den sozioökonomischen Status durch das Familieneinkommen als auch den soziometrischen Status, also das Ansehen, von 88 sich gegenseitig bewertenden Studenten. Für eine weitere Studie befragte er 315 Menschen höheren Alters nach diesen beiden Faktoren. In einer dritten Studie mit 228 Teilnehmenden ließ er diese Menschen sich selbst mit anderen vergleichen, die höheren und niedrigeren sozioökonomischen sowie soziometrischen Status besaßen. Zu guter Letzt begleitete er in einer Langzeitstudie ein Jahr lang Menschen, deren Einkommen, deren soziales Umfeld und in der Folge auch deren Ansehen sich gerade änderte. In allen Studien befragte er die Teilnehmenden in regelmäßigen Abständen nach der Veränderung ihres persönlichen Wohlempfindens.

Andersons Erkenntnis: »Obwohl das Erreichen von Wohlstand ein starker Antrieb für viele Menschen ist, hat er wenig Einfluss, ob wir uns gut oder schlecht fühlen.« Unser soziometrischer Status hingegen – der Respekt, die Anerkennung und das Ansehen durch die Menschen, die uns täglich begegnen – hat einen bedeutsamen Einfluss darauf, wie wohl wir uns fühlen. Und genau dieser soziometrische Status ist für viele Mitarbeitende in Gefahr. Etwa dann, wenn sie, wie von Eric Hofmann beschrieben, »abgewertet werden«. Oder wenn, wie BSH-CEO Karsten Ottenberg es ausdrückt, »Silos« entstehen.

Würdigung und Wertschätzung kann jedoch auch vorausschauend gegeben werden, bevor die Digitalisierung ihre volle Fahrt aufnimmt. Wie das möglich ist, hat die Geschäftsführung des Container Terminal Altenwerder in den letzten Jahren bereits gezeigt – und dafür international Anerkennung erhalten.

Hamburger Hafen – Humanisierte Arbeitsbedingungen

»Für das ›Papamobil‹ haben wir bei uns keinen Platz mehr«, meint Terminal Development Managerin Gerlinde John. Bis Juni 2016 nutzte der Container Terminal Altenwerder (CTA), das modernste der vier Terminals der Hamburger Hafen und Logistik AG (HHLA) noch ein Fahrzeug, das dem Auto des Papstes sehr ähnlich sah: Ein schmaler Wagen mit hohem Glasaufsatz. Damit fuhren Mitarbeitende – sogenannte Checker – die 700 Meter langen Züge ab, die auf sieben parallelen Gleisen standen und mit Hunderten von Containern beladen waren. Jede einzelne Containernummer wurde damals einzeln geprüft und per Hand ins System eingegeben. Doch die Kapazitäten auf einem der größten Terminalbahnhöfe Europas reichten irgendwann nicht mehr aus, und so mussten auf der gleichen Fläche wie bisher statt sieben nun neun Gleise Platz finden. Seitdem passt kein Checker-Fahrzeug mehr zwischen die Gleise. Das war der Anlass, den manuellen Arbeitsprozess zu digitalisieren. Heute passieren alle Züge bei der Einfahrt in den Bahnhof ein Optical Character Recognition Gate (OCR): ein metallenes Tor, beleuchtet mit sehr hellen Lampen. Laserscanner tasten die Waggons ab, hochauflösende Kameras fotografieren die Boxen, die Daten der Container werden automatisch in eine Datenbank eingelesen. Die langen Fahrten mit dem »Papamobil« finden nicht mehr statt. Die menschliche Tätigkeit entfällt an dieser Stelle.

Paris, 9. Mai 2017. »Wir wollen möglichen psychischen Stress durch Digitalisierung vorbeugen«, berichtet Thomas Mendrzik, Betriebsratschef im CTA, auf einer Konferenz des Conceil d'orientation pour l'emploi. Der französische Rat für Beschäftigungspolitik wurde im Jahr 2005 vom französischen Premierminister ins Leben gerufen. »Es soll ein Weg beschritten werden, die fortschreitende Digitalisierung gemeinsam zu gestalten – zum Wohle des Unternehmens und der Beschäftigten«, ergänzt HR-Direktor Arno Schirmacher von der HHLA. Mendrzik und Schirmacher erklären auf der Konferenz in Paris einen bereits in Kraft getretenen Tarifvertrag mit einer darauf aufbauenden Absichtserklärung, der den Arbeitnehmern am CTA Unterstützung und weitreichenden Schutz während der Phase der digitalen Transformationen zusichert. Sowohl die Vertreter der französischen Gewerkschaften, als auch der Arbeitgeberverbände sind positiv überrascht von dem, was die Norddeutschen ihnen präsentieren.

Das klingt nach einer außergewöhnlich vorausschauenden Vereinbarung. »Warum tun Sie das als Arbeitgeber?«, wollen wir einige Wochen später bei einem Treffen in der Hamburger Speicherstadt von Schirmacher wissen. »Wir brauchen die Bereitschaft der Beschäftigten für die Digitalisierung«, erklärt uns der Personaler.

Die Löhne in der Branche sind derzeit mit durchschnittlich mehr als 60 000 Euro pro Jahr recht hoch, und es ist nicht absehbar, dass sie sinken. Doch spätestens seit der Finanzkrise sind die Wachstumsraten in der Branche nicht mehr zweistellig, und unter den Häfen Nordeuropas herrscht starker Wettbewerb. Zwar lag der Konzernumsatz der Hamburger Hafen und Logistik AG im Jahr 2016 mit knapp 1,2 Milliarden Euro noch gut 3 Prozent über dem vom Vorjahr, und auch der EBIT lag mit 164 Millionen Euro um 4,8 Prozent höher als im Jahr 2015. Doch langfristig wird auch die HHLA nur durch innovative, digitale Prozesse und Dienstleistungen konkurrenzfähig bleiben können. Damit die dafür notwendigen Anpassungen für alle Beteiligten fair ablaufen, wurde ein Tarifvertrag entwickelt. Diesen und eine weitere Absichtserklärung zur Umsetzung der Digitalisierungsstrategie stellten Mendrzik und Schirmacher in Paris den französischen Arbeitgeber- und Arbeitnehmervertretern unter großem Applaus vor.

Hamburg, Januar 2014. Ein neuer Innovations- und Rationalisierungsschutz-Tarifvertrag zwischen der Dienstleistungsgewerkschaft ver.di und der Geschäftsleitung des Container Terminals Altenwerder (CTA) tritt in Kraft. Jegliche Innovation am CTA wird ab sofort nach drei Faktoren bewertet: 1. Anzahl der betroffenen Beschäftigten, 2. Grad der Änderung des Arbeitsablaufes und 3. Grad der Verbesserung der internen Produktivität. Jeder dieser drei Faktoren wird mit einer Zahl hinterlegt: 1 bedeutet eine geringe, 10 bedeutet bestmögliche Bewertung. Die drei Werte werden miteinander multipliziert. Abhängig vom Ergebnis haben Arbeitgeber- und Arbeitnehmervertreter verschiedenste Maßnahmen miteinander vereinbart. Bleibt das Produkt der Formel unter 250, werden einfache Schulungen durchgeführt. Bei Ergebnissen von mehr als 250 sind projektbezogene Qualifizierungen, Maßnahmen für den Gesundheitsschutz, Maßnahmen für die Arbeitsplatzsicherung oder das Angebot eines Alternativarbeitsplatzes geplant.

»Die Frage, welche Bewertungsnote wir jedem der drei Faktoren geben wollen, das ist dann eine klassische Verhandlungsfrage, wie wir sie von der Arbeit mit dem Betriebsrat kennen«, sagt Personaler Arno Schirmacher. »Doch der klare Rahmen macht vieles einfacher. Wir müssen nicht jedes Mal das große Ganze diskutieren, sondern im Grunde nur diese drei Zahlen.« CTA-Betriebsratschef Thomas Mendrzik ergänzt: »Meist bitten wir die Kollegen aus der Abteilung Forschung und Entwicklung, eine Einschätzung abzugeben, wie sie Innovationsideen aus der Geschäftsleitung bewerten würden. Dieser Einschätzung vertrauen wir von der Arbeitnehmervertretung genauso wie auch die Geschäftsleitung. Damit haben wir eine gute Diskussionsgrundlage.«

Mit seinem hohen Automatisierungsgrad gilt der Container Terminal Altenwerder heute als eine der modernsten Anlagen für Containerumschlag weltweit. Das Löschen und Laden von Schiffscontainern wird noch mit viel Körperkraft durchgeführt: Die Fahrer der Containerbrücken setzen die Boxen auf einer Arbeitsplattform ab, damit ihre Kollegen – sogenannte Lascher – sie von den Transportsicherungen befreien können. Danach geschieht alles wie von Geisterhand: Die Container werden computergesteuert auf sogenannte Automated Guided Vehicles (AGV) gesetzt, die mithilfe von 19 000 in den Boden eingelassenen Transpondern zwischen den Containerbrücken und 26 Lagerblöcken von je 300 Meter Länge navigieren. Automatische Schienenkräne ent- und beladen die AGVs und stapeln die Container im Lager. Ganz von Geisterhand geschieht das alles jedoch nicht: Der gesamte Prozess wird rund um die Uhr von Mitarbeitenden im Leitstand überwacht.

Seitdem der neue Tarifvertrag in Kraft getreten ist, wird jede kleinere Innovation dokumentiert. Das kann beispielsweise die Einführung von Handfunk-Terminals für die Checker sein oder der Umbau der Fahrspuren für Lkw. »Wenn wir kleinere Innovationen geplant haben, dann werden diese dem Betriebsrat vorgestellt«, erzählt CTA-Terminal Development Managerin Gerlinde John. »Jede größere Innovation geht ohnehin durch den Aufsichtsrat, sodass die Arbeitnehmervertreter in jedem Fall sehr früh informiert sind.«

Die Vorstandsvorsitzende der HHLA, Angela Titzrath, formulierte jüngst für ihr Unternehmen den Anspruch, »Motor des digitalen Wandels im Hamburger Hafen zu sein«. Personalvorstand Heinz Brandt fügt dem hinzu: »Wenn unsere Mitarbeitenden Angst haben, dass die Digitalisierung ihren Arbeitsplatz wegrationalisiert, dann entsteht innerer Widerstand. Der Vorstand der HHLA hat deshalb gemeinsam mit der Geschäftsführung des CTA im Februar 2016 eine Absichtserklärung formuliert, die den Beschäftigten des CTA diese Ängste nehmen soll.« Ziel dieser Erklärung sei es, negative Auswirkungen der fortschreitenden Digitalisierung und Automatisierung für die Beschäftigten zu vermeiden, schreiben die Arbeitgeber bereits im ersten Absatz. Sechs Monate zuvor hatten Geschäftsleitung und Betriebsrat des CTA bereits begonnen, sich über das weitere Vorgehen auszutauschen. »Wir sehen im Moment einige Trends, die lange nicht bedacht wurden«, sagt uns Betriebsratsvorsitzender Thomas Mendrzik. »Es gibt viele kleine Maßnahmen, die in ihrer Summe zu gravierenden Veränderungen führen können und die durch den Tarifvertrag nicht ausreichend abgedeckt waren.«

Eine der Besonderheiten der neuen Absichtserklärung: Entsteht durch ein neues digitales Projekt beispielsweise eine Zeitersparnis pro Beschäftigtem, so wird diese fair aufgeteilt. Der Arbeitgeber kann seine Mitarbeitenden für die Hälfte dieser Zeit zu anderen Aufgaben einteilen. Die andere Hälfte erhält der Mitarbeitende. So ist es bei den Checkern, die früher das »Papamobil« fuhren. Anstatt bei Wind- und Wetter zwischen den Zügen hin- und herzupendeln, überprüfen sie heute die Container vom Computer aus. Die Produktivitätssteigerung beträgt 30 Minuten pro Tag. 15 Minuten davon erhält jeder von ihnen täglich als zusätzliche Pausenzeit.

Ein anderes Beispiel ist das Programm »Fuhre 2.0«: Wurden in der Vergangenheit Container mit Lkws angeliefert, musste der Fahrer sich in einem Trucker-Büro anmelden. Dort tippte ein Mitarbeitender des CTA alle Daten in einen Computer und übertrug sie dann auf eine Chipkarte. »Damals waren wir mit diesen Karten ganz weit vorn«, sagt Gerlinde John. Der Trucker erhielt eine Nummer und konnte in der Kantine warten. Ähnlich wie bei vielen deutschen Ämtern zeigte ein Display in der Kantine die nächsten Nummern an. Nach der Wartezeit erhielt der Trucker am Checkgate die Nachricht, an welchem Lagerblock er seine Container abliefern kann. Zusätzlich wurde ihm ein Navigationsplan ausgedruckt, damit er bei 26 Lagerblöcken, die in Spitzenzeiten mehr als 35 000 Container beherbergen, schnell zum Ziel fand. Am Lagerblock meldete er sich mit der Chipkarte an, dann wartete er 15 Minuten, bis sein Lkw entladen war.

In einem ersten Digitalisierungsschritt wurden beim Programm »Fuhre 2.0« die OCR-Gates installiert. Während die Lkw langsam passierten, wurden alle Daten automatisch erfasst und in eine Datenbank übertragen. In einem weiteren Schritt führte der CTA Selbstbedienungsterminals ein. »Wir haben uns damals von den Flughäfen inspirieren lassen«, erzählt John. Sie ist bereits seit der Eröffnung des CTA im Jahr 2002 mit an Bord. Zu Beginn war sie Chefin des zentralen Leitstandes – quasi dem Gehirn des CTA. »Nachdem wir gesehen hatten, wie sehr die zügige Abwicklung auf digitalem Wege für Fluggäste das Check-in vereinfacht, dachten wir uns, dass das auch für die Trucker möglich sein müsste.« Bei dem Check-in-Prozess wird dem Lkw-Fahrer auf einem Display angezeigt, welche Informationen das OCR-Gate ausgelesen hat. Er muss diese dann nur noch manuell bestätigen.

»Was genau geschah denn mit den Mitarbeitenden, die vorher die Daten manuell eingetippt haben?«, wollen wir wissen. »All unsere Mitarbeitenden sind mehrfach qualifiziert«, sagt John. »Sie können in mehreren Bereichen arbeiten – und wir hatten seit der schrittweisen Digitalisierung einen Mengenzuwachs bei anderen Tätigkeiten, die sie jetzt ausführen.« HHLA-Personalvorstand Heinz Brandt ergänzt: »Das Konzept der praktizierten Mehrfachqualifikation und die damit verbundene tarifliche Regelung stellte sicher, dass diese Entwicklungen zum Wohle aller Beteiligten umgesetzt werden konnte.«

Die Digitalisierung geht weiter: Inzwischen müssen alle Lkws, die den Container Terminal Altenwerder erreichen, online vorangemeldet sein.

»Wer seine Daten bei uns vorab nicht eingetragen hat, kommt nicht mehr auf das Gelände«, erklärt uns Gerlinde John. Die langen Wartezeiten für die Trucker verringern sich dadurch weiter. Bei den mehr als 100 000 Containern, die jeden Monat am CTA umgeschlagen werden, ist das eine wichtige Maßnahme. Eine steigende Geschwindigkeit bei der Abfertigung hilft nicht nur dem CTA und den Truckern, sie entlastet auch die Hamburger Bevölkerung. »Wenn es zu erhöhtem Lkw-Aufkommen kommt und sich in der Folge Rückstaus bilden, sind wir in kürzester Zeit Teil der Verkehrsnachrichten«, erzählt HR Direktor Schirmacher. Der Verkehrsstau, der dadurch entsteht, kann mehrere Kilometer lang sein.

»Die neuen Verträge sind eine Würdigung der zusätzlichen psychischen Belastungen, die wir in der heutigen Arbeitswelt erleben«, sagt Betriebsratschef Thomas Mendrzik. »Früher sagte man gerne ›Du bekommst doch Geld, dafür musst du das Leid ertragen‹. Das ist inzwischen anders. Ich erlebe eine größere Humanisierung durch die Vereinbarungen, die wir miteinander geschlossen haben.« Mendrziks Kolleginnen und Kollegen scheinen das zu spüren. Etwaige Vorbehalte gegenüber der Digitalisierung sind heute verschwunden: »Eines unserer wichtigsten Erfolgsgeheimnisse ist, dass alle unsere Beschäftigten das Terminal ständig verbessern«, freut sich CTA-Geschäftsführer Ingo Witte. Zum 15-jährigen Bestehen erhielt das CTA vom renommierten Global Institute of Logistics das Ehrenprädikat »best in class« verliehen.

Was angemessene Behandlung mit unserem Gehirn macht

Lassen Sie uns ein Spiel spielen! Stellen Sie sich vor, wir sitzen Ihnen gegenüber an einem Tisch. Auf dem Tisch befindet sich 1 Euro in Form von 10-Cent-Münzen. Wir schieben fünf dieser Münzen auf Ihre Seite. Wenn Sie »ja« sagen, können Sie die 50 Cent behalten. Wir bekommen den Rest, in diesem Fall auch 50 Cent. Wenn Sie ablehnen, würden weder Sie noch wir etwas von dem Geld erhalten. Es wäre für beide Parteien verloren. Sagen Sie »ja« oder »nein«?

Die nächste Runde: Nun liegen 10 Euro auf dem Tisch. 100 Münzen à 10 Cent. Wir schieben Ihnen wieder fünf Münzen zu. Wenn Sie annehmen, erhalten Sie 50 Cent und wir 9,50 Euro. Lehnen Sie ab, bekommt keiner von uns etwas. Was tun Sie?

Viele Menschen lehnen jetzt ab, da sie das Gefühl hätten, unfair behandelt zu werden. Die ursprüngliche Form dieses Spiels nennt sich *Ultimatum Game* und ist noch etwas härter: Die beiden Teilnehmenden sehen sich nicht. Sie haben keine Möglichkeit zu kommunizieren. Es gibt auch keine zweite Runde. Empirische Studien zeigen, dass die meisten Angebote, die unter 30 Prozent der Gesamtsumme liegen, abgelehnt werden. Wenn jemand also 2 Euro von einer Gesamtsumme von 10 Euro angeboten bekommt, nimmt er sie mit recht hoher Wahrscheinlichkeit nicht an. Der Grund dafür: Unser Bedürfnis nach Fairness ist so tief ausgeprägt, dass wir lieber einen Gewinn ausschlagen, als das Gefühl zu haben, nicht angemessen behandelt zu werden. Gerechtigkeit ist ein grundlegender menschlicher Impuls.

Tom R. Tyler von der Yale Law School hat über 60 Strafverteidiger interviewt und Folgendes herausgefunden: Nicht der Inhalt des Richterspruchs war für diese Menschen bedeutsam, sondern das Gefühl, wie fair der Prozess verlief. Spätestens wenn Sie Kinder beobachten, die über die gerechte Aufteilung von Süßigkeiten streiten, bekommen Sie ein Verständnis davon, wie tief dieses Bedürfnis in uns verwurzelt ist.

Golnaz Tabibnia ist spezialisiert auf kognitive Neurowissenschaften und arbeitet an der Carnegie Mellon University. Zuvor war sie am Semel Institute for Neuroscience and Human Behaviour der University of California. Während dieser Zeit hat sie genauer untersucht, was mit Menschen geschieht, die das *Ultimatum Game* spielen. Tabibnia untersuchte die Gehirne von Menschen in einem funktionellen Magnetresonanztomografen, um herauszufinden, was geschieht, wenn diese sich fair oder unfair behandelt fühlen. Genauso wie Menschen sich in Unternehmen während einer digitalen Transformation fair oder unfair behandelt fühlen können. Also lassen Sie uns Golnaz Tabibnias Forschungsarbeit etwas genauer ansehen.

Wie in der Urform des *Ultimatum Game* konnten die Teilnehmenden der Studie sich nicht sehen. »Wir haben ihnen gesagt, dass die Menschen, die ihnen die Angebote gemacht hatten, nicht mehr vor Ort seien«, so Tabibnia. Doch es gab gar keine anderen Personen, sondern nur vorgefertigte Angebote. Tabibnia untersuchte die neuronale Aktivität der

Gehirne der Versuchsteilnehmenden, während diese die verschiedenen Angebote erhielten. Zudem wurden die Personen auch nach dem persönlichen Empfinden (»Auf einer Skala von 1 bis 7: Wie zufrieden oder missachtet fühlen Sie sich?«) befragt. Letzteres führte zu einer ersten interessanten Erkenntnis: Es bestand keinerlei Zusammenhang zwischen dem persönlichen Wohlbefinden und der Höhe des gewonnenen Geldes. Die Zufriedenheitswerte, die bei hohen angebotenen Beträgen angegeben wurden, waren nahezu stark mit den Werten bei niedrigen Beträgen. Jedoch stiegen die Werte stark an, wenn die Teilnehmenden das Gefühl hatten, fair behandelt worden zu sein. Diese subjektive Einschätzung wurde von den Hirnscans bestätigt. Wenn die Teilnehmenden ein faires Angebot erhielten, wurden das ventrale Striatum, der ventromediale präfrontale Cortex und ein Teil der Amygdala aktiviert. Diese drei Strukturen gelten in ihrer gemeinsamen Funktion als Teil des Belohnungssystems.

Die Erkenntnis: Fühlen sich Menschen fair behandelt, wird ihr neuronales Belohnungssystem aktiviert.

Die Geschäftsführung des Container Terminal Altenwerda hat diese faire Behandlung sogar schriftlich versprochen. In der Absichtserklärung heißt es: »Es soll eine Einseitigkeit verhindert werden, dass nur der Arbeitgeber von den Vorteilen des digitalen Wandels profitiert.« Betriebsratschef Thomas Mendrzik bezeichnet diese Schriftstücke als eine »Würdigung der zusätzlichen psychischen Belastungen«. Denn oftmals finden Produktivitätssteigerungen auf dem Rücken der Mitarbeitenden statt. CTA beweist, dass die Absichtserklärung ihr Papier wert ist: Die ehemaligen Checker aus dem »Papamobil« haben, wie bereits erwähnt, durch die Digitalisierung eine Zeitersparnis von 30 Minuten erreicht. 15 Minuten davon erhielten sie als zusätzliche Pausenzeit.

Ganz andere Ergebnisse zeigten die unfairen Angebote in Tabibnias Studie: Dass die Teilnehmenden eher geringere Glückswerte angaben, haben Sie sicherlich schon geahnt. Überraschend waren jedoch die Hirnscans: Erwartungsgemäß wurden die Belohnungszentren nicht aktiviert. Jedoch meldete sich ein anderer Teil, der oft in Studien hervorsticht, die sich mit Schmerz, Stress, Hunger, und Durst, aber auch mit Wut und Ekelgefühlen beschäftigen: die vordere Inselrinde.

Wenn Menschen sich unfair behandelt fühlen – beispielsweise weil sie im *Ultimatum Game* übervorteilt werden, weil ein Richter sie vor seinem Entscheid nicht ausreichend angehört hat oder weil während einer digitalen Transformation eine ungleiche, ungerechte Behandlung stattfindet –, dann ist das neuronal so, als empfänden sie Ekel und Wut.

tolino – David gegen Goliath

»Pakt mit dem Teufel« nannte das Branchenmagazin *buchreport* das Angebot aus dem Jahr 2013 von Amazon an die unabhängigen Buchhändler. In der deutschen Buchbranche löste es eine Mischung aus Entsetzen und Amüsement aus: Amazon wollte den stationären Buchhandel ermutigen, die Kindle eReader des Internet-Riesen zu verkaufen. Das wäre fast so, als wenn ein Schuhladen in bester Innenstadtlage Zalando-Gutscheine anbietet: Er verdient einmalig an dem verkauften Gutschein. Doch er schickt seine Kunden aus dem eigenen Laden in den Onlineshop eines Konkurrenten und sieht womöglich viele von ihnen nie wieder.

Die großen Buchhandelsketten wie Hugendubel und Thalia hatten zuvor bereits eigene Reader von Trekstor oder Sony im Angebot, die man per Datenkabel mit E-Books befüllen konnte. Thalia hatte 2010 unter dem Namen Oyo ein Gerät mit WiFi-Zugang und dahinterliegendem Shop-System auf den Markt gebracht. »Der Oyo 1 war ein ziemlicher Erfolg«, sagt Michael Busch, geschäftsführender Gesellschafter bei Thalia. »Doch der Markt entwickelte sich schnell weiter, sodass wir dann mit dem Oyo 2 nachlegen mussten. Das Gerät hatte technische Probleme. Wir merkten, dass wir mit dem damaligen Setting nicht langfristig erfolgreich sein würden.« Hugendubel hatte eine andere Strategie gewählt und auf die Kraft der Marke bestehender Anbieter gesetzt. Ute Bauer, Hugendubel-Filialleiterin in Berlin-Steglitz, erinnert sich: »Unsere Geräte waren schon sehr gut. Insbesondere der Trekstor war ein Erfolg. Aber als Amazons Kindle auf den Markt kam, merkten wir alle, dass etwas passieren musste.« Hugendubels und Thalias Strategie funktionierten, und zugleich war keiner der Marktteilnehmer mit der damaligen Situation so richtig zufrieden.

Auch die Deutsche Telekom war mit E-Books aktiv: Das Bonner Unternehmen hatte neben den Download-Plattformen Musicload und Videoload bereits unter dem Namen »Pageplace« ein Angebot für digitale Bücher und digitale Zeitungen errichtet. Doch das lief eher schleppend an. »Uns Buchhändlern fehlte die Technologie und die Hardware, der Telekom fehlte die Vertriebskraft«, resümiert Nina Hugendubel, Eigentümerin der gleichnamigen Buchhandelskette. Während viele der deutschstämmigen Protagonisten unabhängig voneinander nach besseren Lösungen für E-Reader suchten, warf Amazon bereits die dritte Kindle-Generation auf den Markt. Das US-Unternehmen hatte dem stationären Buchhandel damals bereits schmerzhaft Kunden abgenommen. Nun wollte Amazon seine Käufer auch zu Kindle-Nutzern machen.

»Das, was in anderen Ländern längst die Regel war – dass Amazon das E-Book- oder sogar den gesamten E-Commerce-Handel mit Büchern beherrscht –, durfte in unserem Land nicht auch geschehen«, sagt Thalia-CEO Michael Busch. »Der Kindle war überall in der Branche ein Thema. Doch anstatt in Angst und Schrecken zu erstarren, haben wir über sinnvolle Lösungen nachgedacht. So kamen wir schnell auf die Idee, im Wettbewerb gegen Amazon zusammenzuarbeiten«, sagt Nina Hugendubel. Im Frühjahr 2012 geschah dann etwas weltweit Einmaliges: Die stationären Buchhandelsketten in Deutschland vereinten ihre Kräfte und beschlossen, dem Online-Riesen mit einem gemeinsamen E-Book-Angebot die Stirn zu bieten. »Wir haben uns gesagt: ›Ja, wir etablierten Buchhändler sind zwar Konkurrenten, aber der größte Wettbewerber ist nun einmal Amazon‹«, berichtet Nina Hugendubel. Bereits im Sommer des gleichen Jahres wurde die tolino-Allianz gegründet: Club Bertelsmann, Hugendubel, Thalia, Weltbild und die Deutsche Telekom als Technologie- und Hardwarepartner beschlossen, eine eigene E-Reading-Lösung anzubieten.

»Mit dem, was dann geschah, hätten wir alle nicht gerechnet«, erzählt Hans Kreutzfeldt. Der ehemalige Geschäftsführer der Bertelsmann Electronic Publishing ist seit 40 Jahren in der Branche und gilt als einer der E-Book-Pioniere. Der Experte beobachtet von außen die Entwicklung von Kindle und tolino. »Es ist nie gesund, wenn ein Akteur einen Markt dominiert. Also haben wir gehofft, dass tolino spürbar Marktanteile gegenüber Amazon erobert. Das Ausmaß des Erfolgs von tolino hat uns jedoch überrascht. »Ich war ziemlich begeistert, was die Buchbranche da auf die Beine gestellt hat«, schwärmt Birgit Hagmann. Sie wechselte von Amazons Kindle Team zu tolino media, um dem Gemeinschaftsprojekt zu noch mehr Erfolg zu verhelfen.

»Wir waren ziemlich euphorisch, als unsere ersten eigenen tolino-Geräte im März 2013 bei uns im Laden ankamen«, erinnert sich Hugendubel-Filialleiterin Ute Bauer. »Endlich hatten wir etwas, das technisch auf Augenhöhe mit dem Kindle war.« Thalia-CEO Michael Busch erinnert sich: »Wir waren mit dem Gerät bereits im Juni Preis-Leistungs-Sieger bei der Stiftung Warentest – das war ein idealer Markteintritt.« Die Buchhändler und die Telekom griffen tief in ihre Marketingtöpfe und bewarben den tolino mit einer zweistelligen Millionensumme. »Bereits zu Weihnachten 2013 hatten wir eine ungestützte Markenbekanntheit von nahezu 50 Prozent«, sagt Busch.

Für die Deutsche Telekom war es hochinteressant, mit an Bord zu sein: Der reine Online-Verkauf von E-Books über die eigene Plattform Pageplace war ernüchternd gering. Den Tausenden von Mitarbeitenden in den Buchläden, die den tolino mit der von der Telekom betriebenen Plattform den Kunden näherbrachten, konnte das Bonner Unternehmen mit seinem Onlineportal nichts entgegensetzen. Pageplace wurde daher zu Beginn 2014 vom Markt genommen, und alle Energie floss in das neue Gemeinschaftsprojekt.

Manche der Mitarbeitenden in den Buchläden sahen dem neuen Produkt anfangs jedoch mit gemischten Gefühlen entgegen. Denn jeder tolino-Käufer könnte danach theoretisch bequem von zu Hause aus seine E-Books bestellen. Schlimmstenfalls kommt er danach nicht mehr in das Ladengeschäft, und es geht den Buchhandlungen Umsatz verloren, so die Sorge der Mitarbeitenden.

Was Führungskräfte während einer digitalen Transformation unter allen Umständen vermeiden sollten, ist, die Ängste der Mitarbeitenden zu ignorieren. Das genaue Hinhören hingegen löst bereits viele Blockaden. Ein anderer professioneller Kontext, der das verdeutlicht: »Manchmal verbringe ich 50 Prozent einer Sitzung damit, das Problem meines Klienten zu würdigen«, erzählt Dr. Gunther Schmidt, Leiter der *sysTelios-Klinik* und deutsche Koryphäe hypnosystemischer Arbeit. »Würde ich sofort beginnen, das Problem oder die Sorge meines Klienten zu verändern, ginge ich das Risiko ein, ihn nicht zu erreichen. Der Mensch will gesehen werden – und er will, dass sein Problem ernstgenommen wird. Erst dann beginnt sein innerer Lösungsprozess.«

Ähnlich ging die Geschäftsleitung von Hugendubel vor. Sie würdigte die Sorgen der Menschen und hörte ihnen zu. »Uns war von Anfang an klar: Wie es bei vielen großen Veränderungen der Fall ist, so würde auch das Thema tolino einen längeren begleitenden Prozess benötigen«, meint Nina Hugendubel. »Bis heute sind wir mit unseren Mitarbeitenden dazu regelmäßig im Austausch. In den ersten Jahren habe ich noch einige Buchhändler gesprochen, die befürchteten, dass ihnen durch den tolino der Umsatz im Laden verloren gehen würde. Das ist heute nicht mehr so.«

Nina Hugendubel ist viel durch Deutschland gereist. Sie hat die Mitarbeitenden persönlich vor Ort getroffen und mit ihnen über den tolino geredet. Das Unternehmen schulte alle Buchhändler. Zum einen erhielten sie technisches Know-how, zum anderen war es dem Unternehmen wichtig, den tolino richtig einzuordnen: »Unsere wichtigste Botschaft lautet bis heute: Ob Hardcover, Paperback, gebundene Ausgabe oder eben tolino – das Lesen bleibt, nur die Formate ändern sich«, sagt Nina Hugendubel. Filialleiterin Bauer ergänzt: »Ich konnte die anfänglichen Ängste meiner Mitarbeitenden gut verstehen.« Sie hat ihre Kollegen zu Beginn immer wieder persönlich für den tolino begeistern müssen. »Was wir uns immer vor Augen geführt haben: Wenn wir dem interessierten Kunden keinen tolino verkaufen, dann holt er sich vielleicht einen Kindle.«

Doch selbst wenn etwas kognitiv verstanden ist, braucht unser Gehirn manchmal etwas mehr Zeit, um es tiefer zu verankern. Ein gutes Beispiel dafür ist das sogenannte »Backwards Brain Bike«: ein Fahrrad, dessen Lenker so konstruiert ist, dass man nach links lenken muss, um nach rechts zu fahren, und umgekehrt. Kognitiv durchdringt man das schnell. Doch es braucht bis zu acht Monate, um so ein Rad auch fahren zu können. Das Verstehen und die tiefer liegenden neuronalen Neuverknüpfungen finden in verschiedenen Geschwindigkeiten statt.

Hier sehen Sie ein Video, wie Menschen vergeblich versuchen, ein solches Brain-Bike zu fahren: mit-hirn.de/bike

»Bei manchen Mitarbeitenden konnten wir die Befürchtungen damals rational entkräften«, sagt Nina Hugendubel. »Bei anderen hingegen gelang das eher auf emotionaler Ebene – über den wiederkehrenden Dialog.«

Thalia hatte seine Mitarbeitenden mit dem Oyo 1 »über die digitale Schwelle getragen«, wie Michael Busch es bezeichnet: Das Unternehmen hatte sich zu Ostern 2010 das Ziel gesetzt, im Rahmen einer internationalen Allianz mit dem Oyo 1 noch vor Amazon in Deutschland mit einem E-Reader am Markt zu sein, der an den eigenen Onlineshop angeschlossen war.

»Wir haben damals alle Projekte im Haus diesem Thema untergeordnet«, sagt der Unternehmenslenker. »Von April bis Oktober 2010 trafen wir uns jeden Montag für mindestens drei Stunden: Aus wirklich jeder Abteilung waren Kollegen am Tisch, und wir haben alles dafür getan, innerhalb eines halben Jahres am Markt zu sein. Entscheidungen wurden teilweise unter größter Unsicherheit getroffen.« Um keine Zeit zu verlieren, hat Busch auf schriftliche Verträge verzichtet: Der Deal mit dem technischen Zulieferer Medion wurde per Handschlag besiegelt. Thalia hatte zudem in fünf weiteren europäischen Ländern die marktführenden Buchhändler dafür gewonnen, das Produkt auch auf den Markt zu bringen. Auch diese Deals fanden per Handschlag statt. »Es war ein klares Rennen: Wir gegen Amazon – das hat zu unglaublich viel Energie im Unternehmen geführt. Unsere Mitarbeitenden waren stolz, dass wir zu Weihnachten 2010 den Oyo 1 in den Läden hatten«, sagt Busch. Er erinnert sich noch immer gerne an einen Buchhändler, der weder ein Telefon noch einen Fernseher zu Hause hatte, jedoch zu einem passionierten Oyo-Verkäufer wurde. »Er hat sich ein altes Buch genommen, im Innenteil die Seiten ausgeschnitten und den E-Reader hineingelegt. So präsentierte er den Oyo seinen Kunden im Laden«, sagt Busch. »Damit vermittelte er genau das, was wir unseren Buchhändlern und Kunden sagten: »Wir verkaufen keine E-Reader, sondern eine neue Darreichungsform des Buches«.

Der Oyo 2 wurde für die Thalia-Buchhändler ein Dämpfer. Das Produkt kam aufgrund technischer Probleme zu spät auf den Markt. Doch die Mitarbeitenden hatten die vorherige Erfahrung, den Wettlauf mit Amazon schon einmal gewonnen zu haben, bereits im Blut, als es mit dem tolino in eine nächste Runde ging.

Als der tolino auf den Markt kam, waren die ersten Absatzzahlen nicht nur überraschend hoch, sondern das Kundenverhalten zudem anders, als manche Buchhändler befürchtet hatten: Die meisten Käufer blieben dem Laden treu – auch nachdem sie einen tolino gekauft hatten. Wir sprechen mit Dirk Eberitzsch, Eigentümer von Leuenhagen & Paris, einem Hannoveraner Bucheinzelhändler. Menschen wie er kennen fast jeden Besucher beim Namen. »Der Verkauf eines tolinos bedeutet intensive Beratungszeit. Daher erinnern sich meine Mitarbeitenden und ich uns oft an die Kunden«, erzählt er. »Die meisten von ihnen kommen wieder, und sie kaufen weiterhin Papier-Bücher.«

Die Buchbranche nennt diese Menschen »Hybridleser«. Eine Studie des Börsenvereins des Deutschen Buchhandels aus dem Jahr 2016 untermauert diese Erkenntnis: Über 60 Prozent der E-Book-Leser kaufen weiterhin physische Bücher. Nicht eingeschlossen bei der Studie waren die Schul- und Fachbücher. Die tatsächliche Zahl der Hybridleser liegt also noch deutlich höher.

Doch selbst die Kunden, die nur noch E-Books lesen, bringen dem Unternehmen Umsatz. Sie müssen diese über den auf dem tolino voreingestellten Onlinestore beziehen. Die tolino-Geräte sind so konfiguriert, dass der Kunde weitere E-Books jeweils in dem Shop des Buchhändlers bezieht, bei dem er den tolino gekauft hat. »An den Geräten selbst verdienen wir im Grunde nichts, jedoch an den E-Book-Verkäufen«, sagt der Hannoveraner Einzelhändler Dirk Eberitzsch.

Viele der kleineren Buchläden mit eigenem Onlineshops betreiben diesen nicht selbst, sondern beziehen die dahinterliegende technische Lösung über die Firma Libri. Das Unternehmen agiert als Zwischenhändler, der den Verlagen die Bücher abkauft und an viele Buchhändler weitervertreibt. Zusätzlich zu dieser Grossisten-Rolle bietet Libri inzwischen auch Onlinelösungen im Corporate Design des Buchhändlers an. Stöbert man beispielsweise im Onlineshop des Stuttgarter Einzelhändlers »Wittwer«, des Berliner Kulturkaufhauses »Dussmann« oder des Hannoverschen »Leuenhagen & Paris«, dann surft man eigentlich auf einer Libri-Seite. Erwirbt ein Kunde bei Wittwer, Dussmann oder Leuenhagen & Paris einen tolino und entscheidet sich im Anschluss, mit dem Gerät weitere E-Books zu kaufen, dann geschieht das über die gerade beschriebenen Onlineshops. Der Einzelhändler erhält für jedes über den tolino verkaufte E-Book von Libri eine Umsatzprovision. »Inzwischen machen wir 50 Prozent unserer Umsätze im Onlineshop mit E-Books «, sagt Eberitzsch.

Bei einem Einzelhändler mit einem Ladengeschäft und einem dazugehörigen Libri-Onlineshop macht es keinen Unterschied, ob der Kunde ein physisches oder ein elektronisches Buch kauft – der Umsatz landet am Ende immer auf dem gleichen Bankkonto. Anders ist es bei Hugendubel mit seinen 1700 Mitarbeitenden in über 100 Filialen und bei Thalia mit seinen 4000 Mitarbeitenden in über 280 Filialen. Diese betreiben ihre Shops selbst.

Die beiden Buchhandelsunternehmen sind intern digital unterschiedlich strukturiert. »Wir haben eine in das Unternehmen integrierte Digitalabteilung«, erzählt uns Dr. Bernhard Mischke, Director Digital bei Thalia. Dadurch kann Thalia seine Filialen an den E-Book-Umsätzen beteiligen. Je mehr tolino-Geräte eine Thalia-Filiale verkauft hat, desto mehr bekommt sie vom Kuchen der intern bereitgestellten Umsatzprovision ab. »Bei unserer neuen Lösung für den Verkauf von E-Books im Laden wird der Umsatz direkt der Filiale gutgeschrieben. Wir buchen das unmittelbar auf deren G&V«, sagt der geschäftsführende Gesellschafter Busch. »80 Prozent der Geräte werden über die Filialen verkauft – es ist klar, dass diese etwas dafür zurückbekommen.«

Die gemeinsam erdachte tolino-Allianz führt bei allen Beteiligten zu messbaren Ergebnissen: »Uns ist mit dem tolino etwas Außergewöhnliches gelungen: Wir haben nicht nur von Beginn an einen bedeutenden Marktanteil für E-Books gewonnen, sondern wir holen die Kunden damit vermehrt in die Filialen zurück und haben Amazon messbar einen Teil der Onlinekunden wieder abgenommen. Der Verkauf der gedruckten Bücher über unsere eigenen E-Commerce-Kanäle ist seit dem Beginn der tolino-Allianz wieder stark angestiegen.«, freut sich Busch.

Hugendubel war es sehr wichtig, dass bei den Mitarbeitenden keine Kannibalisierungsängste entstehen. »Von Anfang an und bis heute, sagen wir allen, dass wir bei Hugendubel für das Lesen stehen. Uns geht es um die Inhalte und darum, dass wir das Lesen vermitteln, egal in welcher Form«, sagt Nina Hugendubel. Mit Hugendubel Digital hat das Unternehmen eine Einheit geschaffen, welche sich explizit um den Onlineshop und das Digitalgeschäft kümmert und dafür sorgt, dass Online-, Digital- und Filialwelt für den Kunden immer stärker verschmelzen. Hugendubel-Digital-Geschäftsführer Per Dalheimer ist deshalb mit allen Hugendubel-Geschäftsführern im ständigen Kontakt und die verschiedenen Abteilungen sind im permanenten Austausch. »Das Stationäre und Digitale ist ein ständiges Miteinander«, sagt Nina Hugendubel. So setzen sich etwa die

Mitarbeitenden der Digitalsparte regelmäßig mit den Buchhändlern vor Ort zusammen, um die Unterschiede des Kundenverhaltens in der realen und in der digitalen Welt immer besser zu verstehen.

Hugendubels Ansatz, gemeinsam an einem Strang zu ziehen, bleibt bei den Beteiligten nicht unbemerkt: »Unsere Social Media-, CRM- und Onlinemarketing-Kollegen sorgen dafür, dass wir in Steglitz im Internet nicht nur gefunden werden, sie sind auch eine Art Promotion-Kanal«, sagt Filialleiterin Ute Bauer. »Wir haben jeden Tag Kunden bei uns, die von zu Hause aus auf hugendubel.de ein Produkt ausgewählt haben und es bei uns im Laden kaufen. Oder auch Menschen, die ihren tolino mitbringen, sich von uns beraten lassen und dann vor Ort neue E-Books herunterladen« So fühlt sich das Gesamtpaket auch für die Filialmitarbeitenden ausgeglichen und fair an.

»Ich freue mich sehr, dass wir es unternehmensübergreifend geschafft haben, mit der tolino-Allianz so erfolgreich zu sein«, sagt Nina Hugendubel. »Die Digitalisierung birgt für viele Unternehmen das Risiko der Friktion. Bei uns habe ich jedoch den Eindruck, dass wir bei Hugendubel heute enger und besser zusammenarbeiten, als zuvor.«

Den tolino einfach in den Laden zu stellen, ohne die Mitarbeitenden wertschätzend einzubinden, hätte mutmaßlich nicht zu dem großen Erfolg geführt. Das zeigt das Beispiel der englischen Buchhandelskette Waterstones. Diese hatte das damalige Angebot von Amazon angenommen und die Kindle eReader in ihren 275 Buchhandlungen vertrieben. Doch da es kein eigenes Produkt war, schien der Stolz und die Begeisterung zu fehlen. Im Jahr 2015 beendete Waterstones den Verkauf des Kindle – er war zum Ladenhüter geworden.

Der Gewinn der Würdigung

Seit dem Ende des Kalten Krieges hat die Schweiz, ebenso wie viele andere westeuropäische Staaten, ihre Militärausgaben lange Jahre substanziell gekürzt. Diese Budgetkürzungen bereiteten vielen Soldaten der Schweizer Armee Stress: Gute Soldaten zu halten und neue anzuwerben, fällt dem Militär ohnehin nicht leicht in einem Land, dessen Privatwirtschaft hochattraktive Jobs anbietet. Die Soldaten müssen also »mehr mit weniger« erreichen. Armee-interne Untersuchungen haben gezeigt, dass der geteilte gemeinschaftliche Stress Einfluss auf den individuell erlebten Stress und damit auch auf die Moral hat. Insbesondere Berufsoffiziere und Berufsunteroffiziere müssen bei der Schweizer Armee mit Rahmenbedingungen leben, die keine nach oben limitierte Arbeitszeit vorsehen. Wie viel Zufriedenheit mit der eigenen Arbeit mögen diese Menschen wohl erleben?

Eine Gruppe von Wissenschaftlern der Universität Bern und der Schweizer Militärakademie untersuchte im Jahr 2010 das Innenleben von 228 Berufsoffizieren und Berufsunteroffizieren. In ihrer Studie »Appreciation at Work in the Swiss Armed Forces« wollten sie den Einfluss des Faktors »Würdigung« auf diese Menschen verstehen. Könnte durch Würdigung der persönlich empfundene Stress präventiv reduziert werden? Mithilfe eines ausgefeilten Online-Fragebogens klopften sie mehrere Faktoren ab: die von den Berufssoldaten erlebte Würdigung und Wertschätzung, die soziale Unterstützung durch Kollegen, den gefühlten Einfluss auf das eigene Arbeitsumfeld, die Anzahl der Arbeitsstunden, die Funktion in der Organisation, aber auch »illegitime Aufgaben«. Die Wissenschaftler unterteilten Letztere in »unnötige« und »unzumutbare« Aufgaben. Was von all dem hatte Einfluss auf die Arbeitszufriedenheit der Offiziere?

Die »illegitimen Aufgaben« zeigten eine interessante Verknüpfung: Dieselben Soldaten, die niedrige Werte bei den Fragen zur Würdigung ankreuzten, gaben auch öfter an, dass sie unnötige und unzumutbare Aufgaben zu erledigen hatten. Überraschend war dagegen, dass die Anzahl der Arbeitsstunden auf die Hauptfragestellung der Zufriedenheit keine signifikante Auswirkung hatte.

Von all den untersuchten Aspekten hatte im Grunde nur einer einen bedeutsamen Einfluss: die durch Kollegen und Vorgesetzte erlebte Würdigung. Wenn sie fehlte, dann war auch die Zufriedenheit niedrig. Bei zunehmender Arbeitsbelastung sank die Job-Zufriedenheit sogar noch. Fühlten sich die Soldaten gewürdigt, so stieg die Arbeitszufriedenheit sogar bei zunehmender Arbeitsbelastung. Sie war dann um ganze 17 Prozent höher.

Peggy Olson ist Don Drapers Sekretärin. Sie hat das Gefühl, dass

Don ihr Engagement und ihre Fähigkeiten nicht wahrnimmt. Sie ist den Tränen nahe und bettelt um etwas Anerkennung. »Niemals sagst du Danke«, wirft sie ihm vor. »Dafür bekommst du doch dein Gehalt«, erwidert er.

Die Szene stammt aus der Episode »The Suitcase« der US-amerikanischen Serie *Mad Men*. Ganz fern der Realität ist diese Situation nicht. Der CTA-Betriebsratschef erzählte uns von Zeiten, in denen er ähnliche Aussagen häufig hörte. Auch heute noch ist ein »Nicht gemeckert ist gut gelobt« bei manchen Chefs der Leitsatz »guter Führung«. Einige Unternehmen mögen Mitarbeitende für schlechte Vorgesetzte oder miserables Arbeitsklima gutes Schmerzensgeld zahlen – doch die Potenziale dieser Menschen entfalten sie damit kaum.

Wir selbst waren einmal ungläubige Zeugen eines Meetings, bei dem der Vertriebsgeschäftsführer vor seinen Mitarbeitenden stand und sie im militärischen Stil anbrüllte: »Ihr seid Söldner! Versteht ihr das?« Im anschließenden Feedback-Gespräch fragten wir ihn, weshalb er gerade uns dabeihaben wollte – schließlich war diese Szene das Unwürdigste, das wir seit langer Zeit erlebt hatten. Wir sind ursprünglich davon ausgegangen, uns nie wieder zu sehen. Doch es wurde ein Gespräch bis spät in die Nacht. Innerhalb der kommenden drei Monate durchlebte der Geschäftsführer eine intensive persönliche Transformation: Beim nächsten Vertriebsmeeting erarbeiteten wir mit den Mitarbeitenden Methoden und Ziele, die frei von zusätzlichen finanziellen Anreizen waren, die jedoch die Arbeit der Mitarbeitenden würdigte. Bereits wenige Wochen danach führte dies zu dem erhofften Umsatzwachstum.

Gehalt und bisweilen auch Bonuszahlungen für besondere Leistungen können für manche Menschen eine Form der Anerkennung sein. Jedoch löst eine persönliche Wertschätzung und Würdigung eine andere Form der Dynamik bei Ihren Mitarbeitenden aus. Lassen Sie uns dazu einen Blick in den Nahen Osten werfen.

Wenn Wissenschaftler außerhalb des eigenen Labors ein Experiment durchführen wollen, suchen sie sich gerne ein Umfeld mit möglichst geringen störenden Einflussfaktoren. Die israelische Fabrik des Chipherstellers Intel war für den Verhaltensökonomen Dan Ariely von der Duke-University, North Carolina, der perfekte Ort: Die Produktivität der dort arbeitenden Techniker war relativ frei von unkontrollierbaren externen Faktoren: Es wurde nur ein Produkt und dieses zudem repetitiv hergestellt. Wie gut diese Menschen arbeiteten, hing ausschließlich von ihrer inneren Haltung ab. Und genau die wollte Ariely beeinflussen.

Geld, Pizza oder ernst gemeinte Wertschätzung. Das waren die Einflussfaktoren. Was würde bei Ihnen am meisten wirken?

Intel wählte 156 Techniker für die Studie aus. Die Produktivität der Menschen wurde drei Wochen vor Beginn des Experiments für Ariely dokumentiert, damit er sie als Vergleichswert nutzen konnte. Er teilte die Teilnehmenden in zufällig ausgewählte Gruppen ein. Da das Experiment mehrere Wochen durchgeführt wurde, würde jeder Teilnehmende im Laufe der Zeit jeden der folgenden Anreize angeboten bekommen – jedoch nur jeweils einen pro Woche:

1. Einen 25-Dollar-Bonus,
2. Einen Pizzagutschein über 25 Dollar,
3. Eine mündliche und schriftliche Honorierung »Lieber (Name des Angestellten), vielen Dank für Ihre harte Arbeit und die guten Ergebnisse von gestern. Ich schätze Ihren Einsatz sehr.«

Am Montag jeder Woche hörten die Techniker »Guten Morgen, wenn Sie heute Ihre durchschnittliche Produktivität der vergangenen vierzehn Tage erreichen oder übertreffen, dann erhalten Sie morgen (Je nach Gruppe wurde der Bonus/der Pizzagutschein/die Dankesbotschaft vom Abteilungsleiter angeboten). Viel Erfolg!«

Die Produktivität in einer Intel-Fabrik wird, natürlich, an der Anzahl produzierter Chips gemessen. Intel-Techniker sind keine Bandarbeiter, sondern sie müssen kognitive Leistungen erbringen. Sie müssen etwa dafür Sorge tragen, dass die Maschine während ihrer Arbeitszeit so lange wie möglich für die Produktion verfügbar ist – dass also keine Ausfallzeiten entstehen.

Hatten die Techniker ihre Ziele am ersten Tag erreicht, erhielten sie unmittelbar zu Beginn des zweiten Tages die versprochene Zuwendung. »Auch wenn die meisten leistungsabhängigen Incentivierungen im echten Arbeitsleben auf einem längeren Messzeitraum basieren, konnten wir in diesem Design sehr gut den Einfluss der verschiedenen Zuwendungen testen – und auch, was geschieht, wenn die Belohnungsphase vorüber ist«, meint Ariely. Und Letzteres – also das, was *nach* der Zuwendung geschah – war das interessanteste Ergebnis dieser Studie.

Möglicherweise haben Sie es schon vermutet: Das Geld hatte nahezu die geringste Wirkung. Um ganze 4,9 Prozent war die Leistung der Techniker an diesem Montag gestiegen. Die mündliche Honorierung hingegen hatte zu einem deutlich größeren Leistungszuwachs geführt: 6,6 Prozent wurde erreicht. Die besten Werte erhielt der Pizza-Voucher-Anreiz: Die Techniker steigerten sich um 6,7 Prozent.

Falls Sie jetzt schon dabei sind, die beste Pizzeria in der Nähe Ihrer Firma zu googeln, sollten Sie sich noch anschauen, was in den folgenden Tagen geschah: Bereits am Dienstag war die Produktivität der 25-Dollar-Gruppe von +4,9 Prozent auf -13,2 Prozent gefallen. Die Pizza-Voucher-Techniker fielen von +6,7 Prozent auf -5,7 Prozent. Hingegen waren die Produktivität der Mitarbeitenden, die eine mündliche und schriftliche Honorierung erhielten, von +6,6 Prozent auf nur +4,2 zurückgegangen.

> **Die Erkenntnis:** Ausschließlich Würdigung und Wertschätzung führen zu einer nachhaltig erhöhten Produktivität ohne Leistungsrückgang.

Die Intel-Techniker lebten in ihrem ungestörten Biotop. Doch es gibt viele Mitarbeitende, die im Austausch mit Kunden, Geschäftspartnern oder anderen Abteilungen stehen. Und nicht jeder dieser Kontakte ist leicht. Einige der herausforderndsten Aufgaben findet man in Call-Centern, die sogenannte Outbound-Calls durchführen. Das sind die Gespräche, bei denen Personen unerwartet von jemandem angerufen werden. Viele Angerufene fühlen sich gestört und lassen das den Menschen am anderen Ende der Leitung wissen – das ist das Gegenteil von Würdigung für die Arbeit. Lassen Sie uns zum einen herausfinden, wodurch Wertschätzung in solchen oder ähnlichen Situationen trotzdem stattfinden kann. Und zum anderen, was dadurch geschieht.

Amerikanische Universitäten finanzieren sich zu einem großen Teil aus Spenden. Es gibt ganze Abteilungen, die sich um die Geldbeschaffung bemühen. Für manche ehemaligen, wohlhabenden Studierenden ist es eine Ehre, ihrer Alma Mater eine neue Bibliothek zu finanzieren. Viele Universitäten beschäftigen daher einen »Director of Annual Giving«:

Er oder sie leitet einen ganzen Bereich, der sich um die Beschaffung von Spenden kümmert. Es ist harte Arbeit für die Verantwortlichen jeden Tag, jede Woche, jeden Monat aufs Neue an die ein oder andere Tür zu klopfen, um Zuwendungen zu erbitten.

Adam Grant, der seit Jahren beliebteste Lehrer der Wharton School, den Sie aus dem Kapitel »Verstehbarkeit – Menschen brauchen ein Warum und Wofür« bereits kennen, konnte 41 dieser Telefon-Fundraiser einer Universität dazu gewinnen, bei einem kleinen Experiment mitzumachen. Die Mitarbeitenden erhalten alle ein Festgehalt. Die Bezahlung ihrer Arbeit ist nicht leistungsabhängig, es gibt keine Bonuszahlungen. Grant kam auch erst gar nicht auf die Idee, einige von Arielys Methoden aus der Intel-Fabrik zu testen. Er setzte nur auf ein Pferd: die Wertschätzung der Arbeit. Dazu unterteilte er die Fundraiser in zwei Gruppen und sorgte durch unterschiedliche Arbeitszeiten dafür, dass diese untereinander keinen Kontakt hatten. Während er die Kontrollgruppe weiterarbeiten ließ wie bisher, arrangierte er für die Testgruppe einen Besuch durch die Direktorin. Sie besuchte die Fundraiser und hielt eine kurze Rede: »Ich bin sehr dankbar für eure harte Arbeit. Wir wertschätzen euren Beitrag für die Universität aufrichtig.« Welchen Einfluss ihre Worte auf die Fundraiser hatten, konnte Grant an der Anzahl der getätigten freiwilligen Anrufe messen. Die Leistungsbereitschaft und die dadurch getätigten Anrufe der Mitarbeitenden, die Wertschätzung für ihre Arbeit erhalten hatten, stiegen in der Folgewoche um 51 Prozent.

Glaubwürdige Würdigung

»Eine der ersten Amtshandlungen unseres Geschäftsführers war es, zwei Parkplätze zu einem zusammenlegen zu lassen, damit er es beim Aus- und Einsteigen bequemer hat«, erzählen uns einige der 50 Führungskräfte am Ende eines Frühsommertages. »Ein Kollege musste dafür seinen Parkplatz abgeben.« Der neue Chef des mittelständischen Nahrungsmittelherstellers ist gerade nicht im Raum. Erst war er 90 Minuten zu spät gekommen, dann musste er nach zwei Stunden in unserem ersten Status-quo-Workshop wieder weiter: »Ein wichtiger

Termin«. Er möchte an der Unternehmenskultur arbeiten, die ihm, wie er behauptet, sehr wichtig sei. Wir alle sitzen auf seinen Wunsch hin in einem Seminarraum mit bestem Ausblick auf den Spessart. Der Blick ins Unternehmen ist jedoch weniger attraktiv: »Wir spüren nicht, was er sagt«, reflektiert seine Mannschaft. Einer der Bereichsleiter ist verärgert, denn der neue Chef hat hinter seinem Rücken gerade einen Großauftrag vergeben und so 50 Prozent des Bereichsleiter-Budgets gebunden. Ein Großteil der Anwesenden kommt am Ende des Tages überein: »Wir glauben ihm nicht, dass er es mit der Kultur ernst meint«. Die Eigentümerfamilie merkte das auch: Bereits sechs Monate später war der neue Geschäftsführer wieder entlassen. Worte und Taten waren zu inkongruent.

Die Vorgesetzten in der Intel-Fabrik bei Dan Arielys Studie in Israel haben Worte der Wertschätzung als Kurzzeit-Incentive gewählt und dadurch einen nachhaltigeren Effekt erreicht als mit finanziellen Anreizen. Die Chefin des Telefon-Fundraiser-Teams in Adam Grants Untersuchung konnte allein durch die verbale Würdigung der harten Arbeit in der Folgewoche eine deutlichere Steigerung des Engagements bewirken. Wenige Worte wirken. Langfristig jedoch sind ausschließlich Worte zu wenig.

Glaubhafte Würdigung, gelingt nur, wenn das Handeln des Chefs zu seinen Worten passt. Das kann etwa durch das Verfassen und Umsetzen einer neuen Absichtserklärung geschehen, so wie beim Hamburger Hafen. Auch Zuhören und Ängste ernst nehmen kann eine Form der Würdigung darstellen, so wie Nina Hugendubel es gezeigt hat. Das Managementteam kann Würdigung auch durch eine faire Behandlung zwischen den neuen Digitalen und dem Rest der Belegschaft zeigen: beim Gehalt, bei der Aufmerksamkeit oder bei anderen bedeutsamen Faktoren.

> **Die Erkenntnis:** Würdigung wirkt langfristig nur, wenn sie authentisch vermittelt, durch Handlungen untermauert und nicht als ein Weg zur Leistungssteigerung gesehen wird.

Wenn Ihnen Ideen fehlen, durch welches Verhalten, durch welche Maßnahmen Sie Ihrer Mannschaft Wertschätzung und Würdigung zeigen können – dann fragen Sie sie. Das spart Ihnen Zeit und erhöht die Wahrscheinlichkeit, das Richtige zu tun.

Wirksame Worte

> »Der Unterschied zwischen dem richtigen Wort und dem beinahe richtigen ist wie der Unterschied zwischen einem Blitz und einem Glühwürmchen.«
>
> *Mark Twain*

Zusätzlich zu dem kongruenten Handeln lohnt sich auch ein Blick darauf, durch welche Worte Wertschätzung vermittelt wird. Stanford-Professorin Carol Dweck hat in den vergangenen Jahren in zahlreichen Experimenten zeigen können, dass die richtige Wahl der belobigenden Worte einen Einfluss darauf hat, ob der Empfänger danach höhere oder niedrigere Leistungen erbringt.

»Ich sehe eine deutliche Überbewertung von Talenten«, erzählt Dweck bei einem der monatlich stattfindenden Stanford Breakfast Meetings. Die meisten ihrer Studien hat sie mit Kindern durchgeführt. Doch sie können auch unsere Art inspirieren, wie wir erwachsenen Menschen unsere Wertschätzung zeigen.

Dweck arbeitete während ihrer Experimente mit drei Gruppen: mit einer Kontrollgruppe, einer Gruppe, deren *Fähigkeiten* sie lobte, und mit einer Gruppe, deren *Verhalten* sie lobte. In einer ersten Runde des Experiments erhielten die Kinder lösbare Aufgaben. Die Kontrollgruppe hörte im Anschluss ein neutrales »Die Aufgabe ist gelöst«.

Der Gruppe, die für ihre Fähigkeiten gelobt wurde, sagte sie: »Oh, du bist ein guter Maler/ein guter Rechner/ein intelligenter Mensch.« In diesen Kindern, so stellte sie am Ende des Experiments fest, entstand das feste Selbstbild, dass sie Talent haben und eine bestimmte Eigenschaft besonders gut beherrschen (»fixed mindset«).

Der dritten Gruppe, die für ihr Verhalten gelobt wurde, gab sie nach der ersten Runde die Rückmeldung: »Du hast einen guten Weg gefunden, diese Aufgabe zu lösen/Du hast sehr gut gemalt/Du hast gut gerechnet«. Bei diesen Kindern entstand etwas, das Dweck einen »growth mindset« nennt.

Die Erkenntnis: Menschen mit einem »growth mindset« glauben nicht an gottgegebene, unveränderliche Fähigkeiten oder Talente, sondern daran, dass sie sich selbst weiterentwickeln können.

Bereits nach dem Feedback auf diese erste Runde ergab sich für Dweck eine erstaunliche Erkenntnis: Fragte man die jungen Teilnehmenden, ob sie Lust auf eine herausfordernde Aufgabe hätten, an der sie wachsen würden, stimmten die Kinder mit dem »growth mindset« zu 90 Prozent zu. Die Kinder mit dem »fixed mindset« lehnten jedoch meist ab. »Sie befürchteten, diese Aufgaben könnten ihr Bild als Talent kaputt machen«, schlussfolgert Dweck.

In der nächsten Runde gab es tatsächlich Aufgaben, die bewusst so schwer gewählt waren, dass die Kinder sie entweder gar nicht oder nur einen Teil lösen konnten. Für die Kinder, die glaubten, dass sie Talent hatten, war das besonders schlimm: Ihren Misserfolg in der zweiten Runde deuteten sie so, dass sie wohl doch nicht über die gerade noch gelobten Eigenschaften verfügten, ja sogar, dass sie untalentiert seien. Die Kinder mit dem »growth mindset« hingegen gingen davon aus, dass sie die Aufgabe lösen könnten, wenn sie sich mehr anstrengen und andere Wege finden würden.

Die kurze Intervention von Dweck durch eine bewusst unterschiedliche Wahl der belobigenden Worte, den Kindern einen »fixed mindset« oder einen »growth mindset« zu vermitteln, hatte auch in der dritten Runde bemerkenswerte Auswirkungen: In dieser Runde mit leicht zu lösenden Aufgaben schnitten die »Talente« deutlich schlechter ab, als die Kinder mit dem »growth mindset«. Letztere lösten 80 Prozent mehr Aufgaben als ihre demotivierten Mitstreiter, die nach Runde zwei ihr Talent so sehr infrage stellten, dass sie auch jetzt noch nur einen limitierten Zugriff auf ihre Potenziale hatten. Selbst die Kontrollgruppe, die niemals gelobt wurde, erreichte in der dritten Runde bessere Ergebnisse als die Gruppe mit dem »fixed mindset«.

In weiterführenden Studien bemerkte Dweck, dass Kinder mit einem »fixed mindset« nach der Lösung der Aufgabe die Ergebnisse der anderen wissen wollten, um sich vergleichen zu können. Sie waren nicht daran interessiert, Strategien zu erlernen, um besser zu werden. Mehr noch: Sie suchten sich im Folgenden nur solche Aufgaben, die sie sicher lösen konnten, um ihr Talent zu bestätigen. Anders hingegen die Kinder mit dem »growth mindset«: Sie suchten sich schwere Aufgaben, an denen sie wachsen konnten – sie wollten unbedingt dazulernen. Dweck ist überzeugt: »Auch wenn Erwachsene mit einem ›fixed mindset‹ aufgewachsen sind, sind sie in der Lage, in einen ›growth mindset‹ zu wechseln. Die moderne Hirnforschung bestätigt uns heutzutage, dass das möglich ist.«

Wenn Sie Mitarbeitende in Ihrem Unternehmen loben, sollten Sie das nicht auf einer Eigenschafts-/Identitätsebene tun: »Sie sind ein fantastischer Controller/ein guter Verkäufer/der beste XY, den ich kenne …« Damit nähren Sie nur den »fixed mindset« dieser Menschen. Die möglichen Folgen kennen Sie ja: Diese Menschen suchen sich keine Aufgaben, an denen sie wachsen können, und ihre Leistung fällt nach den ersten Erfahrungen des Scheiterns deutlich ab. Zudem ist es nur eine Wertschätzung an der Oberfläche, denn man braucht sich mit einem Menschen nur wenig auseinanderzusetzen, um ihm ein Lob auf der Identitätsebene zu geben.

> **Die Empfehlung:** Loben Sie nicht die Identität, sondern das konkrete Verhalten eines Menschen, wenn Sie wollen, dass dieser sich weiterentwickelt.

Lob und Verhaltensebene bedeutet: »Wie es Ihnen gelungen ist, diesen schwierigen Kunden doch noch zu gewinnen/dass Sie es geschafft haben, die Präsentation so gut auf den Punkt zu bringen …« Zum einen fühlt sich der Angesprochene gesehen und emotional berührt – schließlich müssen Sie sich ja mit ihm beschäftigt haben, um auf der Verhaltensebene dieses wertschätzende Feedback geben zu können. Zum anderen sprechen Sie dadurch einen »growth mindset« an – und Ihr Mitarbeitender kann über sich hinauswachsen.

Falls Sie nach all den guten Beispielen auch jetzt noch der Meinung sind: »Nicht geschimpft ist schon gelobt«, und sich schwer damit tun, ein Lob über Ihre Lippen kommen zu lassen, folgt nun noch ein letzter guter Grund: Die schwedische Wissenschaftlerin Anna Nyberg vom Stress Research Institute der Universität Stockholm hat vor einigen Jahren in einer vielbeachteten Zehn-Jahres-Langzeit-Studie den Zusammenhang von guter Führung durch das Management und dem Herzinfarkt-/Herztod-Risiko bei den Mitarbeitenden untersucht. Die 3 122 Teilnehmenden der Studie waren durchschnittlich 42 Jahre alt, hatten meist einen höheren Bildungsstand und waren Nichtraucher. Nyberg bezog die Daten zum einen aus Krankenhausaufzeichnungen, zum anderen direkt von den Teilnehmenden, die sich sowohl körperlich untersuchen ließen als auch Fragebögen ausfüllten. Die Wissenschaftlerin glich im Anschluss die subjektiv durch den befragten Mitarbeitenden wahrgenommenen Führungsqualitäten des Chefs mit den objektiv messbaren Herzproblemen des Mitarbeitenden ab. Das Ergebnis war sehr eindeutig:

Die Erkenntnis: Ein Führungsverhalten, das ein angenehmes psychosoziales Klima unterstützt, führt zu einem geringeren Risiko von Herzinfarkt oder frühem Herztod. Je länger die Mitarbeitenden einen Chef hatten, der so ein Verhalten zeigte, desto deutlicher sank das Risiko.

Wir sprachen mit der Wissenschaftlerin, um weitere Details der Studie zu erfahren. Was wir bereits ahnten, bestätigte Nyberg uns: »In dem Fragebogen gab es auch die Aussage: ›Wenn ich etwas gut getan habe, werde ich von meinem Chef gelobt‹. Teilnehmende, die diese Aussage bestätigten, erlitten in den kommenden zehn Jahren deutlich seltener einen Herzinfarkt oder einen Herztod.«

Würdigung auf allen Ebenen

Wertschätzung muss nicht ausschließlich nur durch die oberste Führungsebene gegeben werden. Sie findet idealerweise in allen Bereichen des Unternehmens statt. Ein guter Weg, das zu erreichen, ist eine konsequent gelebte Feedback-Kultur. Damit ist nicht ein anonymes 360-Grad-Feedback oder ein Mitarbeiter-Gespräch gemeint, sondern ein persönliches, situatives Feedback. Dieses kann jederzeit zwischen allen Mitarbeitenden und in alle Richtungen gegeben werden.

Viele Führungskräfte glauben, dass den Mitarbeitenden hauptsächlich ein besseres Gehalt und ein schneller Aufstieg wichtig sind. Befragt man diese Menschen dann jedoch in anonymen Mitarbeiterumfragen, werden ganz andere Themen favorisiert: Wertschätzung und Feedback erscheint in zahlreichen Unternehmen als eine der Top-Fünf-Rückmeldungen. So auch vor einigen Jahren im Employee Opinion Survey der Essener RWE Supply & Trading. »Die Antworten waren sehr eindeutig: Unsere Mitarbeitenden wünschten sich mehr direkte Rückmeldung«, erzählt Julia Giese, Head of Organisational Development. Giese und ihr Team haben reagiert: Sie erarbeiteten ein intensives Feedback-Training, an dem zu Beginn nur ein Teil der Mitarbeitenden teilgenommen hat. »Gerade das in der Vergangenheit als ›negativ‹ empfundene kritische Feedback haben wir durch neu erstellte Regeln so gewandelt, dass es seitdem als unterstützend empfunden wird«, erinnert sich Giese. Während das Unternehmen die Feedback-Kultur einführte, vertagte es eine andere große Führungskräfteschulung – und war dadurch in der Lage, den Vorher-Nachher-Effekt besser zu messen. »In der darauffolgenden Mitarbeiterumfrage konnten wir sehr klar erkennen, in welchen Bereichen das Thema Feedback gelernt und umgesetzt wurde«, erzählt Giese. »In diesen Teams hatte sich die Zufriedenheit deutlich verbessert.«

Die Feedback-Kultur führte zudem zu einem besseren abteilungsübergreifenden Austausch. Die Mitarbeitenden berichteten von mehr Verbundenheit und weniger Silo-Denken. Das »wir« und »die«, vor dem BSH-CEO Karsten Ottenberg gewarnt hatte, fand weniger statt. Eine Kultur der Würdigung kann also auf allen Ebenen gelebt werden – auch von einem Mitarbeitenden zum anderen. Doch sie beginnt mit der Führungskraft!

Essenz für Eilige
Würdigung – Menschen wollen gesehen werden

- »Wir dürfen unseren Mitarbeitenden für das bisher Erreichte nicht den Stolz nehmen«, sagt BSH-CEO Karsten Ottenberg. Ein Risiko der digitalen Transformation: In manchen Unternehmen entsteht leicht ein »wir« und ein »die anderen«, wenn die neuen Digitalen mehr Beachtung erhalten als die übrigen Mitarbeitenden. Eine wichtige Aufgabe der Führungskräfte ist es, diese »Silos« nicht entstehen zu lassen.
- Der Verlust des soziometrischen Status – des Ansehens durch das direkte berufliche soziale Umfeld – kann eine starke, unterschwellige Bedrohung für viele Mitarbeitende während des digitalen Veränderungsprozesses sein. Viele Studien weisen darauf hin, dass damit ein Verlust von persönlichem Wohlempfinden einhergeht.
- Die Hamburger Hafen Logistik AG hat ihren Mitarbeitenden bereits zu Beginn der digitalen Transformation durch einen neuen Tarifvertrag und eine Absichtserklärung der Geschäftsführung Sicherheit vermittelt. Der »Zugewinn« der Digitalisierung wird zu gleichen Teilen zwischen Unternehmen und Mitarbeitenden

aufgeteilt. »Die neuen Verträge sind eine Würdigung der zusätzlichen psychischen Belastungen, die wir in der heutigen Arbeitswelt erleben«, sagt Betriebsratschef Thomas Mendrzik.

- Menschen wollen fair behandelt werden. Wenn das geschieht, wird das neuronale Belohnungssystem aktiv. Fehlt die Fairness, springen im Gehirn die Netzwerke an, die auch bei Empfindungen wie Wut und Ekel eine hohe Betriebsamkeit zeigen.

- Durch die tolino-Allianz wurden in hunderten von Buchhandlungsfilialen eReader angeboten. Mögliche Befürchtungen von Mitarbeitenden, der Online-Verkauf könnte den klassischen Buchverkauf kannibalisieren, fing die Geschäftsleitung von Hugendubel dadurch auf, dass sie diese Bedenken zuallererst ernstnahm. Sie hörte den Mitarbeitenden zu und würdigte ihre Bedenken. Die Realität hat gezeigt: Der tolino nahm dem stationären Buchhandel kein Geschäft weg, sondern stärkte die eigene Position.

- In der Schweizer Armee stieg die Arbeitszufriedenheit um 17 Prozent, als die Soldaten sich gewertschätzt fühlten. Sogar als die Arbeitsbelastung größer wurde, berichteten die Befragten von höherer Zufriedenheit, wenn zugleich eine Würdigung der Arbeit stattfand.

- Eine Leistungssteigerung, die durch finanzielle Belohnungen hervorgerufen wird, ist kurzfristig: Nach Ende der Belohnung fällt der Anstieg schnell wieder stark ab. Erhalten Mitarbeitende durch ihre Führungskraft hingegen Würdigung und Wertschätzung für die geleistete Arbeit, erhöht sich deren Leistung langfristig.

- Will eine Führungskraft einem Mitarbeitenden ein Lob aussprechen, sollte es sich auf ein konkretes Verhalten beziehen. Damit eröffnet sie dem Menschen am ehesten die Chance, sich weiterzuentwickeln. Allgemeines Lob bewirkt dagegen eher das Gegenteil: Menschen, deren Identität (»toller Mitarbeitender«) gelobt wird, können schlechter mit Erfahrungen des Scheiterns umgehen als Menschen, deren sichtbares Verhalten gelobt wird.

- Eine gut gelebte Feedback-Kultur in einem Unternehmen verteilt die Würdigung auf viele Schultern. Führungskräfte müssen nicht die einzigen sein, die Wertschätzung aussprechen.

Kapitel 5

Digital Transformation Coaches – Die operativen Beschleuniger

> »Diese Menschen sind die Inkubatoren unserer Strategie.«
>
> *Dominik Grau, Chief Innovation Officer, Ebner Verlag*

Ronald Reagan ist angezählt. Im Jahr 1984 nähert sich seine erste Amtszeit dem Ende, und er will wiedergewählt werden. Aber in einer Fernsehdebatte mit seinem Kontrahenten Walter Mondale stammelte er desaströs unstrukturierte Abschlussworte, die zu einer öffentlichen Diskussion über seinen geistigen Zustand führten. Einer anschließenden *Newsweek*-Umfrage zufolge hätten sich nur 35 Prozent der Wähler für Reagan und 54 Prozent für Mondale entschieden.

Hank Trewhitt, Journalist der *Baltimore Sun*, versucht Reagan in der zweiten Fernsehdebatte genüsslich vorzuführen: »Sie sind der älteste Präsident der Geschichte, und manche Ihrer Mitarbeiter sagen, Sie seien müde nach Ihrem letzten Treffen mit Mr. Mondale. Hegen Sie irgendeinen Zweifel, Ihre Rolle gut ausfüllen zu können?«

Reagans verschmitzte Retourkutsche nimmt Trewhitt nicht nur allen Wind aus den Segeln, sondern sie dreht auch die öffentliche Meinung und fegt Mondale vom politischen Parkett: »Keineswegs! Und, Mr. Trewhitt, ich werde das Alter nicht zu einem Diskussionspunkt dieser Kampagne machen. Ich möchte nicht, nur um politisch gut dazustehen, die Jugendlichkeit und Unerfahrenheit meines Gegenkandidaten ausnutzen.«

Das gesamte Fernsehstudio bricht daraufhin in schallendes Gelächter aus. Selbst der fast 60-Jährige Mondale kann sein Lachen nicht zurückhalten. Später wird er berichten, in diesem Augenblick sei ihm klargeworden: Die Wahl ist für ihn verloren.

Diese Fernsehdebatte hat nicht nur Welt-, sondern auch Wissenschaftsgeschichte geschrieben. Als Forscher die Fernsehaufnahme Menschen vor-spielten, die sie nicht gesehen hatten, taten sie das auf zwei verschiedene Arten: Eine Gruppe der Versuchspersonen sah die gesamte Aufnahme. Bei der zweiten Gruppe endete sie mit der Aussage Reagans – das Lachen des Publikums war nicht mehr zu hören. Die zweite Gruppe ging von einem klaren Sieg Mondales aus. Die erste hingegen, die das laute Lachen des Publikums hörte, war überzeugt, dass Reagan die Wahl gewinnen würde. Beide Gruppen hatten die gleichen Worte gehört, doch sie interpretierten sie instinktiv unterschiedlich. Nicht das Verhalten des amtierenden Prä-sidenten, sondern die Reaktion fremder Menschen hatte den Unterschied gemacht.

Wie groß der Einfluss des sozialen Umfelds auf Menschen sein kann, hat der Verhaltensbiologe John Dyer von der University of Leeds in um-fangreichen Studien herausgefunden: Es braucht oft nur 10 Prozent der Personen eines sozialen Geflechts mit einer klaren Ausrichtung, damit die restlichen 90 Prozent folgen.

Führungskräfte eines Unternehmens können sich dieses Phänomen zunutze machen. Doch wie gelingt es, die richtigen 10 Prozent zu er-reichen – gerade in Phasen einer digitalen Transformation? Die oberen Führungsebenen sind vermutlich nur zum Teil in der Lage, die Mei-nungsführer in ihrer Belegschaft auf ihre Seite zu ziehen. Chefs haben volle Terminkalender, eine hierarchische Distanz, oft eine feste Rolle und damit verbunden eine vermeintlich »eigene Agenda«, die ihre Ver-trauenswürdigkeit mindert. Zudem fehlt ihnen oftmals das Wissen über die verdeckten informellen Kommunikationsstrukturen und die wirk-lichen Multiplikatoren.

Wenn es gelingen soll, eine kritische Masse an Mitarbeitenden beständig und mit Detailtiefe zu erreichen, ist es hilfreich, auf besondere Menschen in der operativen Ebene zu setzen. Phoenix Contact, dem Unternehmen aus Blomberg, welches Sie aus dem Kapitel »Das rechte Maß – Die Energie für den Wandel« bereits kennen, gelingt das seit Jahren durch sogenannte Trust-Prozessbegleiter. Die Firma hatte sich das Ziel gesetzt, als ver-trauenswürdigstes Unternehmen der Branche wahrgenommen zu werden. Zunächst begannen die Führungskräfte von Phoenix Contact, das Maß an Vertrauen bei den eigenen Mitarbeitenden zu erhöhen. Die Trust-Prozess-begleiter wurden zu Ansprechpartnern für Kollegen. Als Mittelsmänner zwischen verschiedenen Abteilungen bildeten sie die Verbindung von der Geschäftsleitung bis tief in die Organisation hinein.

»Die Trust-Kollegen beobachten sehr genau, wie das, was von oben kommt, weiter unten aufgenommen wird. Sie sind so etwas wie Seismografen«, erklärt uns Personalreferentin Yamilet Popp. Diese Menschen sind nicht nur auf operativer Ebene tätig, um die Zusammenarbeit zu verbessern: Sie sprechen auch der Geschäftsleitung Empfehlungen aus, die oft dankend angenommen werden.«

Was bei Phoenix Contact längst fest etabliert ist, beobachten wir inzwischen auch bei weiteren Unternehmen, die sich erfolgreich in einer digitalen Transformation befinden: Mitarbeitende auf der operativen Ebene nehmen besondere Rollen ein, durch die es gelingt, den Digitalisierungsprozess effizienter voranzutreiben. Sie sind Teil des inneren Kreises der digitalen Transformation und vermitteln das neue Wissen sowohl an die eigene, als auch an andere Abteilungen. Diese Schlüsselfiguren wirken auf diese Weise einem »Silodenken« entgegen, sie sorgen für eine engere abteilungsübergreifende Zusammenarbeit und damit für mehr Verbundenheit der Mitarbeitenden untereinander. Sie steigern das gegenseitige Vertrauen merklich. Mit ihrer besonderen Fachexpertise begleiten sie die Transformation operativ und ermöglichen eine reibungsfreie Umsetzung der digitalen Strategie. Wir nennen sie: Digital Transformation Coaches.

Swisscom – Mehr Geschwindigkeit durch interne Botschafter

»Wenn Ihr so weiterarbeitet wie bisher, wird das Projekt scheitern«, war das ernüchternde Feedback, das Peter Fregelius und seine Kollegen im Dezember 2012 erhielten. Die Konzernleitung der Swisscom hat sich gerade den Statusbericht der ersten sechs Monate von »Swisscom TV 2.0« geben lassen. Im Dezember 2013 soll das neue Produkt auf den Markt kommen. Doch im Moment glaubt kaum jemand daran, dass das möglich ist – weder die obersten Chefs, noch das neu gebildete TV-Team. Dabei ist die wirtschaftliche Notwendigkeit mehr als dringend. Swisscom braucht ein neues Produkt: Die Festnetzanschlüsse stagnierten seit Jahren – die

Kunden nutzten ihre bestehenden Mobilfunkanschlüsse. Und auch das Wachstum der DSL-Breitbandanschlüsse verlangsamt sich.

Diesen Trend begannen damals europaweit alle Festnetz- und Mobilfunkanbieter bereits zu spüren: Die Branche war kein Wachstumsmarkt mehr. Vergleichsportale machten es Kunden immer einfacher, das preisgünstigste Angebot schnell zu finden. Im Mobilfunkmarkt hatte der Preiskampf der Anbieter gerade erst begonnen. Zudem kamen noch die Kabelnetzbetreiber mit schnellen Internetzugängen auf den Markt und nahmen DSL-Anbietern wie der Swisscom Kunden ab. Um flexibler am Markt agieren zu können, hatte die Swisscom bereits im Jahr 2007 die Mobil- und Festnetzsparte zusammengeführt. Doch all das würde mittelfristig nicht reichen: Mitte 2012 blickte das Managementteam auf mehrere Jahre zurück, in denen die Swisscom in ihrem Kerngeschäft in der Schweiz jährlich zwischen 100 und 200 Millionen Franken an Umsatz verloren hatte. Eine große Hoffnung lag auf Swisscom TV 2.0. Doch im Dezember 2012 sah es eher düster aus.

Sommer 2017: Wir sitzen mit Peter Fregelius in der Bahn von Bern nach Zürich. Seit mehr als vier Stunden sprechen wir bereits mit ihm. Jetzt begleiten wir ihn zu seinem nächsten Termin, um die Stunde Fahrtzeit auch noch zu nutzen. Fregelius leitet den Bereich Swisscom TV & Entertainment, bei dem Swisscom TV 2.0 angesiedelt ist – das neue Blockbuster-Produkt des Unternehmens. »Gut 1 450 000 Schweizer Haushalte schauen inzwischen TV über uns, und es kommen jede Woche mehrere Tausend neue Kunden hinzu«, freut sich Fregelius. Details zu den Umsätzen gibt das Unternehmen nicht bekannt. Wenn man jedoch die Anzahl der TV-Kunden aus dem Geschäftsbericht mit dem durchschnittlichen TV-2.0-Preis verrechnet, scheint das Unternehmen mindestens einen zusätzlichen Umsatz von 400 Millionen Schweizer Franken zu erreichen. All die DSL-Kunden, die wegen TV 2.0 bei der Swisscom blieben oder aber zur Swisscom wechselten und daher zusätzliche Umsätze generieren, sind da noch nicht eingerechnet.

»Die ersten sechs Monate in unserer Projektphase sind wir tatsächlich kaum vorangekommen«, erinnert sich Fregelius. »Die harte Rückmeldung unserer damaligen Geschäftsleitung war vollkommen gerechtfertigt. Hätten wir so weitergemacht wie bisher, wären wir Jahre später noch nicht fertig gewesen.« Das neue Team musste in Hochgeschwindigkeit

Ergebnisse liefern, arbeitete jedoch nach den tradierten, alten Prozessen. »Früher war es so, dass ein Produktmanager Studien durchgeführt hat, dann ein 100-Seiten-Dokument entwarf und das an die IT-Kollegen gab«, erklärt Fregelius. »Durch die unregelmäßige Kommunikation konnte es dann zu Fehlinterpretationen kommen. Die IT hat ein Produkt eingekauft und integriert. Sechs Monate später bekam der Produktmanager dann einen ersten Einblick in den Stand der von ihm geplanten Arbeit. Dabei hat er festgestellt, dass er einige wichtige Aspekte nicht bedacht hatte, und so hat er die Spezifikationen angepasst. Weitere drei Monate später erhielt er dann eine 1.0-Version seiner Vorstellungen und musste nochmal fünf weitere Runden drehen, bis das Produkt endlich marktreif war.«

Bei dem Zeitdruck von TV 2.0 und dem Konzernleitungs-Feedback war es nötig, andere Wege zu gehen. Simon Berg, Mitglied des TV-2.0-Teams, wurde zu einer Schlüsselfigur. »Simon hatte sich glücklicherweise bereits viel mit agilen Planungs- und Arbeitsmethoden beschäftigt. Durch ihn haben wir einen Weg gefunden, unsere Arbeitsweise komplett zu überdenken«, berichtet Fregelius.

»Ich habe mich schon immer für Arbeitsprozesse interessiert«, erzählt Berg. »Wir wussten auch, dass ein Mitbewerber ein neues TV-Angebot vorbereitete, wussten aber nicht, wie das Produkt aussehen würde. Aber wir befürchteten, dass das Konkurrenzprodukt früher auf dem Markt sein würde und uns zum flexiblen Reagieren zwingen könnte. Wir konnten also keinen großen Plan machen, sondern mussten schnell und iterativ vorgehen.«

Berg begann sich im Internet in viele Dinge einzulesen. Auf der Suche nach Antworten hatte er immer wieder Aha-Momente. »Als ich begann, mich mit SAFe (Scaled Agile Framework) auseinanderzusetzen, war das so, als hätte sich mein Kopf um 180 Grad gedreht. Und das mehrmals. Eine der bedeutendsten Erkenntnisse war für mich, dass wir mit einem neuen Menschenbild führen mussten – nämlich dem Bild, dass Menschen sich gerne einbringen und ihren Beitrag leisten wollen!« Fregelius ergänzt: »Ich habe Simons Input zu unseren Prozessen und Strukturen nicht nur sehr geschätzt, sondern ihn oft wie einen internen Coach erlebt. Er sprach mit den verschiedensten Teams und sorgte dafür, dass jeder die Antworten zu der Art der Zusammenarbeit bekam, die er brauchte, um weiter voranzukommen.« Christoph Burri, der die technische Integration leitete, erinnert sich: »Simon hat uns damals methodisch sehr vorangetrieben. Er ist zudem jemand, der kaum Probleme sieht und sehr gut mit Menschen sprechen kann.«

Das TV-2.0-Projekt war zu Beginn streng geheim. Das jung gebildete Team saß abgeschottet vom Rest der Organisation in einem abgelegenen Gebäude der Swisscom in Zürich – zufälligerweise nur wenige hundert Meter von seinem Wettbewerber UPC Cablecom entfernt. Genau dem Unternehmen, welches der Swisscom in der Vergangenheit viele DSL-Kunden abgenommen hatte, weil es sie für Kabel-Internetanschlüsse begeistern konnte. Und dem Unternehmen, dem die Swisscom in Zukunft durch TV 2.0 wiederum vieler seiner Kabel-TV-Kunden abnehmen würde.

Swisscoms Vorgänger Bluewin TV lief noch auf verschiedenen technischen Plattformen: Hatte ein Kunde einen Film auf dem Handy begonnen und wollte diesen nun auf Fernseher oder Computer weitersehen, musste er ihn neu suchen, neu starten und dann zu der Stelle vorspulen, an der er auf dem Handy gestoppt hatte. Als TV 2.0 im Jahr 2014 auf den Markt kam, war es europaweit das erste komplett konvergente Produkt. Der Kunde konnte am Handy, dem Tablett, der Set-Top-Box oder dem Computer beginnen und dann nahtlos auf einem der anderen Geräte weiterschauen. Die alten Bluewin Set-Top-Boxen hatten noch integrierte Festplattenrekorder. »Wenn ein Kunde einen Film aufgenommen hat, war ein Teil der DSL-Leitung dadurch blockiert«, erinnert sich Geri Müller, der seit 23 Jahren im Unternehmen ist und bereits Bluewin TV begleitet hat. War eine dieser alten Set-Top-Boxen defekt, gingen auch die darauf gespeicherten Filme des Festplattenrekorders verloren. TV 2.0 hingegen sichert alle Aufnahmen zentral in der Swissom Cloud, sodass der Kunde die »aufgenommenen« Sendungen von jedem Gerät aus abrufen kann.

Während bei klassischen Telefonie-Produkten fertige Lösungen von Unternehmen wie Ericsson oder Huawei eingekauft werden, entschied sich das Managementteam bewusst für einen anderen Weg. Das alte Bluewin TV basierte noch auf einer Microsoft-Technologie. Doch für TV 2.0 entwickelte die Swisscom sowohl die Hardware als auch die Software selbst. »Durch die Eigenentwicklung waren wir viel flexibler«, erklärt uns Geri Müller. »Als wir nach dem Start von TV 2.0 irgendwann merkten, wie schnell Netflix populär wurde, haben wir intern anders priorisiert. Nach weniger als drei Monaten hatten wir die Netflix-App komplett in unserem TV-Angebot integriert und zertifiziert. Mit einem externen Zulieferer hätte das mindestens ein Jahr gedauert.« Fregelius fügt dem hinzu: »Die gesamte Eigenentwicklung verschaffte uns noch einen weiteren Vorteil: Unsere Mitbewerber konnten nicht einfach unser Produkt nachkaufen. Das half, uns noch mehr vom Markt abzuheben.«

Zu der hohen Geschwindigkeit, mit der das Produkt auf den Markt gebracht werden sollte, gesellte sich also eine Komplexität und Entwicklungstiefe, wie die Swisscom sie zuvor noch nicht erlebt hatte. Nach den ersten »verlorenen« sechs Monaten hatte das TV-2.0-Team zu agileren Arbeitsmethoden gewechselt – und stieß ständig an neue Grenzen. »Viele von uns kannten zwar bereits die agile Methode Scrum, aber was wir jetzt erlebten, war nochmal eine ganz andere Dimension. Für jedes Problem, das wir in der Projektorganisation hatten, fand Simon in SAFe eine Antwort für uns«, erinnert sich Fregelius. »Ich habe damals alles wie ein Schwamm aufgesogen, was ich finden konnte«, reflektiert Berg. »Während sich meine Kollegen hauptsächlich auf Design und Umsetzung von TV 2.0 fokussierten, kümmerte ich mich sehr oft um das Design unserer Zusammenarbeit.«

Durch die hohe Geheimhaltung und den Zeitdruck war das TV-2.0-Team komplett aus den klassischen Organisationsstrukturen herausgelöst. Das erhöhte zusätzlich die Notwendigkeit, den ohnehin großen Bedarf an Kommunikation an den Rest der Organisation in die richtigen Hände zu legen. Als die Entwicklung so weit fortgeschritten war, dass das Produkt an die »Umsysteme« wie Customer Care, Bestellsysteme, Billing und das IT-Netz angedockt werden konnte, wurden Stefan Grund, Geri Müller und Christoph Burri ausgewählt. Sie wurden die Hauptschnittstelle zwischen dem TV-2.0-Team und dem Rest der Organisation. »Die drei haben zum einen – ähnlich wie Simon – ein hohes technisches Verständnis und zum anderen exzellente kommunikative Fähigkeiten«, sagt Peter Fregelius. Geri Müller erklärt die Herausforderung: »Kurz nachdem unsere hohe Geheimhaltung aufgehoben wurde und wir mit den Kollegen in Kontakt kamen, war das so, als prallten zwei Welten aufeinander.« Die hohe Agilität, mit der das Team arbeitete, musste von den anderen Abteilungen erst einmal verdaut werden. Insbesondere der IT-Bereich musste seinen Drei-Monats-Vorlauf auf einen Ein-Monats-Vorlauf verkürzen. Zusätzlich zu dem Team der Produktentwicklung, das schon seit einiger Zeit tief mit TV 2.0 vertraut war, wurde nun eine weitere Arbeitsgruppe gegründet: das Integrationsteam. Geleitet von Geri Müller hatte es die

Aufgabe, den Transfer und die Anbindung an den Rest der Organisation umzusetzen.

Swisscom betreibt in der Schweiz 120 Shops mit mehreren tausend Customer-Care-Mitarbeitenden. All diese Menschen mussten innerhalb weniger Monate ein Produkt verstehen, das vor der gesamten Organisation bisher geheimgehalten wurde und das zudem auch noch recht komplex zu erklären ist.

Anbei einige der Details über Swisscom TV 2.0: Mehr als 250 TV-Kanäle sind für sieben Tage rückwirkend voll verfügbar. Gefällt einem Kunden eine Sendung besonders gut, muss er sie nur markieren und sie wird in der Cloud für ihn gespeichert – er kann sie dann jederzeit per Handy, Tablett, Computer oder Set-Top-Box abrufen. Alle Kanäle kann er in der Schweiz jederzeit empfangen. Im Ausland sind viele Kanäle aus lizenzrechtlichen Gründen für den Swisscom-Kunden als Stream nicht verfügbar. Hat er jedoch einen Film zuvor in der Cloud aufgenommen, gilt das als persönliche Kopie, und er darf ihn sehen. Ist ein TV-2.0-Kunde beispielsweise im Urlaub in Australien, darf er den Fernsehsender mit dem James-Bond-Film nicht live anschauen. Markiert er den Film jedoch zur Aufnahme, kann er ihn danach jederzeit *on demand* streamen.

»Alles das mussten wir in sehr kurzer Zeit unseren Kollegen vermitteln«, erinnert sich Müller. Er hatte daher in sein Integrationsteam Menschen aus den Touchpoints (Shops, Customer Care), Marketing, Quality Engineering aber auch dem IT-Bereich eingeladen. Durch die hohe Agilität des neuen Produkts waren neben der IT auch andere Abteilungen gefordert. »Wir mussten eine langangelegte Marketing-Kampagne stoppen, da die Produktentwicklung plötzlich in eine andere Richtung ging und wir das, was die Marketing-Kollegen bewerben wollten, nicht rechtzeitig fertigstellen konnten«, erinnert sich Müller.

»Geri hat die ganze Zeit sehr offen mit uns kommuniziert«, erzählt Florian Birchmeier, der im Integrationsteam den Marketingbereich repräsentierte. Für uns bedeutete das, eine Millionen-Kampagne nicht durchführen zu können und mehrere tausend Mitarbeitende in den Touchpoints zu einem anderen Zeitpunkt zu schulen, als wir vorgesehen hatten.« Birchmeier und seine Kollegen waren jedoch vorbereitet und hatten drei verschiedene Kommunikationsszenarien geplant. »Wir hatten sogar einen Plan, was wir tun würden, wenn wir am Tag vor dem Launch ein No-Go von den Entwicklern bekommen hätten«, erzählt er. »Es war ein komplettes Umlernen für uns. Doch so ist es nun mal bei agilen Produktentwicklungen. Der Schlüssel, warum das alles trotzdem gut ging, war Geris absolute Transparenz uns gegenüber.«

Simon Berg erzählt: »Geri ist keiner dieser ›grumpy‹ Projektleiter, er ist sehr nah an den Menschen dran.« Um das neue Produkt schnell in die Organisation zu tragen, hat Müller TV 2.0 einer Gruppe von »friendly Usern«, also Nutzern aus dem eigenen Unternehmen, zur Verfügung gestellt. »Dadurch erhalten diese ein tiefes Verständnis für das Produkt. Das Feedback, das diese Menschen mir geben, nehmen wir wiederum mit in unser Projektteam und werten es dort aus.«

»Christoph Burri war damals unverzichtbar«, meint Simon Berg. »Er hat auf technischer Ebene unglaublich viel orchestriert, er hat die vielen Abhängigkeiten, die es zwischen allen Mitspielern gab, für uns zusammengefasst.« Burri ist seit über 15 Jahren im Unternehmen und kennt die bisherige Art der Zusammenarbeit. »Normalerweise einigt man sich Monate, teils Jahre im Voraus auf verbindliche Termine«, erzählt er. »Das ist bei unserer agilen Arbeitsweise jedoch nicht möglich. Zudem haben wir auch nicht die umfangreiche Dokumentation, die unsere Kollegen gewohnt sind. Ich bin durchschnittlich mit 20 bis 30 Personen regelmäßig im Austausch – und ich meine keinen Mail-Austausch, sondern den persönlichen Kontakt. Anders wäre es nicht möglich, die Akzeptanz aus der Organisation für unsere Art der Arbeit zu bekommen.« Burri gelang es, dadurch gute Beziehungen zu Menschen in Multiplikatoren- und Schlüsselpositionen aufzubauen, die ihm und dem TV-2.0-Team halfen, indem sie in ihrem Wirkungskreis wiederum Unterstützer aufbauten. Er selbst beschreibt zwar Geri Müller als den besseren Kommunikator – doch während wir mit ihm sprechen, redet er eine Stunde am Stück, und wir müssen nur noch die Richtung seines Redeflusses steuern. (»Ich bin sehr begeistert für das, was wir hier tun!«) Und noch etwas fällt uns auf: Wann immer wir nach Problemen fragen, antwortet Burri in Lösungen.

»Dass wir mit TV 2.0 erfolgreich sind, hat die gesamte Organisation gesehen«, erzählt Head of TV, Peter Fregelius. »Doch was mich besonders freut: Die Aufmerksamkeit für unsere Art der Zusammenarbeit steigt gerade.« Simon Berg hat inzwischen vor über 1 500 Kollegen über SAFe, die Strukturen und Prozesse hinter TV 2.0 gesprochen. »Im Schnitt werde ich im Monat sechs Mal zu anderen Teams eingeladen«, erzählt Berg. Er hat zwar inzwischen das Kernteam verlassen und ist in die IT gewechselt. Doch von dort aus verantwortet er den Betrieb von TV 2.0 und anderen Produkten. Selbst der Swisscom-Aufsichtsrat hat ihn eingeladen, um zu verstehen, was in dem 80-Mann-Team geschehen ist. »Nach meinem Vortrag meinte der Verwaltungsrats-Präsident zu mir: ›Dieses Modell ist sicher sehr motivierend für die Mitarbeitenden, oder?‹«, erinnert sich Berg. »Seine Erkenntnis war sehr interessant, denn ich hatte das Wort Motivation niemals genutzt.«

Inzwischen ist eine Grundsatzentscheidung gefallen: Die agile Form der Zusammenarbeit wurde in einem ersten Schritt in einen Teil der IT-Organisation ausgerollt. »Wir haben 1 600 Menschen trainiert, die inzwischen auch begonnen haben, agil zu arbeiten«, erzählt Berg. Inzwischen wird in verschiedensten Unternehmensteilen mit SAFe, aber auch mit anderen agilen Methoden gearbeitet. »Ich hoffe, dass die Kollegen – gerade in Führungspositionen – verstehen, dass es nicht nur ein neues Toolset ist, sondern dass es hier auch um ein neues Menschenbild geht!«

Biologisch sind wir auf Zusammenarbeit ausgerichtet

»Mein Rollenmodell für die Zusammenarbeit in Unternehmen sind die Beatles. Sie glichen sich gegenseitig aus und das Ganze war größer als die Anzahl der Einzelteile. So sehe ich Unternehmen: Großartige Dinge entstehen niemals durch eine Einzelperson, sondern durch eine Gruppe von Menschen.«

Steve Jobs

»Die Ergebnisse haben uns überrascht – wir hätten eigentlich das Gegenteil erwartet«, erzählt das Forscherteam um James K. Rilling von der Princeton University. In einer der ersten Studien überhaupt, die die funktionelle Magnetresonanztomografie zur Untersuchung des Gehirns während sozialer Interaktionen nutzten, hatten die Wissenschaftler im Jahr 2002 herausgefunden: Unser Hirn ist wie dafür geschaffen, dass wir miteinander kooperieren.

Rilling und sein Team nutzen für ihre Experimente eine weiterentwickelte Form des sogenannten Gefangenen-Dilemmas, ein mathematisches Rätsel aus der Spieltheorie. Die ursprüngliche Form funktioniert so: Stellen Sie sich vor, zwei Diebe werden von der Polizei geschnappt. Man verhört sie in getrennten Räumen. Beide Täter wissen: Wenn sie gestehen, erhalten sie jeweils vier Jahre Haft. Schweigen beide zu der Tat, erhalten sie jeweils zwei Jahre. Schweigt jedoch nur einer der beiden, während der andere gesteht, erhält Letzterer einen Kronzeugen-Deal: Er bekommt nur ein Jahr Haft, sein schweigender Komplize muss hingegen für sechs Jahre ins Gefängnis. Im Gesamtergebnis wäre es besser, wenn beide schweigen. Das Dilemma der Situation ist: Die Gefangenen können nicht miteinander sprechen. Sie wissen nicht, wie der andere sich entscheidet. Kann sich der eine darauf verlassen, dass der andere schweigt?

Die vom Princeton-Wissenschaftler Rilling weiterentwickelte Form funktionierte so: Zwei Menschen, die nicht miteinander kommunizieren können, haben 20 Runden lang immer wieder aufs Neue die Möglichkeit zu entscheiden: »Ich kooperiere mit dem anderen« oder »Ich hintergehe den anderen«. Mehr mussten sie pro Runde nicht tun, als diese Entscheidung zu treffen. Wollen beide in einer Runde kooperieren, erhalten sie jeweils 2 Dollar. Entscheiden sich beide, den anderen zu hintergehen, erhalten sie jeder nur 1 Dollar. Entscheidet sich jedoch einer für Kooperation und der andere dagegen, dann erhält Letzterer 3 Dollar, der Kooperationswillige jedoch kein Geld. Keiner von beiden weiß jedoch, welche Wahl die andere Person treffen wird – genauso, wie die beiden Täter, die von der Polizei verhört werden.

Rilling erklärte jedem Teilnehmenden zuvor das Spiel im Detail. Er erläuterte auch, dass eine durchgehende Kooperation zu 40 Dollar pro Teilnehmenden führen könnte, ein ständiges Hintergehen hingegen nur 20 Dollar einbringen würde. In dem unwahrscheinlichen Fall, dass ein Teilnehmender in allen 20 Runden die Kooperation wählt, während der andere sich für das Hintergehen entscheidet, würde Letzterer 60 Dollar erhalten. Die Teilnehmenden durften sich vor dem Spiel noch kurz kennenlernen und die Hand schütteln, dann wurden sie in separate Räume gebracht. Einer der Teilnehmenden lag in einem funktionellen Magnetresonanztomografen, sodass sein Gehirn während des Spiels untersucht werden konnte. Zwanzig Runden lang schauten die Wissenschaftler auf die neuronale Aktivität des Probanden – dann, wenn er und sein Mitspieler sich gegenseitig hintergingen, dann, wenn er unerwidert Kooperationsbereitschaft zeigte, dann, wenn er den anderen übertrumpfte und besonders viel Geld verdiente, und auch dann, wenn beide Parteien miteinander kooperierten. Von den 36 teilnehmenden Personen schaffte es kein Paar, durchgehend zu kooperieren und die 40 Dollar pro Person zu erwirtschaften. Die durchschnittlichen Einnahmen lagen bei etwas über 30 Dollar. Immer wieder hauten sich die Menschen gegenseitig übers Ohr. Manche der Personen, die nicht in dem Hirnscanner lagen, waren von den Wissenschaftlern systematisch instruiert worden, den anderen immer wieder zu hintergehen.

Das Forscherteam nahm während des Spiels eine Aktivität des ventralen Striatums wahr. Sie kennen diese neuronale Struktur bereits aus dem Kapitel »Würdigung – Menschen wollen gesehen werden«, als es um Fairness ging. Die Aktivierung dieser Hirnregion (sie wird auch als »Streifenkörper« bezeichnet, denn tatsächlich ist sie grau-weiß gestreift) führte auch zu einer Erregung des Nucleus accumbens. Wenn diese Hirnregion aktiv wird, wird es richtig interessant: Sie ist Teil des Belohnungssystems und wird bisweilen auch als »G-Punkt des Gehirns« beschrieben. Auch wenn die meisten Wissenschaftler diese Bezeichnung wohl nicht nutzen würden, hilft sie doch zu verstehen, worum es geht: Wird der Nucleus accumbens aktiv, fühlt sich das gut an.

Was die Forscher während der beobachtbaren neuronalen Aktivitäten in allen vier Spielkonstellationen besonders überraschte: Die höchste Aktivität des Belohnungszentrums fand nicht etwa dann statt, wenn ein Teilnehmender den anderen übervorteilt hatte und den höchsten Gewinn – also die 3 Dollar pro Runde – mitnehmen konnte. Besonders aktiv war das Striatum genau dann, wenn beide Probanden sich für Kooperation entschieden.

Die Befragung der Teilnehmenden bestärkte die Ergebnisse der Hirnscans: Die Kooperation war in der Wahrnehmung der Probanden die befriedigendste Situation. Hatte ein Teilnehmender einen anderen übervorteilt und dadurch mehr Geld verdient, entstand eher das Gefühl von Schuld oder die Befürchtung, die Beziehung könnte sich destabilisieren – und das, obwohl die Personen einander kaum kannten.

Dieses Muster zeigte sich jedoch nur, wenn die Teilnehmenden mit einem anderen Menschen spielten. In einem weiteren Experiment hatten die Wissenschaftler die Probanden gegen einen Computer antreten lassen. Wenn in diesem zweiten Experiment eine Kooperation zwischen beiden Parteien stattfand, blieb die Aktivierung des ventralen Striatums und des Nucleus accumbens aus. Bei der Zusammenarbeit mit dem Computer entstand keinerlei Glücksgefühl. Es musste schon ein anderes Lebewesen sein.

Die Erkenntnis: Wenn Menschen miteinander kooperieren, wird in ihrem Gehirn das Belohnungssystem aktiviert.

Eigentlich wollen wir Freunde sein

Die elf Jungen stürmten in die Hütte, rissen Vorhänge herunter und kippten Betten um. Dann stahlen sie die hart umkämpften Trophäen, die ihnen vorher entgangen waren. Als sie kurz darauf auf die Bewohner trafen – Jungen gleichen Alters –, wurde der Wettkampf zum Faustkampf. Nur das beherzte Eingreifen der Betreuer konnte die körperliche Konfrontation beenden. Die Elf- und Zwölfjährigen glaubten, in einem normalen Ferienlager zu sein. Sie waren jedoch Teil eines Forschungsprojekts, das Harvard-Professor Roger Brown später als »die erfolgreichste Feldstudie, die jemals zu Gruppenkonflikten durchgeführt wurde« bezeichnete.

Sommer 1954 im Robbers Cave State Park, Oklahoma. Der Sozialpsychologe Muzafer Sherif beginnt ein zweiwöchiges Experiment mit 22 Jungen. Alle sind weiß, stammen aus der Mittelschicht, haben die gleiche Konfession, kennen einander nicht und haben im Grunde keinen Anlass für einen Konflikt.

Als die zwei Gruppen separat in einer stundenlangen Fahrt mit einem Schulbus anreisen, wissen sie noch nichts voneinander. Den Kindern ist nicht bewusst, dass sie in den kommenden Tagen massiv manipuliert werden sollen. Selbst die Eltern sind nur ansatzweise oder gar nicht über die Studie informiert. Sie sind gebeten worden, möglichst selten Kontakt zu ihren Kindern aufzunehmen – bereits das ist ungewöhnlich für ein Ferienlager. In einer ersten Phase geben die Wissenschaftler den Kindern etwas Zeit, um in ihrer eigenen Gruppe als Team zusammenzuwachsen. Die Jungen entwickeln gemeinsame Rituale, geben sich selbst einen Gruppennamen und bestimmen einen Anführer.

Phase 2 beginnt: Die beiden Gruppen lernen sich gegenseitig kennen. Sie werden innerhalb weniger Tage mehrfach gegeneinander antreten: dreimal Tauziehen, drei Baseball- und ein Fußballspiel, sowie ein Wettbewerb im Zelte aufbauen. Zudem gibt es eine Schatzsuche und mehrere Inspektionen der Hütten – Ereignisse, bei denen die Betreuer die Möglichkeit haben, die beiden Gruppen durch eigenmächtige und manipulative Bewertungen gegeneinander auszuspielen. Dadurch wähnen sich die Jungen in einem ständigen Kopf-an-Kopf-Rennen. Ein ehemaliger Teilnehmender wird viele Jahre später berichten: »Jedes Mal, wenn wir in den Essenssaal kamen, wurde uns Kindern der große Gewinn am Ende des Gesamtwettbewerbs schmackhaft gemacht: Ein Klappmesser für jeden aus der Gewinnergruppe. Und glauben Sie mir: Ich wollte dieses Messer unbedingt haben!«

Sherif schüttet weiteres Öl ins Feuer, indem er eine der beiden Gruppe zu spät zu einem gemeinsamen Picknick bringen lässt, während die andere Gruppe das vorbereitete Essen alleine aufisst. Sofort beginnen die gegenseitigen Beschimpfungen und Drohungen. »Wir waren angewiesen worden, dass wir die Frustration und die Rivalität zwischen den Gruppen immer weiter anstacheln sollten«, wird einer der Betreuer später berichten. Sherif will innerhalb weniger Tage größtmögliche Feindschaft entstehen lassen. Und tatsächlich: Eine der Gruppen stiehlt die Fahne der Kontrahenten. Danach beginnt die Gewaltspirale zu rotieren: Ein Klavier wird zerstört. »Keep off«, steht auf einem Schild, das eine der Gruppen auf dem Baseball-Feld installiert hat – nur sie alleine will dort trainieren. Während eines Baseballspiels wird ein Junge so brutal umgerannt, dass er bewusstlos in ein Krankenhaus eingeliefert werden muss.

Als das große Endspiel ansteht, stellen die Forscher die Gewinnertrophäe, die Medaillen und Klappmesser, prominent aus. Trostpreise für den zweiten Platz werden bewusst nicht vergeben. Es kommt, wie es kommen musste: Die Gewinner küssen am Ende des Wettbewerbs ihre Medaillen und verhöhnen die andere Gruppe. Kurz darauf eskaliert die Situation. Die Verlierergruppe überfällt die Hütte der Gegner.

Nun beginnt die Phase 3 des Experiments: die Versöhnung. Doch der Verzicht auf Wettbewerbe ist dafür nicht ausreichend, bemerken die Wissenschaftler schnell. Sie müssen bewusst Situationen kreieren, die die Kinder dazu veranlassen, miteinander als großes Team zu arbeiten. Einmal bleibt der Lastwagen, der das Essen anliefert, im Schlamm stecken. Nur gemeinsam können die Jungen ihn befreien. Ein andermal ist die Wasserzufuhr plötzlich unterbrochen, und ausschließlich mit gemeinschaftlichen Anstrengung ist das Problem zu lösen. Für einen gemeinsamen Kino-Abend müssen beide Gruppen ihre Ersparnisse zusammenlegen. Und tatsächlich: Innerhalb weniger Tage sind alle Rivalitäten verschwunden. Als nach zwei Wochen das »Ferienlager« zu Ende ist, wollen die Kinder unbedingt gemeinsam im gleichen Bus zurückfahren. Nachdem die Verknappung verschwunden war (»Klappmesser gibt es nur für eine Gruppe!«), brauchte es nur gemeinsame Aufgaben und gemeinsame Ziele, damit innerhalb kürzester Zeit aus den Feinden Freunde wurden.

Ein vielsagendes Detail aber ließ Sherif in seinem ursprünglichen Aufsatz über die Studie unerwähnt. Erst vor wenigen Jahren kam es in einem Interview mit einem der damaligen Betreuer ans Licht: Bereits in der zweiten Phase war der tiefe Impuls der Zusammenarbeit immer wieder mal aufgeflammt. »Wir hatten die Kleidung der einen Gruppe zusammengeknotet und sie glauben lassen, dass es die andere Gruppe war«, erzählt der betagte Mann. »Wir wollten, dass der Konflikt weiter anschwillt. Doch die jungen Menschen ließen sich nicht ohne weiteres mitreißen. Gemeinsam wollten beide Gruppen herausfinden, was geschehen war, und den anderen helfen, die Unordnung wieder aufzuräumen.«

Verbundenheit – Ein neurobiologisches Primärbedürfnis

Der Impuls der Robbers-Cave-Jungen zur Zusammenarbeit und auch die Aktivierung unseres Belohnungssystems bei einer Kooperation basieren auf einem tief in uns verankerten neurobiologischen Grundbedürfnis: dem Bedürfnis nach Verbundenheit und Zugehörigkeit.

Bereits in den ersten Monaten unseres Lebens haben wir die Erfahrung von ständiger Verbundenheit gemacht: Im Bauch unserer Mutter waren wir rund um die Uhr durch die Nabelschnur mit ihr verbunden. Wir spürten ihren Herzschlag und hörten ihre Stimme, sobald wir Ohren hatten. Nachdem unsere Arme und Beine ausreichend gewachsen waren, um sie ausstrecken zu können, bemerkten wir: Da ist jemand.

Verbundenheit lässt das Gehirn wachsen: Wenn Babys nach der Geburt diese Verbundenheit weiterhin intensiv erleben, hat das einen messbaren Einfluss auf die Entwicklung ihres Gehirns: Forscher der Washington University School of Medicine in St. Louis untersuchten dazu 92 Kinder im Vorschulalter. Die Wissenschaftler trafen sich vier bis sechs Mal mit den Kindern und deren Eltern – meist waren es die Mütter – und beobachteten die Interaktion zwischen ihnen. Eine der Aufgaben: Die Kinder sahen ein Geschenk in Reichweite, doch sie mussten acht Minuten lang warten, bevor sie es öffnen durften. Während dieser Zeit beschäftigten sich manche der Eltern mit sich selbst. Andere dagegen waren dem Kind sehr zugewandt und halfen ihm, die Spannung auszuhalten. Als die Wissenschaftler von den Kindern später Hirnscans machten, war das Ergebnis beeindruckend eindeutig: Kinder, die von ihren Eltern Zuwendung und Verbundenheit erlebten, hatten einen um 10 Prozent größeren Hippocampus. Sie kennen diese Hirnregion bereits aus dem Kapitel »Das rechte Maß – Die Energie für den Wandel«. Der Hippocampus ist der Bibliothekar und die Nervenzellfabrik in unserem Kopf.

Verbundenheit hält uns gesund: Die messbare Auswirkung von Verbundenheit begleitet uns ein Leben lang: »Ich bin der vierte Leiter dieser Studie«, erzählt Professor Robert Waldinger von der Harvard Medical School. Einige der früheren Leiter sind bereits verstorben, denn die Forschungsarbeit läuft seit dem Jahr 1938. Bis heute gilt sie als längste jemals durchgeführte Studie über das Leben erwachsener Menschen. Als Teilnehmende wurden damals Harvard-Absolventen wie auch Menschen aus einem Armenviertel in Boston ausgewählt. Insgesamt 724 Männer wurden seitdem einmal pro Jahr befragt, ihre Krankenakten wurden eingesehen, man nahm ihnen Blut ab und untersuchte ihr Gehirn. 60 von ihnen leben noch und sind inzwischen über 90 Jahre alt – und die Harvard-Forscher treffen sie weiterhin jedes Jahr. Aus diesem gigantischen Datensatz destilliert

Waldinger Folgendes heraus: »Die wichtigste Botschaft, die wir nach 75 Jahren Forschung aus der Studie erhalten: Gute Beziehungen machen uns glücklicher und gesünder.« Die Erfahrung von Einsamkeit dagegen sei giftig, fährt er fort. Die Gesundheit der einsamen Teilnehmenden verschlechterte sich in der Lebensmitte deutlich. Ihr Gehirn funktionierte nicht mehr so gut, und sie starben früher.

Wenn Menschen beruflich die Verbundenheit fehlt, verlassen sie das Unternehmen: Wenn das neurobiologische Grundbedürfnis nach Verbundenheit fehlt, lassen sich gerade im beruflichen Umfeld die Auswirkungen schnell erkennen: Sandra Robinson, Professorin für Organizational Behaviour an der University of British Columbia, Vancouver, hat sich mit dem Gegenteil von Verbundenheit beschäftigt: mit der Ausgrenzung.

»Was ist schlimmer: Wenn Menschen ausgegrenzt oder wenn sie schikaniert werden?«, wollte das kanadische Forscherteam von 100 Teilnehmenden wissen. Die Rückmeldungen der Befragten waren eindeutig: »Jemanden auszugrenzen wurde von den Teilnehmenden als sozial akzeptierter benannt als Schikane«, berichtet Robinson.

In einer weiteren, umfangreicheren Umfrage wurde bei 1 300 Menschen deren persönliche Erfahrung mit Ausgrenzung oder Schikane im Arbeitsumfeld untersucht. Das Ergebnis: Oberflächlich betrachtet erscheinen Verhaltensweisen wie Herabsetzung, Demütigung oder Erniedrigung bedrohlicher als Ausgrenzung und Ignoranz. Letzteres findet jedoch deutlich öfter statt. »Wenn man alleine in der Kantine sitzt, wenn die Kollegen aufhören zu sprechen, sobald man in die Kaffeeküche kommt – das alles sind Formen der Ausgrenzung«, sagt Robinson. Die Teilnehmenden der Studie assoziierten Ausgrenzung mit dem Gefühl mangelnder Zugehörigkeit und Verbundenheit. Die Auswirkung der fehlenden Verbundenheit war bedeutend größer als die, schikaniert zu werden: Die Teilnehmenden berichteten häufiger von gesundheitlichen Problemen. Sie waren deutlich weniger engagiert bei der Arbeit, und sie dachten häufiger über einen Jobwechsel nach. Als ein weiteres Forscherteam drei Jahre später die 1 300 Teilnehmenden aus Robinsons Studie noch einmal anschrieb, bestätigte sich das: Ein Großteil der Menschen, die sich ausgegrenzt gefühlt hatten, hatte inzwischen den Arbeitsplatz gewechselt.

Erleben Menschen jedoch Verbundenheit, beginnt ihr Gehirn einen ganz besonderen Botenstoff auszuschütten: Oxytocin, ein Bindungshormon. Dieser Botenstoff hat viele wunderbare Eigenschaften. Eine davon: Er beruhigt die Amygdala, den Gefahrenriecher im Gehirn, den Sie bereits aus den vorigen Kapiteln kennen. Wann immer ein Mensch mit einer echten Gefahr (beispielsweise wenn ein Auto mit hoher Geschwindigkeit auf ihn zurast) oder einer vermeintlichen Gefahr (wenn sich das Unternehmen in einem Change- oder Transformationsprozess befindet und er sich fragt, was mit seiner Position geschieht) konfrontiert ist, dann wird diese kleine mandelförmige Struktur aktiv. Sie bringt das Gehirn in Übererregung und verhindert den Zugriff auf die höheren geistigen Leistungen. Nimmt ein Mensch in diesen Phasen Verbundenheit wahr, beruhigt das dadurch ausgeschüttete Oxytocin die Amygdala und er erhält wieder mehr Zugriff auf seine höheren geistigen Leistungen.

Die Erkenntnis: Digital Transformation Coaches sind Katalysatoren für Verbundenheit und mehr Kooperation. Die Leistungen Einzelner und ganzer Teams können sich dadurch verbessern.

Ebner Verlag – Wissen nachhaltig nutzen

Im Juli 2017 hat sich auf der A9 in Oberfranken ein schweres Busunglück ereignet. Der Reporter eines großen Nachrichtensenders berichtet live von der Unfallstelle. »Nicht einmal professionelle Feuerwehrleute sind vor Ort, sondern nur freiwillige Hilfskräfte«, empört er sich vor Millionenpublikum. Der Fachjournalist Jan-Erik Hegemann ist verärgert über den Kollegen aus dem anderen Medienhaus. »Wir haben 1,3 Millionen Einsatzkräfte aller Feuerwehren in Deutschland. Alle haben die gleiche Ausbildung, doch nur rund 60 000 von ihnen sind Berufsfeuerwehrleute. Der Rest gehört zur freiwilligen Feuerwehr. Mehr als 1,2 Millionen freiwillige Helfer bringen regelmäßig ohne Bezahlung ihr Leben in Gefahr, um das Leben anderer zu retten. Die Aussage des TV-Reporters kam bei diesen Menschen nicht gut an.«

Hegemann weiß, wovon er spricht. Vor über 22 Jahren hat er als Redakteur beim *Feuerwehrmagazin* begonnen. Heute ist er dort Chefredakteur. Er nennt sich mittlerweile auch »Zielgruppenmanager Blaulicht« beim Ulmer Ebner-Verlag, dem das Magazin gehört.

Als Hegemann die ungeschickte Wortwahl des TV-Reporters über seine digitalen Kanäle postet, bricht ein Shitstorm los. Schon in der nächsten Live-Übertragung entschuldigt sich der TV-Reporter öffentlich. Das kleine Nischenmagazin spielt die Klaviatur der digitalen Ansprache seiner Zielgruppe inzwischen so gut, dass ein großer TV-Sender nachbessern muss.

Die Jahre als reines Printunternehmen hat der Ebner Verlag in Ulm längst hinter sich. Heute bedient er sein Publikum auf allen digitalen Plattformen. Das 200 Jahre alte Familienunternehmen veröffentlicht 88 Special-Interest-Zeitschriften, betreibt 44 Onlineportale und 17 Onlineshops, in denen es über 4 500 Produkte anbietet. Zur Zielgruppe gehören unter anderem Uhrenliebhaber, Rettungskräfte, Augenoptiker, Steinmetze, Musiker oder Bühnentechniker.

Mit seiner Digitalisierungsstrategie ist der Verlag in den vergangenen Jahren deutlich gewachsen. Heute ist er an neun deutschen und elf internationalen Standorten vertreten. »Wenn wir auf unseren Webseiten über unsere E-Commerce-Widgets Produkte einblenden, passt die Botschaft so perfekt zum Inhalt, dass wir eine Conversion-Rate von bis zu 17 Prozent erreichen«, berichtet der CEO, Gerrit Klein. Anders gesagt: 17 von 100 Besuchern, die auf einem der 44 Onlineportale des schwäbischen Unternehmens auf eine interne Anzeige klicken, kaufen danach eines der Produkte, die Ebner im eigenen Shop anbietet. Vom digitalen Download selbst erstellter Inhalte bis hin zu eigenen Uhr-Editionen oder Feuerwehrdrohnen. Online-Conversion-Rates liegen für gewöhnlich bei einem Bruchteil davon.

»Heutzutage generieren wir je nach Verlagsbereich bereits 25 bis 50 Prozent unseres Umsatzes außerhalb des Verkaufs von Printmagazinen samt Printwerbung«, berichtet uns Dominik Grau, Chief Innovation Officer. Auslöser für den Wandel von einem Print- zu einem Multi-Channel-Medienhaus war im Jahr 2012 der Besuch auf der Content Marketing World in Cleveland, eine der größten Branchenmessen weltweit. Damals stellten die Schwaben erstaunt fest, als einziger Verlag und als einziges deutsches Team vor Ort zu sein. »Wir waren darüber erschrocken, dass klassische

Produzenten von Inhalten, wie wir es sind, nicht präsent waren. Dafür tummelten sich dort viele Fortune-500-Firmen, die sich für unseren Markt interessierten und ein Stück des Content-Kuchens abhaben wollten«, erinnert sich Grau. »Wir waren in einer wirtschaftlich starken Position, eigentlich bestand keine Notwendigkeit, irgendetwas bei uns infrage zu stellen. Der Blick in die Zukunft zeigte uns jedoch: Wir müssen uns verändern, um nicht von außen verändert zu werden.«

Die Gesellschafter ließen sich im Jahr 2012 von CEO Klein überzeugen, auf einen Teil ihrer Dividenden zu verzichten, um in die neue Ausrichtung zu investieren. Gemeinsam mit Dominik Grau und COO Martin Metzger entwickelte Klein eine Strategie, die inzwischen unter dem Namen »New Ebner« das gesamte Unternehmen auf den Kopf gestellt hat. »Ich nenne es nicht Transformation, sondern ›Anpassung an die Wirklichkeit‹«, erklärt Gerrit Klein.

»Im Zentrum unseres Denkens stand früher die Fachzeitschrift«, erzählt der CEO. »Das war viele Jahre auch der richtige Weg.« Dieser Fokus änderte sich, als sich Klein, Grau und Metzger während der Strategieentwicklung zu fragen begannen: »Wofür steht Ebner? Was ist eigentlich unser größtes Kapital?«. Der CEO erklärt: »Es ist ganz klar der Zugang zu sehr spezifischen Zielgruppen. Unsere Inhalte sind der Schlüssel, um diese Menschen zu erreichen.« Bei Präsentationen malt Klein gerne das Bild eines großen Rechtecks auf, das die Zielgruppe repräsentiert. Einen kleinen Teil des Rechtecks schraffiert er. »Das ist der Teil, den wir erreichen«. Den restlichen unmarkierten Bereich bezeichnet der CEO als die »weiße Zielgruppe«. Und es wird sofort klar, was er will – nämlich diesen Bereich auch schraffieren und die gesamte Zielgruppe »bestmöglich ansprechen«.

CEO Klein hat einen kurzen Animationsfilm parat, der ein weiteres Problem verdeutlichen soll: Zu sehen ist ein kleiner Delphin, der unter dem Wasser schwimmt, kurz aus dem Meer springt und dann wieder eintaucht. Der kurze Moment über Wasser repräsentiert die Sichtbarkeit der bisherigen Arbeit der Ebner-Mitarbeitenden. Sie recherchierten, fotografierten, schrieben, druckten – Kleins Liste ist noch deutlich länger – und veröffentlichten dann eine Fachzeitschrift. Der Sprung aus dem Wasser symbolisiert das Lesen eines Artikels in einer der Publikationen. Nach kurzer Zeit verschwindet das Heft jedoch in einem Schrank oder im Altpapier: Der Delphin tritt wieder ins Wasser ein. »Es ist eine unglaubliche Verschwendung von Energie«, sagt Klein. In seiner Animation beginnt der Delphin zu fliegen und bleibt konstant über der Wasseroberfläche. Das ist Ebners Strategie: Aufwendig produzierte Inhalte nachhaltig und langfristig auszuwerten. »Früher arbeiteten wir nach dem Motto ›print & forget‹«, erzählt er. Durch die New-Ebner-Strategie arbeitet das Unternehmen inzwischen mit der Haltung: »produce & market it«. Vieles hat sich dafür verändert: Anstatt in Produkten denkt man bei Ebner heute in Zielgruppen. Die Magazine *Gitarre & Bass*, *Keyboards*, *Soundrecording* und *Sticks* wurden beispielsweise in der Zielgruppe »Musical Instruments« zusammengefasst. Jede der insgesamt dreizehn Zielgruppen wird von einem Zielgruppenmanager geführt. Jan-Erik Hegemann ist einer von ihnen. Ganz neu geschaffen wurde die Rolle des Transaction Editors, der eng mit den Journalisten zusammenarbeitet und dafür Sorge trägt, dass die produzierten Inhalte bestmöglich über alle bestehenden und neuen digitalen Kanäle ausgewertet werden, und letztlich zum Verkauf in den eigenen Onlineshops führen. Ein in Deutschland bis dahin völlig unbekanntes Berufsbild.

»Transformation braucht Kommunikation«, sagt CIO Grau. Er ist seit Jahren fast täglich unterwegs, um die Mitarbeitenden an ihren verschiedenen Standorten zu treffen und mit ihnen über »New Ebner« zu sprechen. Zudem informiert ein »New Ebner«-Blog, der vor allem von den Teams, aber auch vom CEO mit Inhalten gefüllt wird, über bevorstehende Veränderungen. Doch für all das Tägliche, das Operative, für die vielen kleinen Fragen hat Ebner einen speziellen Bereich gegründet: die Abteilung Audience Development. »Ich erlebe dieses Team als Inkubator unserer Strategie«, erzählt Grau. »Sie sind für mich so etwas wie Berater und Coaches.« Der fünf Mitarbeitende umfassende Bereich erfüllt zwei wesentliche Funktionen für die Kollegen: Zum einen ist er eine zentrale Anlaufstelle für jeden Kollegen, der eine operative Frage zur Content-Neuausrichtung des Unternehmens hat. »Alle journalistischen Texte werden auf relevante Keywords optimiert, damit wir bessere Platzierungen bei Google erreichen«, erzählt uns Audience Developer Michael Hoffmann. »Meine Kollegen kommen dann beispielsweise mit der Frage, ob es einen Unterschied macht, wenn sie einen Bindestrich bei dem Keyword ›Feuerwehr-Geschenke‹ beziehungsweise ›Feuerwehrgeschenke‹ machen. Oder sie wundern sich, weshalb sich bestimmte Zugriffszahlen ändern. Wir finden die Antworten und erklären es ihnen.«

Pro Monat erreichen das Team mehrere Hundert dieser Anfragen. »Wir versuchen jede einzelne innerhalb von 24 Stunden zu beantworten«, sagt Hoffmanns Kollege Stefan Vogt. »Was ich so angenehm finde, ist die Begegnung auf Augenhöhe trotz des ständigen Wissensvorsprungs«, erzählt Jan-Erik Hegemann. »Wir haben in den Redaktionen gar nicht die Kapazität, uns in der Tiefe mit dem hochkomplexen, sich schnell verändernden digitalen Markt zu beschäftigen. Das Audience-Development-Team erspart uns extrem viel Zeit. Sie sind uns inhaltlich immer ein paar Nasenlängen voraus. Sie analysieren den Markt und vermitteln uns die Informationen, die für uns relevant sind.«

Hegemanns Kollegin Rosa Haroon ist eine der neuen Transaction Editoren. Sie arbeitet unter anderem für die Fachzeitschrift *Gitarre und Bass*. Ein Fokus ihrer Arbeit ist die bestmögliche Auswertung aller Inhalte über sämtliche verfügbaren Kanäle – sie hält den symbolischen Delphin am Fliegen. »Es ist mir gar nicht möglich, immer auf dem neuesten technischen Stand zu bleiben, wenn sich beispielsweise bei ›Google Trends‹ oder bei anderen Tools etwas geändert hat«, erzählt sie. »Ich weiß aber, dass ich mit Michael Hoffmann, Stefan Vogt und deren Kollegen so etwas wie hausinterne Berater habe, an die ich mich immer wenden kann, wenn ich Antworten brauche. Das ist fast schon ein Live-Coaching.«

Eine weitere Aufgabe der Abteilung ist die Schulung der Kollegen. »Viele Berufsbilder haben sich vollkommen verändert«, erzählt CIO Grau. »Den klassischen Journalisten gibt es bei uns nicht mehr. Ein halbes Dutzend Mitarbeitende sind daher auch abgewandert, weil sie kein Interesse an der neuen Art des Arbeitens hatten. Alle anderen wollen ihren neuen Job auf bestmögliche Weise machen.«

Manche Schulungen für die 400 Mitarbeitenden werden von externen Anbietern durchgeführt, gerade dann, wenn im Anschluss Zertifizierungen vergeben werden. Doch der größere Teil wird vom Audience-Development-Team oder anderen zentralen Teams selbst umgesetzt. Beispielsweise vermitteln sie ihren Kollegen aus den Redaktionen das Wissen für Video-Editing. »Idealerweise filmen unsere Mitarbeitenden jedes Interview mit ihrem Smartphone«, erzählt Gerrit Klein. Der Grund dafür: Ebner hat begonnen, alle Texte in sogenannte »Minimum Information Units«

(MIU) zu zerlegen. Wurde in der Vergangenheit ein längerer Fachartikel mit einem dazugehörigen Interview ausschließlich in einem Printmagazin veröffentlicht, schauen sich heute die Content- und Transaction-Editoren die Inhalte nochmal genauer an. Sie unterteilen sie in kleine Einheiten und veröffentlichen sie bestmöglich auf den verschiedenen Kanälen. Diese Kanäle sind in einer 22-Punkte-»Touchpoint-Matrix« aufgelistet. Webseite, Newsletter, Facebook, LinkedIn und Twitter sind nur einige davon. »Aus jedem Artikel lassen sich zehn bis zwölf MIUs erstellen, die wir dann über einen längeren Zeitraum auswerten können«, erzählt Klein. Die Fähigkeiten, die die Editoren für eine solche Mehrkanal-Verwertung brauchen, vermittelt ihnen das Audience-Development-Team. »In meinem Bereich sind es eher die Maschinen und Fahrzeuge, die wir filmen«, ergänzt Jan-Erik Hegemann. »Diese Videos sind in unserer Zielgruppe besonders beliebt. Da kann es vorkommen, dass ein einminütiges Video über einen brandneuen Feuerwehrwagen insgesamt 100 000 Minuten lang angesehen wird. Das sind für ein Nischenthema gigantisch hohe Zahlen!«.

Für jeden neuen Mitarbeitenden werden Welcome Days veranstaltet, an denen dieser unter anderem an Workshops mit seinen neuen Audience-Development-Kollegen teilnimmt. »Dort vermitteln wir beispielsweise die Grundlagen von Analyse- und Content-Marketingtools«, erzählt Michael Hoffmann. »Für die Optimierung von Content führen wir eigene Bootcamps durch«, ergänzt sein Kollege Stefan Vogt.

Für die schnell zu vermittelnden Inhalte bietet das Team Webinare an. »Diese 20 bis 30 Minuten kann man im Arbeitsalltag gut unterbringen«, sagt Vogt. Und Rosa Haroon meint dazu: »Das Gute an den Webinaren ist: Ich denke oft, dass ich alles verstanden habe. Aber wenn ich es dann anwenden will, fehlt mir doch eine bestimmte Info. In solchen Fällen brauche ich nur den Mitschnitt des Webinars aufrufen und zu der Stelle vorspulen, in der erklärt wird, was ich benötige.«

»Woher haben die Kollegen vom Audience Development die Fähigkeiten, die sie an die Kollegen vermitteln?«, wollen wir von Dominik Grau wissen. »Zum einen haben wir aus der Geschäftsleitung uns immer wieder mit ihnen zusammengesetzt, um unsere Anforderungen und unser Wissen zu vermitteln«, antwortet er. »Und wir lassen sie beständig extern ausbilden.«

»Wir zeigen den Journalisten auch, dass es hilfreich ist, sich bei der Arbeit nicht nur auf das Bauchgefühl zu verlassen«, erzählt Hoffmann. »Bevor sie beginnen, etwas Neues zu recherchieren, empfehlen wir, eine Google-Trends-Analyse durchzuführen, um herauszufinden, ob es für das Thema überhaupt eine Nachfrage gibt.« Andersherum funktioniert es auch. Hofmann erläutert das: »Wir von Audience Development analysieren den Markt ständig und schlagen den Kollegen aus der Redaktion Themen vor.« So entdeckte das Team, dass die Zielgruppe der Feuerwehrleute ein großes Interesse an Drehleitern hat. »Unsere Kollegen in den Redaktionen haben in Folge mehrere häufig gelesene Texte dazu verfasst. Und wir haben eigene Seminare zum Thema ›Drehleitern für Maschinisten‹ angeboten. Im ersten Jahr waren gleich zwei dieser Seminare ausgebucht, im Folgejahr waren es schon vier.«

Hoffmann war zuvor selbst 18 Monate in der Rolle eines Transaction-Editors, daher kennt er den Arbeitsalltag seiner »internen Kunden« sehr gut. »Meine technische Begabung ist ausgeprägter als meine journalistische«, erzählt er lachend. Daher ist er aus der Redaktion zu Audience Development gewechselt. Dort vermittelt er seinen Kollegen all die Fähigkeiten, die sie brauchen, um den neuen Anforderungen im Verlag gerecht zu werden. Diese hat CEO Klein klar formuliert: Die Texte der Redakteure sollen 1. eine große Reichweite erlangen, 2. eine hohe Visibilität (Ranking bei Google) bekommen oder 3. viele Conversions erreichen – in Form von Newsletter-Abonnenten oder Verkäufen im eigenen Ebner-Shop.

Kommt ein Artikel besonders gut an, hat er die Chance, ein »Evergreen« zu werden. Die meisten Ebner-Publikationen verwenden nur wenige News. »Das ist ein großer Vorteil für uns«, erklärt Grau. »Denn News sind nach sehr kurzer Zeit nicht mehr relevant. Dazu kommt, dass jedes beliebige andere Portal sie auch hat. Man kann kaum Geld damit verdienen.« Ebners Fachartikel folgen anderen Regeln. »Nehmen Sie beispielsweise das Thema ›Feuerwehrdrohnen‹«, erklärt Michael Hoffmann. »Wir konnten durch unsere Analysetools erkennen, dass dieser Artikel oft nachgefragt wurde.« Sobald die hohe Nachfrage registriert ist, beginnt ein Prozess, der sich über ein Jahr oder länger hinziehen kann. Alle 90 Tage wird so ein Evergreen-Text überarbeitet. Die Redakteure fügen Fotos, Videos oder neue Textsequenzen hinzu und analysieren dabei auch jeweils Keywords und Google-Relevanz. »Nur um das klarzustellen: Auch wenn wir auf all diese Dinge achten, haben wir weiterhin einen hohen journalistischen Anspruch«, ist Hoffmann wichtig. »Unsere Kollegen schreiben ihre Texte für unsere Leser und nicht für Google.«

Zudem wird ein Evergreen-Text alle 45 Tage erneut über die zu der Zielgruppe passenden sozialen Medien geteilt. Zusätzlich durchläuft er den MIU-Prozess, wird in viele kleine Teile zerlegt und über die Touch-point-Matrix verteilt. »Wir haben den Anspruch, 1 Prozent der Evergreen-Leser als Newsletter-Abonnenten zu gewinnen«, erzählt Grau. »Denn wir wissen, dass 10 Prozent aller Abonnenten spätestens nach einem Jahr bei uns etwas eingekauft haben.« Inzwischen sind auf den Ebner Fachportalen mehr als ein Drittel und auf den Special-Interest-Konsumentenportalen mehr als die Hälfte aller gelesenen Texte Evergreens.

»Für uns war das ein großes Umdenken«, berichtet Jan-Erik Hegemann. »In der Vergangenheit war es verpönt, ein bereits veröffentlichtes Thema nochmal anzufassen. ›Das hatten wir doch vor drei Jahren schon mal‹, war ein Satz, den ich früher öfter in den Redaktionskonferenzen gehört habe. Unsere Leser lernen die Hefte jedoch nicht von vorn bis hinten aus-wendig, selbst wenn wir das glauben. Wir lagen mit unserer Einschätzung in der Vergangenheit oftmals falsch. Heute wissen wir es besser, und wir bemerken, dass sich das neue Denken bezahlt macht.«

»Ich glaube, ein Grund, weshalb uns in den Redaktionen der Wandel so gut gelungen ist, sind die immer wiederkehrenden Impulse aus dem Audience-Development-Bereich«, sagt Rosa Haroon. »Ich kenne das aus anderen Unternehmen: Man hatte eine Schulung, und kurz darauf war im hektischen Alltag vieles davon schon wieder vergessen. Hier dagegen bekommen wir regelmäßig auf Wunsch neues Wissen vermittelt. Und wir haben Menschen an der Seite, die uns helfen, die Herausforderungen der digitalen Welt immer wieder neu zu meistern.«

Kompetenztransfer und menschliches Wachstum

Auch wenn manche Mitarbeitende eine Veränderung im Unternehmen als Möglichkeit für persönliches Wachstum verstehen – ein großer Teil der Menschen empfindet es oftmals anders. Viele erleben diese Erfahrung bewusst oder unbewusst als Bedrohung. Manchmal sind es die offensichtlichen Gründe wie Angst vor Macht- oder Arbeitsplatzverlust. Es wirken jedoch auch subtile Bedenken: nicht mehr zu genügen, nicht mehr dazuzugehören oder soziometrischen Status zu verlieren.

Bedrohungssituationen lösen Stressreaktionen aus. Der Neocortex und das limbische System mit der Amygdala aktivieren Kontrollzentren im Hirnstamm, dem Überlebenssystem in unserem Kopf. Das führt zu einer Übererregung des neuronalen Systems und verringert den Zugriff auf den präfrontalen Cortex. Dieser ist der Sitz unserer Potenziale, den Sie im Kapitel »Fokus – Kein Wandel ohne Aufmerksamkeit« bereits kennen gelernt haben. Mitarbeitende, die (vorübergehend) keinen optimalen Zugriff auf den präfrontalen Cortex haben, bleiben nur eine limitierte Version ihrer selbst. Steigt die Übererregung weiter an, übernimmt das Überlebenssystem – der Hirnstamm – immer mehr die Kontrolle. Dieser Bereich unseres Gehirns aktiviert in Bedrohungsmomenten drei Verhaltensweisen, die wir auch aus der Tierwelt kennen: Angriff, Flucht und Starre. Vielleicht erinnert Sie das an Erfahrungen aus Ihrem eigenen (Arbeits-)Alltag: Wenn es besonders brenzlig wird, fangen manche Menschen an zu schreien, oder sie attackieren ihr Umfeld. Andere wiederum entziehen sich der Situation. Dritte hingegen bewegen sich nicht mehr vor und nicht mehr zurück.

Ein Digital Transformation Coach kann helfen, diese Muster aufzulösen. Wenn Menschen wie Geri Müller von der Swisscom oder Michael Hoffmann vom Ebner Verlag auf operativer Ebene den Kollegen innerhalb und außerhalb der digitalen Abteilung Wissen vermitteln und inhaltlich coachen, verändern sich bei diesen Menschen drei Dinge:

1. Zu sehen, dass ein anderer es kann, erhöht die Wahrscheinlichkeit, es selbst zu versuchen. Der kanadische Psychologe Albert Bandura nennt das eine »viracious experience« – eine »stellvertretende Erfahrung«. Dieser Prozess begleitet uns ein ganzes Leben lang. Wir erleben es bereits bei unseren Kindern. Wenn unsere (Henriks und Sebastians) Kinder miteinander spielen, sehen sie Dinge, die sie noch nicht können. Beispielsweise, dass man sich mit ausgebreiteten Armen auf ein Bobby Car stellen kann. Während Henriks Kinder durch ihr höheres Alter ein ausgeprägteres Gleichgewichtsempfinden haben, vergrößert sich bei Sebastians Sohn die Wahrscheinlichkeit einer Kopfbeule. Inzwischen gelingt es ihm jedoch meist unfallfrei.

In den 1990er Jahren gab es in der Sportwelt eine sehr bekannte »viracious experience«: Der schwedische Skispringer Jan Boklöv etablierte beim Skiweitsprung den V-Stil. Während in der Vergangenheit die Skier parallel gehalten wurden, bewies Boklöv, dass man mit dem V-Stil deutlich weiter springen kann. Anfangs noch belächelt, orientierten sich viele Winterathleten an ihm. Der V-Stil ist inzwischen der weltweite Standard.

Als Tesla- und SpaceX-Eigentümer Elon Musk vor einigen Jahren begann, Raketen ins Weltall zu schicken, ärgerte ihn der hohe Materialverlust, wenn diese mit Fallschirmen zur Erde zurückfielen und auf dem Wasser zerschellten. Er entwickelte mit seinem Team eine Technologie, die Raketen in der gleichen Art landen zu lassen, wie sie gestartet sind: Die Triebwerke bremsen und stabilisieren die Rakete nach dem Durchbrechen der Erdatmosphäre, sodass sie letztlich langsam und senkrecht auf einer Plattform landen kann. Schaut man sich so eine Landung bei Youtube an, sieht es fast so aus

> ① Hier können Sie die Senkrechtlandung einer SpaceX-Rakete sehen: mit-hirn.de/spacex ▌

wie ein rückwärts abgespielter Film eines Raketenstarts. SpaceX ist eine Viracious Experience für viele Raketenwissenschaftler rund um den Globus: Der Erfolg des Ersten erhöht die Wahrscheinlichkeit, dass die anderen es auch versuchen. Eines Tages werden wohl die meisten Raketen auf die gleiche Weise landen wie die von SpaceX.

Bei der Swisscom entwickelten viele Kollegen aus dem IT-Bereich eine andere Form der Zusammenarbeit und des Projektmanagements, nachdem ihnen Simon Berg bewiesen hatte, dass so etwas erfolgreich möglich ist. Im Ebner Verlag begannen die Redakteure ihre Artikel stärker an den Interessen ihrer Zielgruppen auszurichten, nachdem die Kollegen aus der Audience-Development-Abteilung gezeigt hatten, dass man mit bestimmten Analysetools Leserbedürfnisse bereits im Vorfeld erkennen kann.

Für Ihr Unternehmen bedeutet das: Wenn Sie sich in einer digitalen Transformation befinden, dann kann ein Digital Transformation Coach, der in engem operativem Kontakt mit Schlüsselpersonen im Unternehmens steht, zeigen, wie die neue digitale Welt funktioniert. Damit erhalten diese Menschen eine Viracious Experience. Sie sehen, dass es geht und damit erhöht sich die Wahrscheinlichkeit, dass sie beginnen, diese neue Welt in den Arbeitsalltag zu integrieren.

2. Selbst wenn Menschen die neu vermittelten Kompetenzen noch nicht vollständig beherrschen, so sind sie aus der gefühlten Hilflosigkeit befreit. Stellen Sie sich vor, Sie erleben ein Flugzeugunglück: Notlandung, Feuer an Bord und teils verschlossene Türen. Wie hoch schätzen Sie Ihre eigene Chance ein, die Maschine schnell und lebend zu verlassen?

Gemeinsam mit 70 vielfliegenden, überdurchschnittlich intelligenten Executives eines DAX-Unternehmens haben wir das während eines weltweiten Entwicklungsprogramms getestet. Die Führungskräfte wurden in fünf Gruppen aufgeteilt und haben innerhalb von neun Monaten in einem Flight Training Center den Ernstfall geprobt. In den Kabinensimulatoren, die eigentlich zur Ausbildung von Flugbegleitern genutzt werden, wurde mit großer Kelle geschöpft: Rauchentwicklung, Lichtausfall, starkes Ruckeln und laute Geräuschkulisse simulierten einen Brand und eine Notlandung. Bei den hochdekorierten Chefs erlebten wir extreme Reaktionen – beginnend mit kognitiver Paralyse (sie bewegten sich nicht), über einen Ausfall des Sprachzentrums (sie bewegten sich, aber redeten nicht) bis hin zum schnellen Verlassen des Flugzeugs – wobei manche einen Kollegen in der vermeintlich brennenden Maschine zurückließen. Und das, wo die Überlebenschance eines in der Kabine Vergessenen im Ernstfall bereits nach zwei Minuten auf null sinkt! Einige der Teilnehmenden nahmen entgegen den Sicherheitshinweisen ihr Handgepäck mit – so wie etwa 50 Prozent der Passagiere es im Ernstfall tatsächlich versuchen. Manche schubsten ihre Mitreisenden, andere kletterten über Sitze. Sie verhielten sich genauso wie die anderen Menschen in den Vergleichsstudien auch. Statistisch gesehen ist die Wahrscheinlichkeit, ein Flugzeugunglück mit Notlandung zu überleben, recht hoch. Doch viele Menschen befürchten, dabei zu sterben – schließlich werden in den Medien ja meist auch nur die tödlichen Unfälle intensiver aufgearbeitet.

Der Glaube daran, in so einer Situation zu überleben, und das dazu notwendige Verhalten lassen sich mit einer kurzen Schulung deutlich erhöhen: Luca Chittaro, Professor am Human-Computer Interaction Lab der University of Udine, hatte dazu 26 Teilnehmende in sein Labor eingeladen. Die Probanden füllten einen Fragebogen zum Notfallverhalten während eines Flugzeugunglücks aus. Sie mussten auch bewerten, wie gut sie ihre eigenen Fähigkeiten zum richtigen Verhalten im Falle einer Evakuierung einschätzten. Im Anschluss absolvierten sie eine dreiminütige Computersimulation, in der sie eine Evakuierung durchspielten und erlernten. Bereits diese kurze

Wissensvermittlung führte zu deutlichen Veränderungen in der Abschluss-befragung: Die Fehlerquote bei den Fragen zum Notfallverhalten war um 60 Prozent gesunken. Ihre eigenen Fähigkeiten, diese Situation zu meistern, schätzen die Teilnehmenden nun um 25 Prozent höher ein als zuvor.

Selbst wenn wir etwas nicht vollständig beherrschen, dann hilft uns die Vorstellung, dass wir es könnten. Bereits das führt zu einer Verschiebung der neuronalen Aktivität: Der präfrontale Cortex übernimmt wieder die Führung im Gehirn und wirkt dämpfend auf das emotionsstarke limbische System. Dieses würde in Stresssituationen normalerweise hochaktiv sein, den Hirnstamm mit hinzuziehen und unser klares Handeln blockieren. Mahatma Gandhi beschreibt es weniger wissenschaftlich, dafür formvollendet, so: »Wenn ich den Glauben habe, dass ich es tun kann, werde ich die Fähigkeit erwerben, es zu erreichen, auch wenn ich sie zu Beginn noch nicht habe.«

Im Ebner-Verlag begannen Jan-Erik Hegemann und Rosa Haroon das neue Wissen bereits anzuwenden, als sie es noch nicht perfekt be-herrschten. »Wenn ich eine Frage habe, brauche ich nur den Mitschnitt des Webinars aufzurufen«, weiß sich Haroon zu helfen.

Für Ihr Unternehmen bedeutet das: Wenn Sie sich in einer digitalen Transformation befinden, dann kann ein Digital Transformation Coach durch den operativen Kontakt und den Wissenstransfer an die Kollegen dafür sorgen, dass sich ihre gefühlte Kompetenz schon recht früh er-weitert. Das beruhigt neuronale Übererregungen, erhöht den Zugriff auf die höheren geistigen Leistungen des präfrontalen Cortex und führt dazu, dass diese Menschen die in ihnen liegenden Potenziale besser entfalten und insgesamt besonnener handeln können.

3. Wenn ein Mensch durch sein erweitertes Wissen beginnt, Neues auszuprobieren und damit erfolgreich zu sein, steigt das Gefühl der eigenen Selbstwirksamkeit. Al-bert Bandura nennt es »Mastery Experience«: Etwas gemeistert zu haben, stärkt den Glauben an die eigenen Fähigkeiten. US-Basketballlegende Michael Jordan beschreibt das in seiner Biografie so: »Ich habe mir immer Ziele gesetzt, die ich auch realistisch erreichen konnte. Jedes Ziel baute auf einem anderen auf, und jedes Mal, wenn ich eines erreichte, erhöhte das meine Selbstsicherheit.«

Neurobiologisch betrachtet führt jedes Meistern einer Aufgabe zur Ausschüttung sogenannter neuroplastischer Botenstoffe. Diese Botenstoffe stabilisieren die neuronalen Netzwerke, die dazu beigetragen haben, die Aufgabe zu lösen. Wenn Jordan in seinen Trainings durch eine ganz bestimmte Hand-, Fuß- oder Körperhaltung die Trefferquote erhöhte, verstärkten sich in seinem Kopf die für dieses Verhalten verwendeten Nervenzellverbindungen. Diese starken neuronalen Netzwerke helfen, das zum Erfolg führende Verhalten später immer wieder abrufen zu können.

Bei Dirk Nowitzki, dem großen deutschen Star in der amerikanischen National Basketball League, verstärkten sich ganz andere Netzwerke. Im Alter von 16 Jahren war er von Holger Geschwindner entdeckt worden, der ihm innerhalb kürzester Zeit zu einem kometenhaften Aufstieg verhalf. Ein Teil des außergewöhnlichen Trainingsplans bestand aus Dingen wie Laufen im Handstand, Saxophon spielen oder auch Fechten. »Der Holger war immer schon ein bisschen anders. Er hat einen anderen Ansatz, da ist nix normal«, erzählte Nowitzki in einem Interview. Doch die Methode zeigte Erfolg. Nowitzki wurde beständig besser – und so verknüpfte er neuronal, dass auch das Unnormale zum Erfolg führt. Er ist einer von nur sechs NBA-Spielern, denen es gelang, mehr als 30 000 Punkte zu erzielen.

Ich (Henrik) erinnere mich an meinen ersten Job als Vorstandsassistent in einem DAX-Unternehmen. Als ich damals die Teilverantwortung für ein Merger-&-Acquisitions-Projekts übertragen bekam, bei dem es um die Zusammenführung zweier europäischer Fluggesellschaften ging, war das ein Sprung ins kalte Wasser. Zwar verfügte ich über viel angelerntes Wissen zu dem Thema, doch es war meine erste Praxiserfahrung. Gefühlt war ich oft am Rande meiner Möglichkeiten, doch mit enormer Anstrengung gelang mir am Ende die Aufgabe. Es war meine erste Mastery Experience in diesem Bereich. In den Folgejahren begleitete ich viele weitere Post-Merger-Integrationen – und diese Themen sind nie ein Spaziergang. Doch die Erfahrung, dass ich es zuvor bereits geschafft hatte, stärkte meinen Glauben daran, dass es mir wieder gelingen würde. Jede gelungene weitere Erfahrung wurde zu einer weiteren Mastery Experience.

Bei der Swisscom waren es nicht nur die Kollegen außerhalb der digitalen Abteilung, sondern auch die Mitglieder des Kernteams von TV 2.0, die von einem Digital Transformation Coach lernten und dadurch schnell Erfolgserlebnisse sammelten. Durch Simon Berg, der SAFe-Methoden ins Team brachte, begannen sie sich mit einer neuen Form der Zusammenarbeit und des Projektmanagements auseinanderzusetzen. »Nach dem harten Feedback unseres CEOs hatten wir mit den neuen Methoden von Simon das Erfolgserlebnis, schnell zu Ergebnissen zu kommen – das hat uns alle beflügelt«, erzählt Head of TV, Peter Fregelius.

Für Ihr Unternehmen bedeutet das: Wenn Sie sich in einer digitalen Transformation befinden, dann kann ein Digital Transformation Coach den Kollegen als Wissensvermittler und Coach zur Seite stehen. Denn nicht jeder neue Schritt führt unmittelbar zu einem Erfolg, und manchmal braucht es ein On-the-Job-Coaching wie bei Rosa Haroon vom Ebner Verlag: »Ein Online-tool erklärt zu bekommen, das ist das eine. Es anzuwenden jedoch, war anfangs etwas holprig. Herr Hoffmann hat mir bei den ersten drei Artikeln noch über die Schulter schauen müssen. Inzwischen ist es für mich so einfach geworden wie Autofahren.« Die Digital Transformation Coaches helfen, so schnell wie möglich eine Mastery Experience zu erreichen.

Digital Transformation Coaches in der Organisation zu etablieren, kann den gesamten Digitalisierungsprozess auf operativer Ebene reibungsloser, schneller und erfolgreicher machen. Zugleich lohnt sich ein Blick in die Führungsetagen. Denn hier gibt es einige Erfolgsmuster zu erkennen, die dazu führen, dass die Mitarbeitenden während des Digitalisierungsprozesses über sich hinauswachsen können. Mehr dazu im kommenden Kapitel.

Essenz für Eilige

Digital Transformation Coaches – Die operativen Beschleuniger

- Manchmal braucht es nur 10 Prozent der Mitarbeitenden, um die restlichen 90 Prozent zu bewegen. Es müssen jedoch die richtigen 10 Prozent sein: Vorbilder, Meinungsführer und andere Menschen, denen die Kollegen vertrauen. Diese Personen können in größeren Unternehmen nicht alle durch die Protagonisten der Digitalisierung erreicht werden. Daher werden Multiplikatoren auf operativer Ebene gebraucht, die eine neue Form der Zusam-

Hier erfahren Sie mehr dazu, wie Sie Digital Transformation Coaches in Ihrem Unternehmen etablieren können: mit-hirn.de/dtc

menarbeit und digitales Wissen in die Belegschaft tragen. Diese Menschen beschleunigen die digitale Transformation.

- Das TV-2.0-Team der Swisscom hatte spezielle Mitarbeitende, die weniger das neue Produkt als die neue Form der Zusammenarbeit designten. Sie hatten sowohl ein spezielles Wissen über agile Zusammenarbeit als auch die sozialen Fähigkeiten, dieses Wissen an den Rest der Organisation zu vermitteln.

- Digital Transformation Coaches verbessern auf operativer Ebene die Bereitschaft zur Zusammenarbeit – ein Bedürfnis, das grundsätzlich tief in Menschen verankert ist. Wenn sie stattfindet, wird im Gehirn das Belohnungssystem aktiv.

- Der Wunsch nach Zusammenarbeit basiert auf dem neurobiologischen Grundbedürfnis nach Verbundenheit. Wenn Menschen Verbundenheit erleben, können viele günstige Entwicklungen stattfinden: Beispielsweise wird der Hippocampus – der Bibliothekar und die Nervenzellfabrik des Gehirns – besser entwickelt. Langzeitstudien zeigen: Je besser unsere sozialen Beziehungen sind, desto größer ist die Wahrscheinlichkeit, dass wir gesund und glücklich sind.

- Fehlt Mitarbeitenden das Verbundenheitsgefühl im Unternehmen, sind sie öfter krank und verlassen den Arbeitgeber messbar schneller. Beruflich ignoriert zu werden, ist für sie schwerer zu ertragen als berufliche Schikane.

- Der Ebner-Verlag hat einen eigenen Bereich aufgebaut, der die Rolle der Digital Transformation Coaches einnimmt: Die Mitarbeitenden schulen und coachen ihre Kollegen. Sie unterstützen andere Abteilungen inhaltlich mit dem eigenen, sich ständig erweiternden digitalen Wissen.

- Digital Transformation Coaches sind Katalysatoren des Kompetenztransfers und können den Kollegen als ermutigende Vorbilder dienen. Zudem können sie den persönlichen Veränderungsprozess der Kollegen während der digitalen Transformation begleiten. Dadurch werden etwaige Widerstände Einzelner früher aufgelöst. So können möglichst viele Menschen den Wandel in der Organisation optimal mitleben.

Kapitel 6

Führung im Wandel – Wie Menschen über sich hinauswachsen

>»Führungskraft zu sein ist kein Privileg,
>sondern eine Dienstleistung.«

Bodo Janssen, Geschäftsführer, Upstalsboom

»Führungskräfte müssen aufhören, den Mitarbeitenden im Weg zu stehen. Sie sollten ihnen endlich Entfaltung ermöglichen«, sagt Max Maier, Eigentümer des Küchen-Herstellers Rieber. »Bei der heutigen Geschwindigkeit, mit der wir wirtschaftlich agieren, ist Kontrolle nicht mehr zeitgemäß. Es braucht Vertrauen!« Auch Prof. Dr. Gunther Olesch, Geschäftsführer von Phoenix Contact, meint: »Die Rolle einer Führungskraft muss sich im Kontext der Digitalisierung ändern – anders lassen sich die aktuellen Herausforderungen nicht meistern. Wir sollten uns mehr als Coach verstehen, der seine Mitarbeitenden befähigt, das Beste zu entwickeln, was in ihnen steckt.«

»Die Biologie ist keine zweite Physik«, so formulierte es einer der bedeutendsten Evolutionsbiologen, Ernst Mayr. Ein menschlicher (biologischer) Organismus folgt anderen Regeln als eine Dampfmaschine. Doch manche Führungskräfte scheinen tatsächlich immer noch zu glauben, dass auch bei Mitarbeitenden mehr Druck zu mehr Leistung führt.

Wenn die Welt durch die digitale Transformation für die Mitarbeitenden herausfordernder wird, die Unternehmen jedoch gezwungen sind, diesen Menschen genauso viel oder sogar noch mehr abzuverlangen als zuvor, dann muss es den Führungskräften gelingen, eine andere Rolle einzunehmen, als die eines Maschinisten. Der Führungskraft müsste es wichtig sein, die Rolle eines Menschen einzunehmen, der ideale Rahmenbedingungen schafft, damit die Mitarbeitenden die in ihnen liegende Potenzial bestmöglich entfalten können.

Lassen Sie uns zuerst die Frage betrachten, was »Potenzial« genau bedeutet. Potenzial ist die Fähigkeit zur Entwicklung. Es sind nicht entfaltete Möglichkeiten. Oft hört man den Begriff zum Beispiel von Fußballkommentatoren, die im Anschluss an ein misslungenes Spiel berichten: »Die Mannschaft hat ihr Potenzial heute nicht auf den Platz gebracht.« Jeder weiß, was gemeint ist: Das Team kann eigentlich mehr – es hat es nur nicht gezeigt.

Ein anderer Kontext: Die Personalabteilung hat für ein neues Nachwuchsführungskräfteprogramm eine Handvoll Kandidaten identifiziert. Sowohl die Assessments als auch die Vorgesetzten bescheinigen: »Wir glauben, diese Menschen werden gute Führungskräfte.« Das Potenzial, eine gute Führungskraft zu werden, steckt in diesen Kollegen. Derzeit ist es jedoch noch verborgen. Es braucht Erfahrung und die richtige Unterstützung, damit das Unsichtbare im Laufe der Zeit sichtbar wird.

Neurowissenschaftlich betrachtet könnte man Potenzial so beschreiben: Wir tragen zu jedem Zeitpunkt unseres Lebens Hirnzellen in unserem Kopf, die sich ständig mit anderen Hirnzellen verbinden könnten. Wenn das geschieht, dann entwickeln wir neue Ideen, neue Verhaltensweisen oder neue Fähigkeiten, die vorher nicht sichtbar waren. Inzwischen wissen Sie ja, dass sich das Gehirn durch Neuroplastizität ein Leben lang verändern kann. Die moderne Hirnforschung beweist uns bereits seit einigen Jahren: Menschen sind in der Lage, ein Leben lang die in ihnen liegenden Potenziale zu entfalten!

Wir möchten Ihnen für dieses Kapitel ein einfach verständliches und zugleich hochwirksames Modell vorstellen, das Ihnen zu verstehen hilft, wie Menschen über sich hinauswachsen: den Potenzialkreis.

Lassen Sie uns zu Beginn am Beispiel einer prominenten Karriere genauer analysieren, wie der Kreis wirkt. Im Laufe des Kapitels werden Sie dann auch erfahren, wie Sie ihn als Führungskraft anwenden können.

»Man kann das Licht am Ende des Tunnels nicht sehen«, erzählt der bekannte Golfprofi Bernhard Langer. British Open 1988: Langers Ball liegt keinen Meter vom 18. Loch entfernt. Jeder seiner Kollegen könnte bei so einer Lage das Spiel mit verbundenen Augen beenden. Langer wird es an diesem Tag nicht gelingen. Er versagt vor den Augen der Weltöffentlichkeit und braucht ganze fünf Schläge, um die Ein-Meter-Distanz zu überwinden. Das Publikum kann es kaum glauben.

Einige Jahre zuvor hatte die Welt für ihn deutlich besser ausgesehen: 1984 führte der Augsburger die European Putting Statistics mit dem ersten Platz an. Um das Modell des Potenzialkreises zu nutzen: Die vielen Jahre wiederkehrender Turniergewinne wirkten bei Langer auf die Ebene der *Erfahrungen* ein. Diese Ebene beeinflusste den nächsten Bereich des Kreises: Die *inneren Bilder*. Langer entwickelte durch die stärkenden Erfolgserfahrungen entsprechend positive innere Bilder über sich und seine eigenen Fähigkeiten. Jedes weitere gewonnene Turnier, jeder weitere gelungene Put sorgte dafür, dass diese Bilder sich stabilisierten. Dadurch gelang es ihm, die in ihm liegenden Potenziale ständig weiter zu entfalten, und in den entscheidenden Momenten genau das *Verhalten* zu zeigen, dass er zum Gewinnen brauchte. Langer, der auch »Mr. Consistency« genannt wird, verbrachte damals teils zehn Stunden pro Tag im Training auf dem Golfplatz: Er hatte dadurch bereits vor den großen Turnieren immer wieder den Bereich des *Verhaltens* des Potenzialkreises gestärkt. Er arbeitete an der richtigen Schlagtechnik, dem passenden Atem, der passenden inneren Ausrichtung. Mit jedem gewonnenen Turnier stabilisierte sich der Potenzialkreis für ihn. Langer machte bestätigende *Erfolgserfahrungen* und entwickelte ein gesundes Maß an Selbstbewusstsein – *inneren Bildern* – in sich. All das verhalf ihm dazu, im Jahr 1984 der beste Putter des Kontinents zu werden.

Doch bei den British Open wurde Langer wieder von seinen »Yips« heimgesucht – unkontrollierbare Zuckungen des Handgelenks, die gerade beim Putten das Spiel schnell zerstören können. Etwa 35 bis 40 Prozent aller deutschen Golfer leiden unter diesen Symptomen. Manch eine Profikarriere wurde dadurch bereits beendet. »Diese Störung senkt das Selbstvertrauen stark«, heißt es in einer Studie der Deutschen Sporthochschule, die viele Betroffene untersucht hat.

Bereits im Alter von 18 Jahren hatte Langer sein erstes Erlebnis mit den Yips. Er spielte seine erste Tour in Spanien und Portugal, als die Zuckungen seiner Hände begannen und ihm manchen Put erschwerten. Damit begann eine Abwärtsspirale. Wird das Verhalten schwächer, folgen das Selbstvertrauen schwächende Erfahrungen. Langer verlor in wichtigen Turnieren Punkte und entwickelte in Folge ungünstige innere Bilder. »Das gesenkte Selbstvertrauen«, wie die Deutsche Sporthochschule es nennt. »Ich habe öfter daran gedacht, aufzuhören«, berichtet Langer viele Jahre später. »Es ist eine Krankheit, die zwischen den Ohren sitzt«, sagt Langers erster Trainer, Willi Hofmann. Für den Potenzialkreis bedeutet das: Alle Ebenen sind geschwächt – Verhalten, Erfahrung und innere Bilder. Doch Langer schaffte die Wende. »Reine Willenskraft« habe ihm damals geholfen, die erste Phase der Yips zu überwinden. Er arbeitete konsistent an seinem Verhalten, mit der Situation besser umzugehen. Im Jahr 1975 gelang es ihm, die Schwächephase zu überwinden. Es folgten viele weitere Jahre voller Erfolgserlebnisse. 1982 erkämpfte er den zweiten Platz bei den British Open und 1985 erlebte Langer sein bestes Jahr überhaupt. Er gewann sieben Turniere auf fünf Kontinenten und erklomm Platz 1 der Weltrangliste.

1988 jedoch kehren die Yips zurück. Unerwartet verhagelten sie Langers Leistung erneut. Abermals zerlegt es seinen Potenzialkreis. Die schlechten Puts – das Verhalten – führten zu schlechten Ergebnissen (Erfahrungen). Diese wiederum kreierten schwache innere Bilder. Dieses Mal hatte Langer jedoch Glück im Unglück. Denn die Referenzerfahrung, schon einmal aus so einem Tief herausgekommen zu sein, glich die schwachen inneren Bilder etwas aus. Der Glaube, es auch dieses Mal zu schaffen, war ein starkes inneres Bild, das ihn stabilisierte.

Langer feilte über viele Jahre an einer Lösung. Zum einen veränderte er immer wieder seine Handhaltung am Putter. Manchmal griff er den Putter mit der rechten über der linken Hand. Während der gleichen Runde jedoch konnte man ihn auch mit der linken über der rechten Hand spielen sehen. Zudem begann er, mit verschiedenen Puttern zu experimentieren – auch mit solchen, die eher an einen Besenstiel erinnerten als an einen Golfschläger. »Wenn man die Yips hat, sollte man versuchen, die kleinen Muskeln aus dem Schlag herauszuhalten«, sagt David Leadbetter, einer seiner Coaches. Langer konnte mit dem Besenstiel-Schläger die Puts aus dem Schulter- anstatt aus dem Handgelenk spielen. So reduzierte er die Auswirkung möglicher Zuckungen.

»Ich musste etwas tun, um nicht nochmal ein Jahr wie 1988 zu erleben«, sagt Langer. Im Laufe der Zeit verfeinerte er seine Techniken immer mehr (Verhalten), sodass er wieder bestärkende Erfahrungen machte. Diese stärkten sein Selbstbewusstsein (innere Bilder) so sehr, dass er heute, mit inzwischen 60 Jahren, zur Legende geworden ist: Er kann auf zehn Majorsiege zurückblicken. Sieben davon hat er nach seinem 50. Lebensjahr erreicht. Langer hat 42 Mal die European Tour gewonnen. »Ich spiele den besten Golf meiner Karriere«, sagt der Mann, dem es immer wieder gelang, seine inneren Widerstände zu überwinden und der dabei stets über sich hinausgewachsen ist.

CEWE – Der frühe Wandel

»Wir haben innerhalb von zehn Jahren 90 Prozent unseres einstigen Umsatzes verloren«, sagt Dr. Reiner Fageth. Er ist Chief Technology Officer (CTO) bei dem Oldenburger Fotoentwicklungsunternehmen CEWE. »Jeder von uns hat damals bemerkt, dass um uns herum ein Sterben der anderen Fotolabore stattfand«, erzählt uns Tammo Bettex, bis zum Jahr 2008 im Unternehmen technischer Leiter der CEWE-Produktion in Bad Schwartau. Dieser und andere Standorte mussten geschlossen werden. Die Branche befand sich in einem massiven Wandel. »Wir hatten schon seit einiger Zeit bemerkt, dass wir immer weniger Aufträge reinbekamen. Die Schließungen waren hart, aber sie kamen nicht unerwartet.« Als Bettex ging, wurden in Deutschland pro Jahr nur noch 200 000 Analogkameras verkauft. 1998 waren es noch vier Millionen gewesen. Ex-Mitarbeiter Bettex ergänzt: »Hätte sich CEWE damals nicht schon bereits mit der Digitalisierung beschäftigt, wäre das nur der Anfang vom Ende gewesen. Dann hätten irgendwann alle Kollegen gehen müssen.«

Elf Jahre zuvor, im Frühjahr 1997 in Oldenburg: »Sie zerstören mein Lebenswerk!«, erwidert CEWE-Firmengründer Heinz Neumüller seinem Technik-Vorstand Wulf Schmidt-Sacht. Dieser hat seinem Chef gerade ein neues, geheim entwickeltes Produkt vorgestellt.

Das Kerngeschäft des Oldenburger Unternehmens war es bis dahin gewesen, im Namen großer Handelspartner wie Rossmann, Müller Drogerien oder dm-drogerie-markt belichtete Fotofilme zu entwickeln. Ein Endkunde brachte seinen Film in den Laden, steckte ihn in eine vorgefertigte Papiertüte, hinterließ auf ihr seine Kontaktdaten und kam wenige Tage später zurück, um die fertigen Fotos in Empfang zu nehmen. Über drei Milliarden dieser Bilder produzierte das Unternehmen in den besten Jahren.

In dieser Zeit entwickelte Wulf Schmidt-Sacht im Geheimen sein innovatives Produkt: eine Digitalstation. Nutzte ein Kunde damals bereits eine der ersten Digitalkameras, so könnte er sie an diese Station anschließen und seine Fotos übertragen. Über eine ISDN-Leitung sollten die Daten von der Digitalstation, die in der Filiale des Handelspartners stehen sollte, an CEWE versandt und dort ausbelichtet werden.

Bereits einen Tag, nachdem Gründer Heinz Neumüller den Prototypen der Digitalstation vorgestellt bekommen und den ersten Schock überwunden hatte, rief er seinen Technik-Chef nochmals in sein Büro. »Wie lange brauchen Sie, um diese Stationen bis zur Marktreife zu entwickeln?«

Bereits kurz danach, noch im Jahr 1997, wurde die cewe digital GmbH gegründet. Die neue Firma rekrutierte 30 Mitarbeitende aus dem Mutterunternehmen. Das Start-up sollte nicht nur neue digitale Produkte entwickeln, sondern auch eigenständig in den Markt bringen. Im gleichen Jahr wurde die erste Digitalstation in einem Oldenburger Fotofachhandelsgeschäft der breiten Öffentlichkeit präsentiert. SD-Karten gab es damals noch nicht, jedoch jede Menge Hersteller von Digitalkameras mit internem Speicher. Die Branche hatte sich auf keinen universellen Standardanschluss einigen können. Um das Produkt möglichst vielen Kunden zugänglich zu machen, hingen um die 20 Kabel aus der Station – für jeden Hersteller eines. Von der ersten Generation dieser Digitalstationen produzierte cewe digital 100 Exemplare. Inzwischen sind sie durch die CEWE Fotostationen ersetzt: Die Anzahl der Kabel hat sich inzwischen reduziert und an den neuen Geräten kann der Kunde seine Fotos direkt ausdrucken.

Die Geschäftsleitung der neu gegründeten Tochter wurde zum Rollenmodell der Veränderung für die Mitarbeitenden. CEWE-CTO Reiner Fageth, damals Sprecher der Geschäftsleitung von cewe digital, berichtet in seinem nach all den Jahren noch gut erkennbaren schwäbischen Dialekt: »Meine Kollegen und ich mussten eine Menge hinzulernen. Wir fühlten uns, als wären wir plötzlich Zehnkämpfer.« Fageth selbst ist eigentlich Elektroingenieur, aber plötzlich war er mit Vertriebsthemen und Software-Entwicklung konfrontiert. Ludger Jungeblut, damals auch einer der Geschäftsleiter von cewe digital, begann den Internetvertrieb aufzubauen. »Unser Kollege Herman Schwithal war der Daniel Düsentrieb von uns«, erzählt Jungeblut. »Er entwickelte mit seinem Team die neuesten Digitalstationen, an denen die Kunden später in einer Filiale ihre Fotos ausdrucken konnten.« Hilmar Wilcke, inzwischen IT-Leiter der Produktion in Mönchengladbach, erlebte die Digitalfirma in den ersten Jahren hautnah. Er denkt zurück: »Herrn Schwithal zuzuhören, war oft sehr inspirierend. Es erinnerte mich alles ein bisschen an die Fernsehserie *MacGyver*, was dort damals bei cewe digital geschah.«

Begriffe wie »Minimum Viable Product« oder »Fail fast« waren zu dem Zeitpunkt noch nicht etabliert. Doch genau das, wofür diese Begriffe stehen, lebte die neue Geschäftsführung vor und wurde damit zu einer Ermutigung für die Mitarbeitenden, auch immer wieder ungewohnte Wege zu gehen. Als sich das Volumen der Digitalfotos langsam erhöhte und die Daten vermehrt auf elektronischem Weg aus verschiedensten Filialen an cewe digital übertragen wurden, musste das junge Unternehmen einen Weg finden, die Fototaschen personalisiert zurückzusenden. Hatte ein Kunde beispielsweise aus einer dm-Filiale Bilder digital übermittelt, wollte cewe digital die Fototasche mit dem dm-Logo versehen. »Wir konnten nicht verschiedene Taschen mit unterschiedlichen Logos vorhalten – das hätte den Produktionsprozess stark verlangsamt«, sagt Reiner Fageth. Also kaufte das Unternehmen einen speziellen Digitaldrucker, um die Taschen automatisch zu beschriften. »Es war die Hölle«, erinnert sich Reiner Fageth, tief ausatmend. »Es hat überhaupt nicht geklappt. Die Klebverschlüsse verfingen sich immer in der Maschine, und es gab ständig eine Riesensauerei.« Der neue Drucker schien nutzlos, bis einer der Chefs auf die Idee kam, mit dem Gerät einfach andere Produkte herzustellen: Grußkarten und Kalender – heutzutage hochmargige Produkte im Portfolio des Unternehmens.

Die junge Firma sammelte Erfahrungen, die im Mutterunternehmen damals noch undenkbar waren. Zu einem Zeitpunkt, als die Worte »Design Thinking« und »agil« noch aus einer anderen Welt zu stammen schienen, setzte cewe digital genau solche Prozesse bereits mit seinem Kunden Kruidvat um – einer holländischen Drogeriekette. Kruidvats Mitbewerber wurden von CEWEs Konkurrenten Fuji beliefert. Also schlossen Kruidvat und cewe digital einen Pakt, um schneller mit den besseren Produkten auf den Markt zu kommen. »Holland ist uns technisch immer ein bis eineinhalb Jahre voraus«, sagt Dr. Reiner Fageth. In den Niederlanden gab es bereits deutlich mehr ISDN-Anschlüsse als in Deutschland. Dadurch ließen sich größere Datenmengen in kürzerer Zeit übertragen – beispielsweise Fotos. »Das klassische Lieferanten-Kunden-Verhältnis begann sich zwischen Kruidvat und uns aufgrund der vereinbarten Zusammenarbeit grundlegend zu verändern«, sagt Fageth. »Es war eine wunderbare Erfahrung, gemeinsam an einem Strang zu ziehen, und durch engen Austausch zusammen neue Produkte und Dienstleistungen zu erarbeiten.«

Cewe digital entwickelte zusammen mit der Drogeriekette den ersten webbasierten White-Label-Fotoservice: Cewe digital war der technische Dienstleister des Online-Fotoshops. Er erschien dem Endkunden jedoch so, als sei es ein Kruidvat-Angebot. »Wir haben im Grunde das bestehende Modell von B2B2C in die digitale Welt übertragen«, erklärt Jungeblut. Jahrzehntelang entwickelte CEWE bereits Fotos im Auftrag seiner Händler, die diesen Service dem Endkunden als eigene Dienstleistung anboten. Genauso geschah es nun auch im Internet. »Kodak und Fuji sind damals mit Onlineangeboten unter eigenem Namen an den Markt gegangen«, sagt Jungeblut. »Für uns war klar, dass wir damit unser Kerngeschäft – die Fotoentwicklung für Handelspartner – torpediert hätten. Also haben wir begonnen, diese White-Label-Lösungen zu vertreiben.«

Während das junge Tochterunternehmen anfangs von manchen Mitarbeitenden etwas argwöhnisch beäugt wurde, entstand nun zunehmend ein Interesse für das, was dort geschah. Denn der Digitaldruck von Fotos nahm durch die steigende Durchdringung des Markts mit Digitalkameras immer mehr Fahrt auf, während die Ausbelichtung von Fotofilmen stagnierte und langsam begann, sich zurückzuentwickeln. Die Frage war also nicht mehr, ob, sondern wann die restlichen Standorte des Unternehmens den digitalen Fotodruck einführen würden. Im Jahr 2002 begann dieser Wandel mit der Produktion in Nürnberg. Kurz darauf folgten Paris, Bad Schwartau und München mit der digitalen Produktion. Bis zum Jahr 2004 wurden alle Standorte in die Transformation integriert. Allerdings brauchte die Kompensation der rückläufigen analogen Umsätze durch die neuen digitalen Produkte seine Zeit, und CEWE konnte dem nur durch höhere Effizienz entgegenwirken. Daher musste das Unternehmen 11 der 23 Standorte schließen.

Cewe digital verfolgte zwei Strategien, um den Kollegen die digitale Produktion zu vermitteln. Bei den inländischen Standorten kamen die Mitarbeitenden nach Oldenburg und wurden für längere Zeit in den laufenden Prozess integriert. Für die ausländischen Standorte setzen sich Dr. Reiner Fageth und seine Kollegen in den Flieger. »Es macht keinen Sinn, einen französischen Kollegen oder eine Kollegin aus der Produktion nach Oldenburg zu holen und in die Produktion zu setzen«, sagt Dr. Reiner Fageth. »Der Mensch würde kaum ein Wort verstehen.« Durch die unterschiedliche Art der Schulung ließ sich gut die Adaption des Gelernten beobachten. »Wenn ich bei den nichtdeutschsprachigen ausländischen Töchtern war, hatte ich den Eindruck, dass sich die Kollegen dachten: ›Die machen das schon für uns‹«, sagt Dr. Reiner Fageth. »Es kamen im Nachhinein mehr Fragen, es war mehr unklar und es dauerte länger, bis wir mit der digitalen Produktion beginnen konnten. Und das lag nicht an der Sprachbarriere.« Die Kollegen hingegen, die in den laufenden Betrieb in Oldenburg eingebunden worden waren, verinnerlichten den neuen Produktionsprozess deutlich schneller.

»Ich hätte mir zuvor nicht vorstellen können, was ich dort erlebte«, erzählt Hilmar Wilcke. Er arbeitete damals bereits am Produktionsstandort in Mönchengladbach und wurde für mehrere Monate nach Oldenburg entsandt. »Es war, als würde man plötzlich an der Speerspitze des Unternehmens arbeiten«, erinnert er sich. »Es ist etwas ganz anderes, ob man etwas erklärt bekommt oder plötzlich alles mit eigenen Augen sieht und sich mit vielen Menschen darüber austauschen kann.« Auch Tammo Bettex gehörte zur Avantgarde der Mitarbeitenden, die aus den Standorten nach Oldenburg entsandt wurden. »Ich war jede Woche montags bis donnerstags in Oldenburg und am Freitag an meinem Standort in Bad Schwartau«, erzählt er. »Man ist mittendrin, statt nur dabei. Wenn ich in Bad Schwartau geblieben wäre, hätte ich nur ab und an eine Information über ein neues Update oder andere technische Details bekommen. Jedoch im Zentrum der Digitalisierung gewesen zu sein, half mir, durch den ständigen Dialog mit den Kollegen noch besser zu verstehen, was und warum wir etwas taten.« Bettex wurde in Bad Schwartau der Fachmann für digitale Produktion und trug das Wissen aus der Zentrale in den eigenen Standort. »Das Gute war: Wenn nochmal eine Unklarheit auftrat, wusste ich genau, wen ich in Oldenburg anrufen musste – ich war ja eine Zeit lang Teil des Teams gewesen.«

Cewe digital führte die Kollegen nach den Schulungen schrittweise an die digitale Produktion heran. »Wir konnten zentral steuern, an welchem Ort wie viele Produkte hergestellt werden«, sagt Reiner Fageth. »Wir können die Daten problemlos von einem Standort zu einem anderen schieben.« Zu Beginn erhielt ein neuer Ort daher auch nur Kleinstmengen zugeteilt, um langsam und sicher hineinwachsen zu können. »Wir haben manchmal zu Beginn nur mehrere 100 Fotos pro Tag produzieren lassen«, erklärt Reiner Fageth. »Das Volumen haben wir täglich etwas erhöht, und dabei mit den Kollegen gesprochen, wie sie damit zurechtkommen. Wir wollten, dass sie mit der neuen Technologie positive Erfahrungen machten und nicht zu früh an Grenzen stießen.«

Als im Jahr 2004 alle Standorte zusätzlich zur klassischen Produktion digital erweitert waren, stand nur noch Oldenburg bevor: Hier gab es nun zwei unabhängige Produktionsstätten. CEWE für die analoge und cewe digital für die digitale Produktion. »Wir haben gemerkt, dass es keinen Sinn machen würde, mit zwei verschiedenen Unternehmen zu arbeiten«, sagt Reiner Fageth. Daher wurde cewe digital in das Mutterunternehmen re-integriert. Somit vereinfachte sich auch der Vertriebsprozess. Jahrelang hatten sich sowohl Mitarbeitende von CEWE als auch von cewe digital mit den gleichen Handelspartnern getroffen. Die Abstimmungsprozesse verkürzten sich dadurch auf beiden Seiten, und CEWE konnte die eigenen Mitarbeitenden effizienter einsetzen.

Der Abwärtstrend der analogen Fotografie setzte sich weiter fort: Wurden im Jahr 1998 in Deutschland noch vier Millionen Analogkameras verkauft, waren es 2004 nur noch 1,3 Millionen Stück. Im Jahr 2009 würden nur noch 50 000 Geräte über den Ladentisch gehen. CEWE konzentrierte sich nun darauf, mit dem Fotobuch ein Produkt weiter in den Markt zu bringen, »das dem Unternehmen das Überleben sicherte«, sagt Dr. Rolf Hollander, damals noch Vorsitzender des Vorstandes und inzwischen Vorsitzender des Kuratoriums.

Obwohl die Idee des Fotobuchs bereits früher von anderen Firmen entwickelt wurde, gelang es CEWE, die eigene Version zu einem Block-buster-Produkt zu machen. Die Erfolgserfahrungen während der digitalen Transformation der vorherigen Jahre halfen den Mitarbeitenden, gemeinsam ein Angebot zu erschaffen, das sich deutlich vom Markt abhob. Zum einen entwickelte das Team eine benutzerfreundlichere Software als viele Mitbewerber. Zum anderen begann das Unternehmen, die Marke CEWE am Markt zu etablieren. Während das bisherige Kerngeschäft, die Entwicklung von Fotos im Namen von Handelspartnern unberührt blieb, wurde das Fotobuch ausschließlich unter dem eigenen Namen »CEWE FOTOBUCH« lanciert. Bereits 2007 verkauften die Oldenburger eine Million Exemplare, ein Jahr später waren es bereits 2,6 Millionen. Inzwischen werden jährlich mehr als 6,2 Millionen Fotobücher hergestellt.

Dr. Rolf Hollander rechnet vor: »Das Unternehmen arbeitet inzwischen mit Margen, die wir aus den Zeiten der Analogfotografie nicht kannten.« Auch wenn 90 Prozent des einstigen Umsatzes verloren gingen, erwirtschaftet CEWE heutzutage mit 3 500 Mitarbeitenden und zwölf Betriebsstätten nahezu 600 Millionen Euro Umsatz. Die Oldenburger sind europäischer Marktführer in der Fotoentwicklung und haben auch den EBIT von zwölf Millionen Euro im Jahr 2008 durch die digitale Transformation auf über 47 Millionen Euro gesteigert.

Neues Verhalten – Neue Erfahrungen

Wir alle konnten zu Beginn unseres Lebens nur sehr wenig: trinken, schlafen und regelmäßig die Windel befüllen. Im Laufe der Zeit lernten wir, uns vom Bauch auf den Rücken zu drehen, zu krabbeln und irgendwann auch zu laufen. All das klappte nie beim ersten Versuch. Es brauchte Tage, manchmal Wochen, bis unser Wunsch, einen Schritt zu machen, Realität wurde. Auch wenn wir uns nicht mehr an diese Zeit erinnern – schauen wir heutzutage Babys während dieses Entwicklungsstadiums an, können wir es miterleben: Sie ziehen sich irgendwo hoch und fallen wieder hin. Immer und immer wieder. Sie verfeinern jedes Mal ihr Verhalten, bis sie irgendwann eine bedeutende Erfahrung machen: Ihnen ist der erste Schritt gelungen.

So ähnlich entwickeln auch wir Erwachsenen uns – das ganze Leben lang: Entweder wir beginnen aus uns heraus, unser Verhalten nachzujustieren, bis wir zu der gewünschten Erfahrung kommen – so wie Bernhard Langer seine Putting-Technik immer weiter verfeinerte, um trotz der Yips ein gutes Spiel abzuliefern. Oder wir suchen uns Unterstützung von einer Person, die diesen Prozess abkürzt: einen guten Freund, einen Trainer, einen Coach, einen Berater – irgendjemanden, der uns hilft, das zielführendste Verhalten in möglichst kurzer Zeit zu erreichen. Im Fitnessstudio holen wir uns einen Personaltrainer, um möglichst schnell Fett ab- und Muskelmasse aufzubauen. Auf dem Golfplatz engagieren wir den Pro (den Golflehrer), um möglichst oft dieses ganz bestimmte »Ping« zu hören, wenn wir den Sweet Spot getroffen haben – und um vor Freunden oder Geschäftspartnern mit dem perfekten Schwung zu brillieren. Wenn wir die Karriereleiter weiter aufsteigen wollen, schreiben wir uns für Fortbildungen, Führungskräftetrainings oder einen angesehenen MBA ein, um die Skills – das Verhalten – zu erwerben, die wir weiter oben auf der Leiter brauchen.

Es besteht kein Zweifel, dass eine Veränderung des Verhaltens zu neuen Erfahrungen führt. Gerade während der digitalen Transformation ist eine Verhaltensänderung für viele Beteiligte eine Grundlage, um beruflich weiterhin zu überleben. »Für uns als Betriebsrat ist es von hoher Bedeutung, dass die Kollegen und Kolleginnen im Kontext der Digitalisierung regelmäßig geschult werden«, sagt die Betriebsratsvorsitzende von Phoenix Contact Uta Reinhard. Reinhards Pendant, Betriebsratsvorsitzender Thomas Mendrzik vom Hamburger Hafen, hat sich diese Schulungsmaßnahmen vom Management sogar schriftlich zusichern lassen. Der Ebner Verlag hat seine Audience-Development-Mitarbeitenden, die für ständig steigendes Know-how der Kollegen aus den Redaktionen sorgen. CDO Mario Pieper von BSH hat seine Guerilla-Kampagne gestartet, um den Wissenszuwachs und damit auch ein neues Verhalten seiner Kollegen für die digitale Transformation zu sichern. Cewe digital verhalf den Mitarbeitenden aller Produktionsstandorte zu neuem Verhalten, indem das Unternehmen sie in der neuen digitalen Drucktechnologie schulte. Ein Wissen, mit dem das Unternehmen heutzutage 95 Prozent seines Umsatzes erwirtschaftet.

Verhalten sollte freiwillig sein

Bernhard Langer hatte sich mehrfach in seiner Karriere dafür entschieden, trotz der Yips weiter Profi-Golf zu spielen. Doch was wäre geschehen, wenn das keine freiwilligen Entscheidungen gewesen wären? Was passiert, wenn Menschen sich gezwungen fühlen, etwas zu tun? Was geschieht, wenn Sie Ihre Mitarbeitenden in die digitale Transformation zwingen?

Lassen Sie uns dazu kurz einige Studien betrachten, die die Auswirkungen von freiwilligem und erzwungenem Verhalten untersuchten.

Freiwilliges Verhalten verbessert die Ausschüttung von neuronalen Wachstumsproteinen: Im Jahr 2011 hat Raymond Kay-Yu Tong, Professor für Biomedizintechnik an der Hong Kong Polytechnic University, Ratten untersucht, deren Gehirne einem vorübergehenden örtlichen Durchblutungsmangel ausgesetzt waren. Alle Tiere hinkten leicht, denn durch die fehlende Durchblutung wurden die motorischen Netzwerke beschädigt, die ihre Beine steuerten. Kay-Yu Tong wollte wissen, welchen Einfluss eine anschließende freiwillige Therapie auf die Gehirne der kleinen Nager haben würde und welchen Einfluss eine erzwungene Therapie. Die Forscher setzen einen Teil der Tiere für sieben Tage in einen Käfig mit einem Laufrad, in das sie jederzeit ein- und wieder aussteigen konnten. Die zweite Gruppe fand auch ein Laufrad vor, jedoch wurden sie dreimal pro Tag für zehn Minuten hineingesetzt und immer wieder dazu angehalten, zu laufen. Nach einer Woche konnten die Wissenschaftler beobachten, dass das Hinken bei allen Ratten nachließ. Die Fortschritte der Nager, die freiwillig liefen, waren jedoch nach objektiv sicht- und messbaren Kriterien größer: Das Hinken ging um 20 Prozent schneller und deutlicher zurück.

Kay-Yu Tong untersuchte parallel die Sättigung der Gehirne mit dem sogenannten Brain-derived Neurotrophic Factor (BDNF). Dieses Protein spielt eine wichtige Rolle bei Lern- und Erinnerungsprozessen. Es wird auch gerne als »Wachstumsfaktor« bezeichnet, da es zum einen die Neurogenese (Neuproduktion von Nervenzellen), zum anderen auch die Neuroplastizität (Neuvernetzung unseres Gehirns) unterstützt. Vielleicht ahnen Sie es bereits: Wenn die freiwillig laufenden Ratten messbar schneller Fortschritte bei der Genesung machten, dann war bei ihnen auch die Neuroplastizität höher. Andere Nervenzellen übernahmen zunehmend die Funktionen des zerstörten Gewebes. Da BDNF diese Neuroplastizität begünstigt, müsste bei genau diesen Nagern die BDNF-Anreicherung im Gehirn auch höher sein. Genauso war es in Kay-Yu Tongs Experiment. Überraschend war jedoch die Deutlichkeit des Unterschieds: Der BDNF-Wert bei den freiwillig laufenden Nagern lag um 500 Prozent höher als in der anderen Gruppe, deren Verhalten erzwungen wurde.

Freiwilliges Verhalten erhöht die Arbeitsgeschwindigkeit und die Neugier: J. Leigh Leasure, Direktorin des Behavioral Neuroscience Lab an der Universität von Houston, muss die Gehirne ihrer Versuchstiere manchmal gar nicht untersuchen. Denn bereits durch das beobachtbare Verhalten konnte sie eine Menge interessanter Rückschlüsse ziehen. Leasure teilte gesunde Ratten in zwei Gruppen ein: Gruppe 1 sprang freiwillig in ein Laufrad, Gruppe 2 wurde dazu gezwungen sich zu bewegen. Das Rad hatte einen kleinen Motor, der es in Bewegung setzte, sodass die Ratten nicht anders konnten als mitzulaufen. Die Tiere waren dabei unter ständiger Beobachtung, sodass die Geschwindigkeit des Motors von den Wissenschaftlern unmittelbar an die Geschwindigkeit der Ratte angepasst werden konnte.

Leasure wollte, dass die Nager während der vierwöchigen Studie täglich jeweils die gleiche Distanz liefen. Sie hob daher die freiwilligen Läufer regelmäßig aus ihren Rädern heraus, um die zurückgelegte Strecke zu limitieren, und den gezwungenen Läufern nicht allzu viel abzuverlangen. In der ersten Woche lag die tägliche Strecke noch bei 1 300 Metern. Leasure ließ die Tiere jeden Tag etwas länger in ihren Laufrädern, sodass sie in der letzten Woche täglich 2 300 Meter erreichten. Die Laufräder waren mit allerlei Messinstrumenten ausgestattet: Sie dokumentierten die gelaufene Zeit, die durchschnittliche Geschwindigkeit und die zurückgelegte Distanz.

Am Ende des Versuchsmonats waren Leasures Ergebnisse sehr eindeutig: Während der gesamten Zeit waren die freiwillig aktiven Nager mit viel mehr Schwung dabei: Während die durchschnittliche Geschwindigkeit der gezwungenen Läufer bei 15,5 Meter pro Minute lag, kamen die Freiwilligen fast auf das Dreifache: Sie liefen 43,7 Meter pro Minute und brauchten daher auch nur ein Drittel der Zeit, um das Tagespensum zu erreichen.

Am letzten Tag der Studie führte die Wissenschaftlerin noch einen zusätzlichen sogenannten Open-Field-Test durch: Sie wollte den Forscherdrang der Nager testen und setzte die Tiere jeweils in einen großen Raum, der in viele kleine Quadrate mit einer Fläche von 15 mal 15 Zentimeter unterteilt war. Leasure zählte die Anzahl der Quadrate, die von den Tieren betreten wurden. Je neugieriger diese waren, desto gründlicher untersuchten sie den Raum, sie liefen hin und her und betraten einen Großteil der kleinen Flächen. Das traurige Ergebnis: Während die freiwilligen Läufer durchschnittlich 23 Quadrate berührten, war der Forscherdrang bei den gezwungenen Läufern fast erloschen. Sie betraten gerade mal sechs.

Freiwilliges Verhalten aktiviert unsere menschlichsten neuronalen Netzwerke: »Wir haben einen Bereich im Gehirn entdeckt, der nur bei Menschen vorkommt«, berichtete der Oxford-Wissenschaftler Professor Matthew Rushworth Anfang 2014. Gemeinsam mit seinen Kollegen hatte Rushworth 25 menschliche Gehirne gescannt und sie mit Scans von Affengehirnen verglichen. Für elf von zwölf untersuchten Bereichen fanden die Wissenschaftler bei den Affen ein Pendant. Den zwölften Teil konnten sie bei den Tieren jedoch nicht entdecken: den Lateral Frontal Pole (LFP). Nur wir Menschen haben diese Netzwerke in unserem Gehirn – und das gleich zwei Mal: einen hinter jeder Augenbraue.

Wir fragen bei Matthew Rushworth nach und lassen uns die genaue Funktion des LFP erklären. »Diese Region des Gehirns ist in der Lage, Informationen zu speichern, die mit den Dingen verbunden sind, gegen die wir uns entschieden haben«, sagt Rushworth. Wenn Sie sich beispielsweise zwischen dem Kauf eines Apple iPhones und eines Samsung Galaxys entscheiden müssen und das Apple-Gerät wählen, dann behält ihr LFP all die Informationen, die für das Galaxy gesprochen hätten. »Es klingt merkwürdig, weshalb wir weiterhin diese Informationen abspeichern«, sagt Rushworth. »Aber es könnte sein, dass wir sie zu einem späteren Zeitpunkt nochmal bräuchten, wenn wir uns abermals entscheiden müssten.«

Einige Monate nach der Entdeckung im Jahr 2014 veröffentlichte Marie T. Banich, Direktorin des Institute for Cognitive Sciences der Universität Boulder in Colorado, eine Studie, in der der LFP eine bedeutsame Rolle spielte. Teilnehmende erhielten Aufgaben, die sie entweder freiwillig oder nach externer Anweisung lösen sollten. Dazu mussten die Teilnehmenden eine besondere Form des sogenannten Stroop-Tests durchführen. Der Stroop-Test ist eine Aufgabe, bei der Menschen zeitgleich mehrere, teils widersprüchliche Impulse vermittelt bekommen und diese in kurzer Zeit innerlich trennen müssen, um dann eine korrekte Antwort geben zu können. Der von Banich verwendete Test funktioniert so: Auf einem Bildschirm sind gleichzeitig zwei Zahlen zu sehen. Diese Zahlen erscheinen in unterschiedlicher Größe. Eine der Zahlen wird mit der Schriftgröße 32, die andere mit der Schriftgröße 18 angezeigt. Es kann also geschehen, dass der Teilnehmende zeitgleich die Zahl 3 in der Schriftgröße 32 und die Zahl 9 in der Schriftgröße 18 sieht. Etwas verwirrend, oder? Das ist mit den widersprüchlichen Impulsen gemeint: Man sieht eine hohe Zahl in kleiner Schrift und eine niedrige Zahl in großer Schrift.

Die Teilnehmenden erlebten nun fünfzehn Runden mit unterschiedlichen Zahlen und unterschiedlichen Schriftgrößen. Manchmal passte die Schriftgröße zur höheren Zahl, manchmal war die niedrigere Zahl in großer Schrift zu erkennen. In jeder Runde mussten die Teilnehmenden nur eine einzige Frage durch Knopfdruck beantworten: Welche Zahl ist größer?

Vor jeder Runde musste jedoch klar sein, was »größer« bedeutet. Und jetzt kommt die Freiwilligkeit ins Spiel. In manchen Runden wurde den Teilnehmenden gesagt: »Bitte achten Sie auf die physische Größe!«, in anderen: »Bitte achten Sie auf den Zahlenwert!« Der Teilnehmende bestätigte dann per Knopfdruck, auf welchen Aspekt er sich fokussieren würde. Dann wurden die beiden Zahlen für 350 Millisekunden eingeblendet. Im Anschluss musste der Teilnehmende durch Knopfdruck die größere Zahl benennen.

In manchen Runden durfte er jedoch vorab freiwillig auswählen, worauf er achten wollte. Durch Knopfdruck gab er bekannt: »Ich achte nun auf den Zahlenwert!«, oder: »Ich achte auf die physische Größe der Zahl!« Wie zuvor bekam er dann für 350 Millisekunden die Zahlen eingeblendet und wählte im Anschluss die Passende aus.

Während der gesamten Prozedur lagen die Teilnehmenden in einem Hirnscanner, sodass Banich und ihre Kollegen die neuronale Aktivität beobachten konnten. Es gab eine Menge Bereiche, die etwas mehr und etwas weniger ansprangen. Doch nur eine Struktur reagierte glasklar, indem sie ihre Netzwerke entweder gar nicht oder sehr stark aktivierte: der LFP. Bekamen die Teilnehmenden von außen vorgegeben, was sie zu tun hatten, rührte sich der LFP überhaupt nicht. Konnte der Proband jedoch freiwillig entscheiden, was er tun wolle, konnten die Wissenschaftler hohe neuronale Aktivität in diesen Netzwerken feststellen.

Die Erkenntnis: Wenn wir etwas freiwillig tun dürfen, wird die menschlichste Struktur unseres Gehirns aktiv.

Falls Sie sich jetzt noch fragen, »Wie genau soll denn aber eine Änderung meines Verhaltens zu einer Veränderung meiner inneren Bilder führen?«, dann erinnern Sie sich kurz an Britta Hölzel, die deutsche Wissenschaftlerin aus dem Kapitel »Fokus – Kein Wandel ohne Aufmerksamkeit«, die an der Harvard Medical School geforscht hat. Hölzels Studien zur Achtsamkeitsmeditation zeigen in Reinform, wie Verhalten die inneren Bilder verändert: Ein neues Ritual (wenige Minuten der Meditation, täglich durchgeführt) veränderte innerhalb von acht Wochen messbar die Struktur des Gehirns. Und innere Bilder sind neurobiologisch betrachtet im Grunde nichts anderes als im Gehirn entstandene Muster von Nervenzellverbindungen.

Was Sie als Führungskraft tun können: Unterstützen Sie Ihre Mitarbeitenden, dass diese selbstständig ein optimales Verhalten entwickeln. Zum einen, indem Sie ihnen die Steine aus dem Weg räumen, die sie davon abhalten, ihre Ziele gut zu erreichen. Zum anderen, indem Sie sie fördern: Vernetzen Sie sie intern mit den Experten, von denen sie lernen können. Bringen Sie sie in Kontakt mit ihren Digital Transformation Coaches, wenn Sie bereits welche haben. Entsenden Sie sie zu Fortbildungen, Schulungen oder Konferenzen, damit sie hinzulernen. Sprechen Sie mit der Personalabteilung über Job-Shadowing-Konzepte, bei denen ihre Mitarbeitenden anderen Kollegen eine Zeit lang über die Schulter schauen. Vermitteln Sie Ihr eigenes Wissen, bieten Sie ein On-the-Job-Coaching an. Und ganz wichtig: Sorgen Sie dafür, dass Ihre Mitarbeitenden das freiwillig und in eigener Geschwindigkeit tun. Denn ein Grashalm wächst nicht schneller, wenn man daran zieht.

Mehr Erfahrung, mehr Hirn

Die gute Nachricht vorab: Es geht mit unserem Gehirn immer wieder aufwärts. Zumindest, wenn man sich die Anzahl der Nervenzellen anschaut. Eine der ermutigendsten Erkenntnisse der modernen Hirnforschung lautet: Unser Gehirn produziert ein Leben lang neue Nervenzellen. Sie wissen das bereits aus dem Kapitel »Fokus – Kein Wandel ohne Aufmerksamkeit«, denn dort haben Sie schon den Hippocampus, die Nervenzellfabrik unseres Gehirns, kennen gelernt. Daher beschäftigt Neurowissenschaftler rund um die Welt immer wieder die Frage: Was begünstigt die adulte Neurogenese – die Neubildung von Nervenzellen nach der Geburt?

Im Jahr 2013 veröffentlichten zehn deutsche Forscher eine Studie, die zwei wichtige Antworten darauf gibt. Das Team um Prof. Dr. Gerd Kempermann vom Deutschen Zentrum für Neurodegenerative Erkrankungen hat dazu 40 genetisch identische Mäuse im Alter von vier Wochen über einen Zeitraum von drei Monaten beobachtet. Wie so oft in diesen Studien gab es eine Test- und eine Kontrollgruppe. Während die Kontrollgruppe für das Quartal in einem relativ langweiligen Käfig lebte, hatten die Forscher für die Testgruppe ein recht aufregendes Umfeld erschaffen – in der Fachsprache nennt man das »Enriched Environment«: Die kleinen Nager hatten einen komplexen Käfig auf vier Ebenen mit sechs kleinen Röhren, durch die sie schlüpfen konnten. Jede dieser Mäuse wurde mit einem kleinen RFID-Funkchip versehen. Im Käfig waren 20 Mini-Antennen versteckt. Durch die Chips in Kombination mit den Antennen waren die Forscher in der Lage, das Bewegungsverhalten der Mäuse automatisch zu dokumentieren.

Die Nager durften nun für die kommenden drei Monate in ihrem jeweiligen Umfeld verbringen. Im Anschluss schauten sich die Forscher die Gehirne aller Tiere genauer an: Die Mäuse in dem Käfig mit den vier Ebenen und den sechs Röhren wiesen eine gänzlich andere Aktivität im Hippocampus auf: Die Neurogenese war fast doppelt so hoch wie bei den Tieren, die in ihrem monotonen Käfig kaum Erfahrungen sammeln durften. Das besondere an Kempermanns Studie war jedoch der Abgleich der Mäuse aus dem Enriched Environment untereinander. Je neugieriger die Tiere waren, je mehr sie durch den Käfig liefen (man konnte das durch die RFID-Chips messen), desto größer war die Neuproduktion von Hirnzellen!

> **Die Erkenntnis:** Bereits die Möglichkeit, mehr Erfahrungen zu sammeln, erhöht die Neuproduktion von Hirnzellen. Werden diese Erfahrungen voll genutzt, steigt die Produktion nochmals messbar an.

Kreieren Sie erreichbare Ziele

In den 1960er Jahren führte der amerikanische Psychologe Martin Seligman ein Experiment durch, das bis heute in ähnlicher Form oftmals wiederholt wurde und immer wieder zu ähnlichen Ergebnissen geführt hat. Seligmann prägte den Begriff der »erlernten Hilflosigkeit«. Der Ablauf ist sehr einfach.

In einer ersten Phase machen die Versuchsteilnehmer eine Zeit lang immer wiederkehrende unangenehme Erfahrungen, die sie nicht beeinflussen können. Für sie gibt es kein Entrinnen.

In einer zweiten Phase erhalten sie die Möglichkeit, die unangenehme Erfahrung zu beeinflussen, beispielsweise, indem sie sie stoppen oder indem sie den Raum verlassen. Doch die immer wiederkehrende ungünstige Erfahrung aus Phase 1 (»Egal, was ich versuche … ich kann es doch nicht ändern«) hat sich bei ihnen inzwischen so tief verankert, dass das apathische, resignierte Verhalten selbst dann bestehen bleibt, wenn sie Einfluss nehmen könnten.

Seligmans ursprüngliches Experiment wurde mit Hunden durchgeführt, die in einen zweigeteilten Käfig gesetzt wurden. Während auf der einen Seite der Boden immer wieder Elektroschocks abgab, konnten die Hunde den Schocks durch einen beherzten Sprung auf die andere Seite des Käfigs entkommen. In Phase 1 trennte Seligman diese beiden Seiten durch eine Wand, sodass die Tiere nicht mehr flüchten konnten. Nachdem er sie mehrere Male den Schocks ausgesetzt hatte, ohne dass sie auf die sichere andere Käfighälfte entkommen konnten, legten sich die Hunde einfach apathisch auf den Boden. Als Seligman nun in Phase 2 den Übergang zu der anderen Käfigseite wieder öffnete, bewegten sich die Hunde jedoch nicht mehr, wenn die Elektroschocks kamen. Sie konnten flüchten, doch sie hatten erlernt: Ich bin hilflos. Auch wenn in der Außenwelt eine Lösung auf sie wartete – in ihrer Innenwelt waren sie gefangen.

Ein ganz normaler Hund bei einer ganz normalen Familie steht vor einer Glastür, die ihm seit Jahren schon den Weg vom Haus in den Garten versperrte. Jetzt entfernt der Besitzer das Glas und springt vor dem Hund mehrfach durch den nun offenen Türrahmen. Doch der Hund wartet mit wedelndem Schwanz im Haus und folgt seinem Besitzer nicht. Erst als das Herrchen den glaslosen Türrahmen öffnet, folgt ihm der Golden Retriever nach draußen.

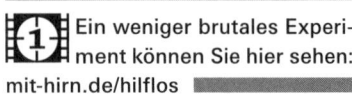

Ein weniger brutales Experiment können Sie hier sehen: mit-hirn.de/hilflos

In Seligmans Experiment war die Reaktion der Hunde deutlich deprimierender. Hatte der Effekt der erlernten Hilflosigkeit seine volle Wirkung erst einmal entfaltet, bewegte sich keiner der Hunde mehr. Selbst wenn man ihnen gut zusprach, sie motivierte oder Futter auf die andere Seite des Käfigs auslegte, blieben sie liegen und ließen die weiteren Schocks über sich ergehen. Die Wissenschaftler mussten physisch eingreifen und die Hunde mehrfach auf die andere Käfigseite heben. Erst dann löste sich der einschränkende innere Zustand langsam wieder auf, sodass sie danach wieder selbstständig auf die andere Seite sprangen.

Können Mitarbeitende auch im Arbeitsalltag Hilflosigkeit erlernen – insbesondere während einer digitalen Transformation? Ja, indem sie immer wieder ungünstige Erfahrungen machen. Indem Menschen unüberwindbare Widerstände oder unerreichbare Ziele verfolgen. Zwar gehören »Fehlerkultur«, »schnelles Scheitern« und »Minimum Viable Products« in den Sprach- und Erfahrungsschatz jedes CDO. Doch wenn die an der digitalen Transformation beteiligten Mitarbeitenden ständig die Erfahrung des Scheiterns machen, besteht das Risiko, dass manche innerlich in eine Apathie verfallen – ähnlich wie Seligmans Hunde.

Ihre Aufgabe als Führungskraft ist es, dass Sie die Herausforderungen in kleine erreichbare Häppchen aufteilen. Das müssen nicht immer schnell erreichbare Ziele sein (Quick Wins), auch kleine, dafür realistisch erreichbare (Small Wins) Ziele können beflügeln.

William Ruckelhaus, der erste Leiter der amerikanischen Umweltschutzbehörde EPA, wählte diese Strategie schon früh: Als er im Jahr 1970 sein Amt antrat, war klar, dass er schwergewichtige Gegenspieler haben würde. Viele Großindustrien hatten kein Interesse daran, die eigenen Produktionsprozesse zu verändern, um die Umwelt weniger zu belasten. Armco Steel schüttete beispielsweise täglich eine halbe Tonne hochgiftiger Abfälle, teilweise Cyanide, in den Bostoner Hafen. Mit ihren Beziehungen in die Politik hatten die Wirtschaftsbosse bereits starke Gegenspieler für Ruckelhaus in Stellung gebracht.

Obwohl die Luftverschmutzung damals das größte sichtbare Problem war, mit deren Bekämpfung Ruckelhaus sich die beste Reputation hätte erarbeiten können, tat er etwas anderes. Er entdeckte ein 80 Jahre altes Gesetz, das es ihm erlaubte, Städte wegen Wasserverschmutzung zu verklagen. Im ersten Jahr reichte die EPA über 100 dokumentierte Fälle an das Justizministerium weiter, um amerikanische Städte rechtlich zu belangen. Durch diese vielen Small Wins sammelte Ruckelhaus' Behörde ausreichend Erfolgserfahrungen, um mit diesem Rückenwind, das deutlich größere Problem der Luftverschmutzung zu bekämpfen. Bereits 1963 wurde ein dazu passendes Gesetz verabschiedet: der Clean Air Act.

Natürlich braucht eine digitale Transformation eine große Strategie. Und zugleich helfen die kleinen, erreichbaren Zwischenschritte, damit Mitarbeitende die notwendigen, bestätigenden Erfolgserfahrungen sammeln. Diese stärken wiederum die inneren Bilder dieser Menschen.

Dass kleine Schritte und kleine Innovationen langfristig zu wirtschaftlich beachtlichen Ergebnissen führen können, hat der Wirtschaftswissenschaftler und emiritierte Professor der Universität Toronto, Samuel Hollander, bereits 1965 entdeckt. Hollander untersuchte die Produktivität von fünf Fabriken des Chemiekonzerns DuPont im Zeitraum von 1929 bis 1960. An manchen Orten hatte das Unternehmen seine Kosten um nahezu 80 Prozent reduzieren können. In seiner Studie, die sich mit kleinen und großen Innovationen in all diesen Fabriken beschäftigte, belegte Hollander: Es sind eher die vielen kleinen Innovationen und nicht die wenigen großen, die zu den größten Veränderungen führen. So sind beispielsweise zwei Drittel aller Kostenreduktionen durch sogenannte Mikroinnovationen möglich gewesen.

Was Sie als Führungskraft tun können: Ermutigen Sie Ihre Mitarbeitenden im Umgang mit der Digitalisierung im Unternehmen dazu, regelmäßig neue Erfahrungen zu sammeln. Das kann ein öffentlicher Vortrag sein, ein neues Projekt, eine neue Rolle oder eine ganz neue Aufgabe. Cewe digital schulte seine Mitarbeitenden nicht nur, sondern setzte sie mitten in einer laufenden Produktion der Digitalabteilung ein. Diese intensive Erfahrung führte zu beachtlichen Lernprozessen. Nutzen Sie Kempermanns Experiment mit den neugierigen Mäusen in einer anregenden Umgebung, um Ihren Mitarbeitenden zu erklären, dass die beste neuronale Entwicklung dann stattfindet, wenn sie ihre Komfortzone verlassen.

Achten Sie jedoch darauf, dass diese Menschen Erfahrungen sammeln, an denen sie wachsen können. Cewe digital tat das, indem sie den neuen Produktionsstandorten zu Beginn nur geringe Mengen digitaler Aufträge übertrugen, an denen sich die Mitarbeitenden ausprobieren konnten.

Ist die Messlatte jedoch zu hoch und droht ein regelmäßiges Scheitern, dann senken Sie die Anforderungen etwas ab. Oder versorgen Sie Ihre Mitarbeitenden mit all dem Wissen, das diese brauchen, um die neuen Herausforderungen zu meistern.

CLAAS – Der Tesla für den Landwirt

Rund 650 000 Euro sind kein Schnäppchen, aber man bekommt auch einiges dafür: 626 PS und 15,6 Liter Hubraum hat der Lexion 700 – das Flaggschiff der Mähdrescher von CLAAS. Das Unternehmen aus Harsewinkel nahe Gütersloh ist europäischer Marktführer für Erntetechnik und produziert Traktoren, Mähdrescher, Feldhäcksler, Rund- und Quaderballenpressen sowie Futtererntemaschinen. »Landwirte stehen unter einem mächtigen Kostendruck und müssen höchst effizient arbeiten«, sagt Philip Vospeter, Head of Digital Transformation. Daher produziert CLAAS seit einigen Jahren bereits teilautonome Maschinen, damit der Mensch sich während der Fahrt auf den Acker und seine Ernte konzentrieren kann.

»Unsere Maschinen sind ein bisschen wie ein Tesla«, sagt Vospeter. »Sie können bereits sehr viel, doch es gibt noch einige Funktionen, die man nachträglich aktivieren kann«. Ein Beispiel: Als im Sommer 2017 der Hurricane Irma auf Florida zuraste, hat Tesla alle in diesem Bundesstaat registrierten Fahrzeuge, die einen 75 Kilowatt-Akku verbaut hatten, jedoch nur die 60 Kilowatt-Version eingekauft hatten, für einige Tage ein kostenloses Upgrade gegeben. Dadurch hatten diese Fahrzeuge eine größere Reichweite und konnten der Naturkatastrophe besser entkommen.

Ein Unterschied zu Tesla: CLAAS vertreibt seine Produkte nicht direkt an den »Endkunden« – den Landwirt –, sondern arbeitet weltweit mit einem Händlernetzwerk. Das ist wichtig, denn die Geräte müssen auf den Punkt genau »performen«. Aufs Jahr gesehen sind manche Maschinen nur fünf bis sechs Wochen im Einsatz. Wenn jedoch in diesem Zeitraum eine von ihnen ausfällt, kostet jede ungenutzte Stunde viel Geld. Deshalb ist es wichtig, dass das Dreieck CLAAS – Händler – Kunde perfekt funktioniert. Denn die Händler übernehmen auch den Service für die Maschinen.

Jedoch entsteht ein direktes Geschäftsverhältnis zwischen CLAAS und den Landwirten, wenn diese für ihre Maschinen einzelne digitale Elemente beziehen wollen – so wie bei einem Tesla. Während bei einem Tesla klar ist: Das Auto fährt auf der Straße, kann sich das bei einem CLAAS-Gerät ständig ändern. Ein Traktor wird vielleicht nur wenige Wochen auf dem Feld für die Ernte genutzt, dann vielleicht im Winter zum Schneeräumen oder etwas ganz anderes.

Über CLAAS' Onlineportal »Easy Shop« kann der Landwirt genau die Funktionen – teilweise auch nur zeitlich begrenzt – hinzukaufen, die er gerade benötigt. Die »Auto Turn«-Funktion ist ein Beispiel. Auch wenn viele von CLAAS' neuen Maschinen auf dem Feld bereits selbstständig fahren können, muss der Mensch am Ende des Feldes eingreifen, um den Mähdrescher oder Traktor zu wenden. Arbeitet er dabei nicht exakt, muss er vor- und zurücksetzen, verliert hierdurch Zeit und beschädigt den Boden unnötig. Eine weitere Fehlerquelle: Der Fahrer setzt nicht passgenau neben der vorherigen Spur an. Mit der Auto-Turn-Lizenz geschieht das alles vollautomatisch. Diese sorgt dafür, dass die Maschine am Ende des Ackers den perfekten Radius einschlägt, um im Anschluss zentimetergenau die Rückfahrt zu beginnen – ohne Überlappung mit der vorherigen Fahrspur, jedoch auch ohne zu großen Abstand, sodass kein Erntegut verloren geht.

Im Easy Shop kann der Landwirt sich weitere Satellitenlizenzen hinzukaufen. Wenn die klassischen GPS-Signale nicht ausreichen, helfen zusätzliche Satelliten, um die Maschinen auf bis zu fünf Zentimeter genau zu navigieren. Gerade bei der Aussaat hilft diese hohe Präzision.

»Unser umfangreichstes digitales Produkt im Easy Shop ist Telematics«, sagt Thomas Böck, verantwortliches Konzernleitungsmitglied für Technologie und Systeme. Mit Telematics lassen sich in Echtzeit Fahrspurdaten, Maschineninformationen wie der Kraftstoffverbrauch, Erntekennzahlen wie Kornfeuchte, aber auch Kartierungen erfassen und automatisch dokumentieren. Die Maschinen senden alle diese Daten über Mobilfunkleitungen an den CLAAS-Server. Der Landwirt kann über ein Onlineportal sämtliche Arbeitsprozesse analysieren und optimieren. Auf einer Google-Maps-Karte sieht er beispielsweise eine eingefärbte Version seines Ackers. Die unterschiedlichen Farben zeigen ihm, wie groß der Ernteertrag auf jedem Quadratmeter gewesen ist. »Gerade für Lohnunternehmen, die ein Feld im Auftrag eines Landwirts bestellt oder gemäht haben, ist die vollständige Dokumentation hilfreich«, sagt Philip Vospeter. »Er kann sie einfach der monatlichen Rechnung anhängen.« Vospeters Vorgesetzter, Thomas Böck, ergänzt: »Die ersten Versionen von Telematics sind inzwischen mehr als zehn Jahre alt. Wir haben die Technologie jedes Jahr verbessert. Inzwischen können wir beweisen, dass ein Landwirt schnell mal einen fünfstelligen Betrag pro Jahr einsparen kann, wenn er damit arbeitet.« CLAAS ist so überzeugt von dem neuen digitalen Produkt, dass das Unternehmen kürzlich entschieden hat, die Basisversion von Telematics jedem Neukunden für die ersten fünf Jahre kostenlos anzubieten.

Bis zum Jahr 2015 entstanden Innovationen aus verschiedensten Teilen der Organisation. Eine Abteilung entwickelte den Easy Shop, eine andere Telematics, und manches wurde auch in eigene Gesellschaften ausgegründet wie beispielsweise »365 Farmnet«: Eine modular erweiterbare Farmmanagement-Software mit Tools von CLAAS und anderen Anbietern für die Dokumentation und Bewirtschaftung von Nutzpflanzen, Tieren und Maschinen – je nachdem, womit der Kunde seinen Hof bewirtschaftet. Der Landwirt kann über »365 Farmnet« via Smartphone sowohl seinen Melkroboter als auch seinen Mähdrescher beim Feldeinsatz im Blick behalten.

Gesellschafterin Cathrina Claas-Mühlhäuser kümmerte sich um ein zentrales Budget, damit alle gesammelten Kundendaten im Unternehmen zusammengeführt werden können. »Wir nennen es ›Sponsored by IT‹«, sagt Vospeter augenzwinkernd. »Im Grunde ist es ein Big-Data-Projekt: In allen Business-Units stehen nun Ressourcen zur Verfügung. Es wird jedoch nur eine zentrale Kostenstelle belastet, um schnell vorwärtszukommen.«

Neben den finanziellen Ressourcen wünscht sich das Managementteam einen neuen Mindset im Unternehmen. »Wir waren mit der Art zu Arbeiten in den letzten Jahrzehnten sehr erfolgreich«, sagt Thomas Böck. »Doch wir brauchen nun vermehrt Menschen, die keine Angst davor haben, in einem Projekt auch mal Fehler zu machen.« Denn wenn sich Außenwelt und Wettbewerb verändern, braucht CLAAS Mitarbeitende, die auch in der Zukunft in der Lage sein werden, deutlich schneller zu reagieren – besser noch zu agieren. Im Silicon Valley werden inzwischen hohe Geldbeträge in Start-ups gepumpt, die dem Landmaschinenhersteller aus Harsewinkel das Leben in nicht allzu ferner Zukunft schwermachen könnten. Das Unternehmen Monsanto beispielsweise, ein US-börsennotierter Konzern, welcher Saatgut und Herbizide produziert, hat sich kürzlich für eine Milliarde Dollar eines dieser Start-ups, die Climate Corporation, einverleibt. Hierbei handelt es sich um ein digitales Unternehmen, das Wetter-, Boden- und Felddaten untersucht, um Landwirten dabei zu helfen, präzise Einblicke und Daten ihrer Felder zu generieren. Climate Corporation bewegt sich daher genau in den Markt, den CLAAS mit dem »Sponsored by IT«-Projekt besetzen will: Die Auswertung und Zurverfügungstellung von Daten an die Landwirte.

Daher dürfen auch bei CLAAS die zukünftigen Innovationen gerne disruptiv sein – selbst in Bezug auf das eigene Geschäftsmodell. Auch die Art des Denkens und die Zusammenarbeit soll sich in dem Harsewinkler Unternehmen verändern. »Wir befinden uns hier seit einiger Zeit in einem

Paradigmenwechsel«, sagt Philip Vospeter. »Ich entdecke bei uns im Unternehmen immer noch Bedenkenträger. Es muss uns jedoch gelingen, die innere Haltung dieser Menschen zu transformieren.«

Die Haltung eines Menschen lässt sich jedoch schlecht messen. Mit der Änderung einer Haltung geht oft etwas anderes einher, das sich gut beobachten lässt: die Änderung des Verhaltens. Das war eine Ebene, auf der CLAAS ansetzte – dem Verhalten. »Philip wollte Querdenker, so etwas wie junge Wilde«, erzählt uns Jennifer Kotula, Mitarbeitende im Digital Transformation Office. »Wir hatten eine der großen Unternehmensberatungen im Hause«, erinnert sich Philip Vospeter. »Sie empfahl uns ein digitales Team aus mehreren Bereichsleitern zu gründen. Aber damit hätten wir aus meiner Sicht nicht die Verhaltensänderungen in die Belegschaft erreicht, die wir brauchten.«

Vospeter wollte eine Keimzelle von Mitarbeitenden, die ein neues Verhalten entwickelt. Sie sollte Dinge infrage stellen, anders miteinander arbeiten, anders denken und all das in den Rest der Organisation tragen. Er gründete daher ein neues interdisziplinäres Team, das operativ intensiv mit vielen Menschen im Unternehmen im Austausch sein würde. Die Teammitglieder sollten dazu beitragen, dass auch die Kollegen im Laufe der Zeit ihre Art zu denken, ihre Zusammenarbeit und letztlich ihre Haltung veränderten – also zu einem neuen Mindset gelangten. Die 22-Jährige Kotula wurde zu einer der »jungen Wilden«: Die Gruppe wird bei CLAAS »Digital Natives« genannt. CTO Thomas Böck ergänzt: »Ich erinnere mich noch, als ich damals als Elektroingenieur in ein Unternehmen mit Maschinenbauern kam, ich war da auch der Andersdenkende. Daher fand ich die Idee mit den Digital Natives auch so sympathisch.«

»Als bekannt wurde, dass wir solch ein Team ins Leben rufen wollen, ist das wie ein Lauffeuer durchs Unternehmen gegangen. Wir bekamen aus allen Bereichen Mails und Anrufe«, erinnert sich Jennifer Kotula, die direkt an Vospeter berichtet. »Jede Menge Mitarbeitende wollten mitmachen, viele Chefs schlugen Menschen aus ihrem Team vor.« Thomas Böck fügt noch hinzu: »Wir waren von der Resonanz überrascht. Es kamen Anfragen aus China, Indien und Südamerika.«

Als die Mitglieder ausgewählt waren, traf sich das neu gegründete fünfzehnköpfige Team erstmals im Oktober 2016. Zunächst diskutierten sie die eigenen Erwartungen und die erarbeiteten Aufgaben für sich selbst. »Wir hatten dem Team nur gesagt, dass wir von ihnen erwarten, dass sie querdenken sollen«, sagt Vospeter. Mithilfe externer Begleitung stiegen die Digital Natives dann auch inhaltlich schnell und tief ein. In einem zweitägigen Design-Thinking-Workshop beschäftigten sie sich mit dem bestehenden Telematics-System. »Wir fragten uns, wie wir Telematics unseren Händlern und Endkunden noch näherbringen könnten«, erzählt Kotula. »Denn neben all den Maschinen müssen sie jetzt zusätzlich auch noch die neuen digitalen Produkte verstehen.« Einmal pro Monat treffen sich die Digital Natives seitdem zu weiteren Design-Thinking-Workshops, um sich mit Themen wie »Arbeiten 4.0«, »Onlineverkauf von Produkten«, aber auch komplett neuen Geschäftsmodellen auseinanderzusetzen.

Die Art, sich Problemen zu nähern, wie die Digital Natives es in ihrer kleinen Gruppe erlebt hatten, wurde zu einer Blaupause für andere Bereiche der Organisation. Die Digital Natives begannen, die neu erlernten Methoden mit den Kollegen zu teilen. Teilweise, indem sie selbst Workshops leiteten, teilweise, indem sie die neuen Tools vermittelten. »Die Kollegen kommen durch diese Art der Zusammenarbeit aus den Silos raus«, freut sich Jennifer Kotula. »Sie kommunizieren viel mehr miteinander. Ein weiterer Aspekt von Design Thinking oder Lean Start-up ist, dass man ein Thema aus den Augen der Kunden betrachtet. Inzwischen sind wir immer mehr mit unseren Kunden in Kontakt, um direkt oder zwischen den Zeilen zu erfragen, was sie sich von uns wünschen.« berichtet sie. Bisher war das neben den Verkaufsmitarbeitenden nur den Produktmanagern erlaubt. »Zu Beginn war es für manche unserer Kunden irritierend, so direkt angesprochen zu werden«, berichtet Thomas Böck. »Manche riefen mich oder meine Vorstandskollegen an und fragten, ob das denn wirklich ernst gemeint war, dass sie nun so eingebunden würden. Die meisten reagierten jedoch eher mit einem: ›Jetzt hört man uns auch mal genauer zu und setzt auch manche unserer Ideen um‹.«

Auch das schnelle Scheitern (Fail fast), das im Kontext der Digitalisierung immer wieder genannt wird, propagiert CLAAS zunehmend. »Unser CFO ist immer kurz davor, einen Herzinfarkt zu bekommen, wenn wir das mit dem Scheitern erwähnen«, lacht Vospeter. »Wir erinnern ihn dann immer wieder an das Konzept des Minimum Viable Product und daran, dass Scheitern nicht bedeutet, dass gleich mehrere Millionen versenkt werden, sondern nur sehr überschaubare Beträge.«

»Ich merke bereits jetzt bei vielen Kollegen, dass sie anders miteinander interagieren als noch vor einem Jahr«, so Kotula. »Bei manchen verändert sich auch etwas im Inneren.« Thomas Böck ergänzt: »Bei uns am Hauptsitz ist es bereits gut in die Gemäuer eingezogen. Ich denke, dass wir nahezu die Hälfte der Mitarbeitenden bereits erreicht haben und dass wir bei ihnen einen Veränderungsprozess initiieren konnten.«

Um bei Menschen die inneren Haltungen zu verändern, kann man einen weiteren Weg einschlagen: Man lässt sie neue Erfahrungen machen. »Manche Dinge können wir unseren Mitarbeitenden nicht erklären. Das müssen sie einfach selbst ausprobieren«, sagt Vospeter. Daher geht das traditionsreiche Unternehmen noch einen Schritt weiter: Ausgewählte Teams können frei von Hierarchien agieren und eigene End-to-End-Lösungen erarbeiten. »Wir haben kürzlich eine kleine Gruppe von Mitarbeitenden zwischen 22 und 55 Jahren zusammengestellt und sie neue Geschäftsmodelle erarbeiten lassen«, sagt Vospeter.

Ähnlich wie Heizungsbauer Viessmann führt auch CLAAS in seinem Hause Ideen-Workshops mit Kunden durch. In einem dieser Workshops entstanden die Projekte, an denen Jennifer Kotula nun mit weiteren Kollegen arbeitet. Das kleine Team entwickelte drei Geschäftsideen, die den klassischen Produktverkauf genauso umfassen wie auch ein Mietmodell und die Vermittlung externer Dienstleister. »Manche Landwirte haben nicht ausreichend eigene Kapazität, um ihre Felder abzuernten«, erläutert Kotula. »Sie greifen dann gerne auf Lohnarbeiter zurück.« Das Problem: Kommt ein Unwetter dazwischen und muss ein Landwirt eine Woche früher als geplant ernten, sind manche Lohnunternehmer kurzfristig nicht verfügbar, oder es fehlen Maschinen. CLAAS will helfen, diese Erntespitzen durch die Vermittlung von landesweiten Lohnunternehmern und zusätzlichen kurzfristig mietbaren Maschinen auszugleichen. »Das hat schon einen disruptiven Charakter«, ergänzt Thomas Böck. »So eine Revolution kann die Kundenlandschaft durcheinanderbringen.«

Vertriebschef Bernd Ludewig wurde zum Sparringspartner und Berater für das Projekt. »Er hat uns eine Menge Steine aus dem Weg geräumt«, freut sich Jennifer Kotula, und Ludewig fügt hinzu: »Viele Kollegen erwarteten, dass sich das Team an die bestehenden Prozesse halten soll.

Ich musste das ein oder andere Mal diese Erwartungen managen und klarmachen, dass wir hier alle sehr bewusst außerhalb der bestehenden Strukturen arbeiten wollen.«

Das Team hatte sich auch bereits einen Markt gewählt, in dem sie mit dem Projekt starten wollten. »Herr Ludewig empfahl uns, doch eher eine Region zu suchen, in der wir bereits über gute Kundenkontakte verfügen«, bemerkt Kotula. Der Vertriebschef nahm auch einen »Klick-Dummy«, einen Prototyp der Bestell-Software, mit zur Gesellschafterin Cathrina Claas-Mühlhäuser und holte für das Team den Support der Unternehmerin ein. CLAAS ging mit einem Minimum Viable Product in Polen an den Markt, um die Reaktion der potenziellen Kunden zu testen. »Wir arbeiten mit Print, Google-Adwords, E-Mails und Briefen, um das Angebot zu bewerben. Jedoch sollten unsere Kunden nicht wissen, dass das Angebot von CLAAS kommt. Wir wollten unsere Marke nicht nutzen, um Aufmerksamkeit zu erhalten, sondern erkunden, ob das Produkt überzeugt«, erklärt Jennifer Kotula. Diese neuen intensiven Erfahrungen haben das Team schnell über sich hinauswachsen lassen – ähnlich wie die Mitarbeitenden von CEWE, die mitten in die digitale Produktion gesetzt wurden. Kotula ergänzt: »Methodisch fühlten wir uns als Team bei der Entwicklung der neuen Geschäftsidee sehr sicher. Und zugleich waren das Expertenwissen und das Netzwerk unserer Chefs an vielen Stellen sehr wichtig, um schneller voranzukommen.«

Ein weiterer Weg, die innere Haltung von Menschen zu verändern, sind Vorbilder. Die Führungskräfte von CLAAS starteten im Unternehmen die Phase der digitalen Transformation, indem sie bei den Mitarbeitenden an die Tugenden des Gründergeistes des seit 1913 bestehenden Unternehmens appellierten. »Wir brauchen diesen Mut von damals auch heute«, sagt Vospeter.

Es brauchte jedoch mehr als eine einmalige Ermutigung, sondern beständige Impulse. Diese Aufgabe wird nun von mehreren Ebenen übernommen. Zum einen sind die Digital Natives nicht nur Begleiter, sie sind zu Rollenvorbildern für eine andere Art des Denkens und des Arbeitens geworden. »Wenn ich überlege, dass Frau Kotula vor zwölf Monaten noch in der Produktstrategie saß und an Präsentationen gearbeitet hat, finde ich ihre persönliche Transformation schon beeindruckend«, sagt Philip Vospeter nicht ohne Stolz. »Inzwischen hat sie alle Tools zur Hand, um gemeinsam mit den Kollegen neue Geschäftsmodelle zu entwickeln – und das tut sie ständig.«

Ein weiteres gutes Vorbild ist der Vertriebsprofi Wolf von Wendorff. Er leitet den Aufbau der Händlernetzwerke. Anstatt sich jedoch nur Gedanken darüber zu machen, in welcher Region CLAAS neue Händler gebrauchen könne, stellt er seine eigene B2B-Funktion immer wieder infrage, indem er sich zusätzlich mit dem Aufbau von B2C-Vertriebsmodellen beschäftigt: Künftig sollen Landwirte ihre Landmaschinen auch direkt von CLAAS beziehen können. Im Moment jedoch findet 90 Prozent des Vertriebs noch über Händler statt – entsprechend groß ist der Widerstand, den von Wendorff ab und an von seinen Kollegen erfährt, wenn er an deren B2B-Geschäft rüttelt. Doch da die Außenwelt bereits beginnt, disruptiv zu agieren – siehe Monsanto mit seiner Ein-Milliarden-Akquisition der Climate Corporation – stellt sich von Wendorff dem internen Gegenwind und beschäftigt sich stärker mit dem Endkundengeschäft. Eine Tugend des Gründergeistes.

Konzernleitungsmitglied Thomas Böck benennt als Rollenmodell für die Transformation auch Nico Michels. Der Name kam auch Philip Vospeter in den Sinn. »Selbst Nicos zehnjähriger Sohn kann inzwischen Roboter programmieren«, sagt Vospeter. »Er lebt das Thema durch und durch und schafft uns die digitale Transformation zum Anfassen.« Nico Michels leitet den Bereich »Digital Product Engineering« und gilt als Pragmatiker, der nahezu jede Idee umsetzt. »Er strahlt eine Begeisterung für seine Arbeit aus, die dazu führt, dass er für viele Menschen zu einer Anlaufstelle geworden ist«, freut sich Thomas Böck. Der Maschinenbauingenieur und gelernte Produktionstechniker Michels spricht gerne von der »Revolution des Engineerings«, die er vorantreiben darf.

Innere Bilder – Mitarbeitende orientieren sich an Ihnen

Wissen Sie noch, wann Justin Bieber seinen musikalischen Durchbruch hatte? Man muss sich im Grunde nur an die Zeit vor einigen Jahren erinnern, in der viele Jugendliche eine Frisur trugen, die die Augen halb mit Haaren verdeckte. Nachdem Madonna öffentlich über ihren bevorzugten

Kinderwagen, den Bugaboo, gesprochen hatte, sah man – gerade in den hippen Gegenden der Städte – eine Menge junger Mütter genau diese Marke durch die Straßen schieben.

Markenartikler und Werbeagenturen wissen um diesen Nachahm-Effekt und legen Millionen auf den Tisch, damit Jürgen Klopp das richtige Auto fährt, Bruce Willis das passende Bier trinkt oder Magdalena Neuner schöne Marken-Unterwäsche anzieht. Im Jahr 2004 nahm die Chanel-Gruppe ganze 20 Millionen Euro für einen Fernseh-Spot in die Hand, um Nicole Kidman für ein Parfum der Marke No. 5 werben zu lassen.

Wenn wir andere Menschen beobachten, führt das zu einer besonderen Form neuronaler Erregungsmuster. Was die Werbeindustrie seit Jahren bereits bewusst nutzt, hat der italienische Neurophysiologe Giacomo Rizzolatti 1992 mit der Entdeckung sogenannter Spiegelneuronen bestätigt. Wenn ein Makake – ein Primat, der mit der Meerkatze verwandt ist – beobachtet, dass ein Versuchsleiter oder ein Artgenosse ein Stück Nahrung zu sich nimmt, dann werden in seinem Gehirn dieselben neuronalen Netzwerke aktiv, als würde er selbst essen.

Dass das Äußere das Innere formt, das ist allen Eltern klar, die sich überlegen, ob sie den Spross nicht doch lieber in einem Kindergarten mit einem »besseren« sozialen Umfeld anmelden. Äußere Bilder beeinflussen innere Bilder. Unser Umfeld hat einen Einfluss auf unsere neuronalen Netzwerke. Der kanadische Psychologe Albert Bandura, den wir Ihnen im letzten Kapitel mit der »Viracious Experience« vorgestellt haben, hat dazu Experimente mit Kindern durchgeführt, die nachweislich Angst vor Hunden hatten. Bereits die Vorführung eines Films, in dem Menschen fröhlich mit Hunden spielen, reduzierte ihre Angst. Hatten die Kinder sich den Film mehrfach angesehen, trauten sie sich im Anschluss erstmals, einem echten Hund nahezukommen und ihn zu streicheln. Wenn Sie denken, dass nur Kinder so schnell beeinflussbar sind, dann erinnern Sie sich an die Bugaboo-Mütter oder an die Veltins-Kunden, die Bruce Willis nacheifern. Unser Umfeld wirkt ständig auf uns – beispielsweise beim Essen. Professor Lenny Vartanian von der University of Toronto hat in einer Meta-Analyse über 40 Studien durchforstet, die den »Modeling of food intake«-Effekt zum Thema haben. Sein Ergebnis: Die Menschen, mit denen Sie gemeinsam Nahrung zu sich nehmen, beeinflussen Sie subtil. Isst das Gegenüber mehr, essen Sie auch mehr. Ist der andere gerade auf Diät, füllen auch Sie Ihren Teller womöglich weniger.

Das Modellieren, das Nachahmen des Verhaltens anderer Menschen, beginnt damit, dass wir ihnen zuerst einmal – bewusst oder unbewusst – Aufmerksamkeit schenken. Und jetzt kommen Sie als Führungskraft ins Spiel. Ob Sie es wollen oder nicht: Sie als Person in einer leitenden Position erhalten immer ein hohes Maß an Aufmerksamkeit. Die Menschen um Sie herum achten auf das, was Sie tun. Auch in der Tierwelt erhalten die Anführer erhöhte Aufmerksamkeit. Der Anthropologe Lionel Tiger konnte es bereits bei Pavianen beobachten: Das Rudel schaut alle zwanzig bis dreißig Sekunden zu dem Anführer. Wenn es an seinem Verhalten erkennt, dass alles in Ordnung ist, geht es der bisherigen Tätigkeit nach.

Wir Menschen ticken nach einem ähnlichen Muster. Susan Fiske, Professorin an der Princeton University und Leiterin des Bereichs Soziale Neurowissenschaften, fasst Teile ihrer Forschung so zusammen: »Aufmerksamkeit findet in einer Hierarchie immer nach oben statt. Sekretärinnen wissen mehr über ihre Chefs als umgekehrt. Studenten wissen mehr über den Professor als dieser über sie.« Jetzt könnten Sie schlussfolgern: »Ist ja klar, wenn ich als Chef jede Menge Mitarbeitende habe, dann kann ich schon aus zeitlichen Gründen gar nicht so viel Wissen über alle diese Menschen ansammeln wie diese über mich«. Ja, aus Ressourcenmanagement-Perspektive hätten sie damit Recht. Und zugleich, das Phänomen der unterschiedlichen Aufmerksamkeit findet auch in ganz kleinen Gruppen statt. Fiske führte dazu ein Experiment mit jeweils zwei Teilnehmenden durch. Einer gehörte zum Forscherteam und gab vor, sich um einen Job beworben zu haben. Der andere Teilnehmende bekam die Rolle der Person, die in einem Gespräch eruieren sollte, ob der Bewerber für den Job passt. Je mehr Entscheidungsbefugnis die zweite Person in dem Gespräch erhielt, desto stärker verringerte sich die Aufmerksamkeit, die sie dem Bewerber während des Gesprächs schenkte.

In die andere Richtung funktionierte es genau umgekehrt. In einem weiteren Experiment ließ Fiske mehrere Versuchspersonen eine Aufgabe erledigen, während ein weiterer Teilnehmender die Gruppe beobachtete. Je deutlicher den an der Aufgabe arbeitenden Menschen vermittelt wurde, dass der Beobachter das Arbeitsergebnis bewerten, vielleicht sogar belohnen würde, desto mehr verschob sich der Fokus der Gruppe auf diesen Menschen.

Auch wenn Sie im Kontext der Digitalisierung manche hierarchischen Strukturen auflösen, um mehr Entscheidungsfreiheit und Agilität zu ermöglichen; in den meisten Unternehmen wird es weiterhin einen CEO und weitere Führungskräfte geben. Und damit auch Menschen, die über Gehalt, Beförderung oder andere für die Mitarbeitenden relevante Themen entscheiden. »Menschen achten auf Menschen, die einen Einfluss auf sie und ihre Ergebnisse haben«, sagt Susan Fiske. »Sie tun das, um vorauszusagen und möglicherweise zu beeinflussen, was geschieht. Dazu sammeln Menschen Informationen über diejenigen, die die Macht haben.« Alexander Birken, Vorstandsvorsitzender der Otto-Group, bringt es auf den Punkt: »Der Vorstand muss ein Vorbild sein und wird sehr genau beobachtet.«

Als Führungskraft sind Sie die Madonna mit dem Bugaboo, der Bruce Willis mit dem Veltins oder der Jürgen Klopp mit dem Opel. Ihr Verhalten beeinflusst die Menschen in Ihrem Unternehmen. Es ist wichtig, dass Sie sich dieser gewollten oder ungewollten Vorbildfunktion bewusst werden. Wenn es nur eine Sache auf der Ebene der inneren Bilder gäbe, die Sie mitnehmen könnten, dann sollte es folgende Frage sein:

> Welches ideale Vorbildverhalten könnte ich in meinem Unternehmen entwickeln, um Mitarbeitende zu inspirieren, die digitale Transformation bestmöglich mitzugehen?

Der Einfluss innerer Bilder auf unser Gehirn

Wenn Sie ein Foto Ihres Kindes, Ihrer großen Liebe, Ihres Lieblingsortes oder Ihrer Lieblingsfußballmannschaft sehen, was geschieht dann?

Es ist nur ein Foto. Farbige Punkte auf Papier. Und trotzdem führen diese Punkte bei vielen Menschen zu emotionalen oder körperlichen Reaktionen. Sie könnten sogar das Betrachten der Fotos überspringen und unmittelbar an etwas Angenehmes denken, das in Ihnen zu einer Reaktion führt. Probieren Sie das mal für einen Moment …

Anthony Jack, Professor für kognitive Wissenschaft an der Case Western Reserve University, bittet Menschen in seinen Experimenten, sich besonderes angenehme und besonders unangenehme Dinge vorzustellen. Im fMRT macht er Scans von ihrem Gehirn, während die Teilnehmenden die inneren Bilder entstehen lassen, um die Jack sie bat.

Stellen Sie sich vor, Sie wären einer dieser Teilnehmenden. Der Wissenschaftler stellt Ihnen Fragen wie: »Welche Schwierigkeiten erwarten Sie bei der digitalen Transformation in Ihrem Unternehmen? Wie herausfordernd wird es sein?« Geleitet durch diese Fragen, lassen Sie in sich die Antworten entstehen – sei es durch innerlich gesprochene Worte, durch Gefühle oder vielleicht durch Tagträume.

Und nun stellen Sie sich vor, ein Kollege von Ihnen liegt ebenfalls in so einem Hirnscanner. Anstatt die Schwierigkeiten der digitalen Transformation auszuloten, fragt Anthony Jack diesen Kollegen Dinge wie: »Stellen Sie sich vor, die digitale Transformation findet bestmöglich statt. Was würden Sie dann in zwei, drei oder fünf Jahren tun? Wie würden Sie Ihre Zeit verbringen?«

Natürlich war Jacks Studie nicht auf digitale Transformation ausgelegt. Seine Fragen waren etwas allgemeiner, doch sie folgten dem gleichen Muster. Manche der Teilnehmenden sollten sich ihre Zukunft problematisch vorstellen, die anderen sollten eher positive Bilder entstehen lassen. Die problemorientierten Vorstellungen führten im Gehirn zu einer Aktivierung der Bereiche, die mit dem sogenannten sympathischen Nervensystem assoziiert sind. Dieses ist Teil des vegetativen Nervensystems, das wir für gewöhnlich durch unseren bewussten Willen nicht direkt ansteuern können. Das Attribut »sympathisch« trügt jedoch. Wenn dieser Teil des Nervensystems aktiv wird, versetzt er den Körper eher in hohe Leistungsbereitschaft. Der Blutdruck steigt, der Herzschlag wird schneller, die Darmtätigkeit verringert sich. Wir sind auf Angriff oder Flucht eingestellt. Zudem wird bei den Probanden mit den problemorientierten Vorstellungen der rechte präfrontale Cortex aktiver. Dieser Teil des Gehirns ist schon seit frühester Kindheit mit eher unangenehmen Emotionen assoziiert. Wenn man Babys Zitronenwasser auf die Lippen träufelt, kann man eine erhöhte Aktivität genau dieses Hirnbereichs erkennen.

Ganz andere Aktivitäten zeigten die Menschen in Jacks Experiment, die begonnen hatten, sich positive Zukunftsszenarien auszumalen. Die Wissenschaftler nannten es »Positive Emotional Attractor«. Bei ihnen wurde der linke präfrontale Cortex aktiv – der Teil des Gehirns, der bei den Babys ansprang, wenn man ihnen Zuckerwasser auf die Lippen träufelte. Zudem trat noch eine andere Struktur im Frontallappen hervor, der ventromediale präfrontale Cortex. Dieser Teil wird mit einem sogenannten »Safety Signal« assoziiert, einem Gefühl von sozial-emotionaler Sicherheit. Und zu guter Letzt meldete sich das parasympathische Nervensystem. Es wird auch als »Erholungsnerv« bezeichnet: Es verlangsamt den Puls, der Blutdruck sinkt und das Verdauungssystem wird angeregt.

Was Sie als Führungskraft tun können: Wenn Sie den Potenzialkreis genauer ansehen, stellen Sie fest, dass ein Mitarbeitender, der ein neues Verhalten zu entwickeln beginnt, neue Erfahrungen sammelt. Diese wiederum beeinflussen seine inneren Bilder. Unterstützen Sie Ihre Mitarbeitenden auf der Ebene des Verhaltens und der Erfahrungen, wirkt bereits die Tatsache, *dass* sie es tun. Einem Mitarbeitenden eine neue Aufgabe zu übertragen, bedeutet, an ihn zu glauben. Das Vertrauen des Chefs bestärkt die inneren Bilder des Mitarbeitenden unmittelbar!

Ein weiterer Weg, die Ebene der inneren Bilder zu stärken, ist folgender: Agieren Sie als Vorbild und leben Sie vor, wie man sich in einer digitalen Transformation idealerweise verhält. Bei CLAAS sind es Führungskräfte wie Wolf von Wendorff, der beim Aufbau neuer Vertriebskanäle gegen viele interne tradierte Strukturen kämpft, oder Nico Michels, der so viel Begeisterung ausstrahlt, dass er zur Anlaufstelle für viele Menschen wurde. Beide agieren im Sinne des Gründergeistes. Bei cewe digital waren es die vier neuen Geschäftsleiter, die offen zugaben, nicht alles zu können, viel hinzulernen zu müssen und sich ab und an auch eine blutige Nase zu holen. All das inspirierte viele Mitarbeitende. Sie sahen Menschen vor sich, die über ihren eigenen Schatten sprangen und über sich hinauswuchsen. So wuchsen auch sie selbst über sich hinaus.

Essenz für Eilige

Führung im Wandel – Wie Menschen über sich hinauswachsen

- Aus neurobiologischer Perspektive tragen Menschen großes Potenzial in sich – Milliarden von Nervenzellen, die ein Leben lang durch mögliche Neuverknüpfung zu neuen Gedanken, neuen Verhaltensweisen und neuen Fähigkeiten führen können.
- Gute Führungskräfte sorgen für Rahmenbedingungen, durch die diese Neuverknüpfungen in den Mitarbeitenden stattfinden können.
- Das Modell des »Potenzialkreises« beschreibt, durch welche Muster Führungskräfte das Potenzial ihrer Mitarbeitenden besonders gut zur Entfaltung bringen können. Sie können auf drei Ebenen ansetzen:
  1. Verhalten,
  2. Erfahrungen,
  3. innere Bilder.
- Die Geschäftsführer der cewe digital mussten sehr viel lernen, lebten ein »Fail fast« vor und waren letztlich sehr erfolgreich. Sie dienten dadurch dem Rest der Belegschaft als Vorbilder und inspirierten sie dazu, es ihnen gleich zu tun.
- Bei den Mitarbeitenden des CEWE-Mutterkonzerns arbeiten die Chefs auf der Ebene der Erfahrungen. Anstatt das Wissen über die neue digitale Produktion einfach nur zu schulen, entsandten sie die Mitarbeitenden zum Tochterunternehmen cewe digital, um sie tief in den bestehenden Produktionsprozess zu integrieren. »Ich hätte mir zuvor nicht vorstellen können, was ich dort erlebte«, erzählt einer der Mitarbeitenden. Der Wissenszuwachs durch Miterleben und Mitgestalten fand schneller und intensiver statt.
- Wenn Führungskräfte möchten, dass Mitarbeitende für die digitale Transformation neue Verhaltensweisen erlernen, so sollten sie das auf freiwilliger Basis ermöglichen. Denn die Freiwilligkeit führt zu einer höheren Ausschüttung neuronaler Wachstumshormone. Das Gehirn strukturiert sich dadurch nachhaltiger um.

- Wenn Führungskräfte ihren Mitarbeitenden neue Erfahrungen ermöglichen, erhöht das die Neurogenese bei diesen Menschen. Der Hippocampus produziert deutlich mehr Hirnzellen.
- Wenn Führungskräfte ihre Mitarbeitenden durch neue Projekte und Aufgaben auf der Erfahrungsebene unterstützen wollen, sollten sie ihnen gut erreichbare Zwischenziele (Small Wins) setzen. Diese stärken die inneren Bilder dieser Menschen und erhöhen die Wahrscheinlichkeit einer guten Zielerreichung.
- Der Landmaschinenhersteller CLAAS hat während der digitalen Transformation den Mindset seiner Mitarbeitenden in den Fokus genommen. »Wir brauchen vermehrt Menschen, die keine Angst davor haben, in einem Projekt auch mal Fehler zu machen«, gab der Konzernvorstand bekannt. Das Unternehmen setzte auf allen drei Ebenen des Potenzialkreises an:

1. Auf der Verhaltensebene wurden die »Digital Natives« gegründet – eine Art Digital Transformation Coaches. Diese begannen, zunächst selbst die neuen Methoden agiler Zusammenarbeit zu erlernen, und zeigten sie danach den Kollegen.
2. Auf der Ebene der Erfahrungen wurden kleine Teams gegründet, die frei von Hierarchien agieren und eigene End-to-End-Lösungen erarbeiten.
3. Wichtige Protagonisten wurden zu Vorbildern. Sie »erschaffen eine digitale Transformation zum Anfassen«, wie Mitarbeitende berichten.

Kapitel 7

Zeit für ein neues Menschenbild

»Das Heil unserer Welt besteht nicht in neuen Maßnahmen, sondern in neuen Gesinnungen.«

Albert Schweitzer

»Manchmal, wenn ich in einem 70-Millionen-Dollar-Kampfjet über ein Kriegsgebiet im mittleren Osten geflogen bin, habe ich sehr schwerwiegende Entscheidungen getroffen – es ging dabei um Leben und Tod«, erzählt uns Ben Kohlmann. »Zurück in unserer Air-Station in San Diego, musste ich von meinem Vorgesetzten jedoch die Erlaubnis einholen, nach Mitternacht noch ein Bier trinken zu dürfen. So wollen es die Vorschriften.« Ben Kohlmann war viele Jahre lang Pilot einer F/A-18 Hornet, der gleichen Maschine, in die auch Lieutenant Maverick alias Tom Cruise im Hollywood-Blockbuster *Top Gun* eingestiegen ist. Kohlmann galt damals in der US-Navy als Störenfried, da er die gesetzten Regeln und Strukturen immer wieder hinterfragte – wie beispielsweise die Unverhältnismäßigkeit, über Menschenleben entscheiden zu müssen, jedoch bei einem Bier den Chef um Erlaubnis fragen zu sollen. »Wir agieren immer noch mit einem Mindset wie im Kalten Krieg«, erzählt Kohlmann. »Ich war immer der, der dem Admiral unbequeme Fragen stellte. Mir wurde dann eines Tages gesagt, ich solle damit aufhören, denn es sei beschämend für mein Geschwader.«

In öffentlichen Foren kritisierte Kohlmann gerne das Verteidigungsministerium, das seiner Meinung nach die Kreativität der Menschen in der Navy durch tradierte Prozesse und Strukturen systematisch unterdrückte. »Wenn ein junger Mensch eine Idee einbringen wollte, hatte er sieben bis acht Hürden der Bürokratie über sich, die ›Nein‹ sagen konnten«, erzählt er. »Das Militär lebte wie auf einer Insel. Es beschäftigte sich nur mit sich selbst.«

Zurück vom Kampfeinsatz im Mittleren Osten wurde Kohlmann Flug-ausbilder in Miramar, San Diego – der Schauplatz, an dem auch *Top Gun* gedreht wurde. »Diese Umgebung war gut für mich, denn dort lebten auch viele Menschen, die nicht vom Militär kamen.« Brian Ferguson, ein Navy-Seal, wurde zu einem von Kohlmanns besten Freunden. Sie gründeten in ihrer Freizeit eine Gruppe: die »Disruptive Thinkers«. »Für mich war das zu Beginn eher die Idee von Networking mit Personen, die nicht beim Militär sozialisiert waren. Wir trafen uns mit Menschen aus dem ›Öko-system‹ der Unternehmer. Dort begannen wir, uns über sämtliche Themen auszutauschen, die uns in den Kopf kamen«, erinnert er sich. Kohlmann begann in militärischen Nischenmagazinen die gemeinsamen Gedanken zu publizieren. Innerhalb von sechs Monaten bildeten sich weitere »Dis-ruptive Thinker«-Ableger in Washington, Seattle und Austin, Texas.

Navy-Admiral Terry Kraft war einer der Leser von Kohlmanns Ar-tikeln. Er lud den als Störenfried bekannten Piloten, diesen jungen Wilden, nach Norfolk zur größten Marinebasis der Welt ein. Dort gab er ihm die Chance, seine privaten Gedanken beruflich umzusetzen. Kohlmann wurde von Terry Kraft zum Gründungsmitglied der CRIC gemacht – der »Chief of Naval Operations Rapid Innovation Cell« (CRIC).

CRIC wurde ein interner Think-Tank, der sich mit der Entwicklung neuer Gedanken in der US-Navy beschäftigte. »Wir haben begonnen, Rahmenbedingungen zu schaffen, die unsere Kameraden in die Lage versetzen, eigene Ideen einzubringen und zu entwickeln«, erzählt uns der 35-jährige Kohlmann. »Endlich versackte das kreative Potenzial der Menschen nicht mehr in den bürokratischen Strukturen, sondern es bestand die Möglichkeit, es umzusetzen.« Die fünfzehn Mitglieder der Innovationszelle wurden aus verschiedensten Teilen der Navy rekrutiert. Eine Besonderheit: Gerade dann, wenn sie gemeinsam zu Außenterminen fuhren, trugen die CRIC-Mitglieder Zivilkleidung. Die verschiedenen Ränge blieben also verborgen, und so konnten die Mitglieder sich auch untereinander auf Augenhöhe begegnen.

Bereits nach einem Jahr waren erste Veränderungen sichtbar: Kohlmann und seine Kollegen installierten einen 3D-Drucker auf dem Flugzeugträger USS Essex. Die Mannschaft konnte nun Dinge des Alltags herstellen, die aus Platzgründen nicht immer mitgeführt wurden, beispielsweise Kunststoffspritzen oder Tankdeckel. Auch kleinere Innovationen wie

Modellflugzeuge wurden gedruckt. »Der größte Wert des 3D-Drucks waren jedoch nicht die Produkte, sondern die Kultur, die dadurch entstand«, sagt Kohlmann. Als das CRIC-Team im Jahr 2013 das Gerät auf dem 1 800-Mann-Flugzeugträger installierte, war der kommandierende Offizier zunächst nur widerwillig dazu bereit, das geschehen zu lassen. Als der Drucker jedoch ein Jahr später auf ein anderes Schiff verfrachtet werden sollte, bat derselbe Offizier darum, dass es bleiben möge. »Auf dem Flugzeugträger war ein besonderer Mindset entstanden. Jeder, der eine gute Idee hatte, konnte mit dem Drucker einen Prototyp herstellen. Diese ›flache‹ Philosophie veränderte das bisher sehr hierarchisch geprägte Klima in der Mannschaft.«, erzählt Kohlman.

Nur wenige Jahre später wurden diese ersten Erfolge massiv skaliert. Im Sommer 2017 stellte die Navy in einem riesigen 3D-Drucker ein U-Boot für den Materialtransport her. Für gewöhnlich würde die Fertigstellung fünf Monate und 800 000 US-Dollar verschlingen. Der 3D-Druck dagegen benötigte nur vier Wochen und verbrauchte ein Zehntel der Kosten.

Kohlmann hat die Navy inzwischen verlassen. »Ich habe dort 90 Prozent dessen gelernt, was man über die Fliegerei wissen kann«, erzählt er uns. »Ich will nicht die nächsten Jahrzehnte damit verbringen, die restlichen 10 Prozent zu lernen.« Lieber will er mit einigen der Menschen, die er in seinen Jahren bei den »Disruptive Thinkers« kennen gelernt hat, ein eigenes Unternehmen aufbauen. Man nimmt ihm das ab. Der Ex-Pilot sprüht vor Energie, er spricht schnell und mit hoher Informationsdichte. Worauf er als Unternehmer denn besonders achten werde, wollen wir von ihm wissen. »Man braucht zwar die Top-Performer. Doch diese wissen meistens sehr gut, wie man sich im System verhalten muss, um vorwärtszukommen«, antwortet er. »Die Menschen dagegen, die nicht systemkonform agieren, sind oftmals starke disruptive Treiber. Nach genau diesen Personen haben wir damals gesucht, als wir CRIC aufgebaut haben. Denn wirkliche Veränderung findet nur dann statt, wenn viele Köpfe unterschiedliche Ideen haben. Das Problem ist nur, die meisten Organisationen sind nicht darauf ausgerichtet, diese Menschen auf dem Radar zu haben. Das würde ich ändern.«

Ortswechsel von San Diego nach Hamburg. Wir treffen Alexander Birken, den Vorstandsvorsitzenden der Otto Group, zum Lunch. »Wir könnten uns alle duzen. Wir könnten auch einen Hipster-Bart und coole

Mützen im Vorstand tragen, aber das wäre nicht authentisch«, zitiert er die Antwort eines Vorstandsmitglieds, die dieser während eines öffentlichen Dialogs einem jüngeren Kollegen gab. Der junge Mann hatte vorgeschlagen, im Konzern das »Sie« durch ein »Du« zu ersetzen. Den Vergleich mit dem Hipster-Bart ließ dieser jedoch nicht gelten, er blieb hartnäckig. Mit Erfolg: »Durch den Vorschlag haben wir uns anschließend im Vorstand nochmal mit dem Thema auseinandergesetzt«, sagt Alexander Birken. Die Erkenntnis des obersten Führungskreises: »Konzernweit propagieren wir das gemeinsame ›Wir‹. Und vom ›Sie‹ zum ›Wir‹ ist es gefühlt ein weiterer Weg als vom ›Du‹ zum ›Wir‹«. Der Impuls des jungen Querdenkers hatte sich durchgesetzt: Inzwischen gilt in dem familiengeführten Hamburger Traditionskonzern mit seinen 50 000 Mitarbeitenden das »Du« – für alle, die das wollen.

Dass die Impulse aus der Mannschaft überhaupt gehört werden, und dass sie zudem auch zu Veränderungen führen können, wurde bewusst von der Eigentümerfamilie und dem Vorstand herbeigeführt. »Wir stellen die Hierarchiepyramide gerade vollständig auf den Kopf«, erzählt Alexander Birken. »Einige unserer neuen Geschäftsmodelle stammen nicht von unseren schlauen Strategen, sondern von anderen Menschen aus dem Unternehmen, die eine brillante Idee hatten.« Das Angebot OTTO NOW beispielsweise entstand aus einer Zusammenkunft junger Kollegen heraus: Viele Haushalts-, Technik- oder Sportgeräte, die Kunden bisher auf otto.de kaufen konnten, bietet das Unternehmen unter ottonow.de auch zur Miete an. Birken freut sich über den Erfolg: »Die Intensität der Kundenbindung durch die Mietmodelle wird viel intensiver – anstatt Käufer haben wir plötzlich Fans.«

Die Veränderung in der Otto Group hatte bereits im Jahr 2015 unter dem Namen »Kulturwandel 4.0« begonnen. In den ersten Monaten war der Prozess insbesondere durch den Vorstand und einige Fachabteilungen geschultert worden. Seit Januar 2017 koordiniert nun ein zentrales siebenköpfiges Team den Wandel.

Kulturwandel 4.0 wurde zu einem wichtigen Aspekt der digitalen Strategie. »Die digitale Transformation hat zwei Komponenten«, erzählt Birken. »Zum einen das rein Technische – das ist aus meiner Sicht der einfachere Teil. Herausfordernd ist die zweite Komponente. Der kulturelle Teil – das Einbinden der Mitarbeitenden.« Jedes Vorstandsmitglied der

Otto Group verbringt seit dem Jahr 2015 pro Monat ein bis drei Tage mit dem Thema. »Ohne Kulturwandel 4.0 würden wir die Digitalisierung nicht meistern«, bekräftigt der Vorstandschef. »An drei Start-ups beteiligt zu sein und einen CDO eingestellt zu haben, das macht ein Unternehmen noch nicht digital. Ich glaube, man muss wirklich in den Schmerz gehen – in die tiefe Veränderung der Organisation, in die Veränderung der Zusammenarbeit und in die Veränderung der inneren Haltung, mit der viele Führungskräfte innerhalb des Unternehmens agieren. Die digitale Transformation muss gemeinsam mit allen Kollegen stattfinden, wenn wir erfolgreich sein wollen – auf Augenhöhe.«

Das Risiko übermäßiger Eigenbestätigung

> Fährt ein Geschäftsführer auf der Autobahn. Im Radio hört er die Verkehrsansage: »Achtung, Achtung, auf der A9 befindet sich ein Geisterfahrer. Bitte fahren Sie vorsichtig!«. »Ein Geisterfahrer?«, fragt er sich. »Das sind doch Dutzende!«

Unser Gehirn verarbeitet – je nach Studie – zwischen zehn und zwölf Millionen Impulse pro Sekunde. Um dieser riesigen Menge an Daten Herr zu werden, filtert es einen Großteil aus. Die Impulse aus der Netzhaut beispielsweise landen nicht direkt in der Sehrinde, sondern sie machen noch einen Umweg über den Thalamus, der den größten Teil des Zwischenhirns bildet. Dieser wiederum erhält zusätzlich zu den Daten der Augen auch Daten der Sehrinde, die diese aus früheren Bildern gespeichert hat. Es ist so, als würde die Sehrinde dem Thalamus die Informationen übermitteln, welche sie gleich erwartet zu erhalten. Wenn wir üblicherweise am Morgen im Büro einem bestimmten Kollegen begegnen, dann schickt die Sehrinde dem Thalamus die Daten bereits vorab zu: »Glatze, blaue Augen, Dreitagebart, 1,75 Meter groß, leicht schiefe Nase«. Hat der Kollege an diesem Morgen jedoch eine Sonnenbrille auf oder ist glattrasiert, dann sendet der Thalamus nur diejenigen Informationen an die Sehrinde zurück, die von der Erwartung abweichen. Sieht er aus wie immer, dann werden die Daten über Kleidung oder mimische Details übertragen. Die Sehrinde übermittelt dem Thalamus etwa zehnmal so viele Informationen, wie dieser an sie zurückschickt. Das ist so, als wenn Sie einen guten Freund (die Sehrinde) treffen, und dieser Ihnen (Sie sind der Thalamus) gleich zu Beginn sagt: »Ich schätze, du wirst mir gleich von deiner neuen brünetten Nachbarin berichten, die dir heute wieder über den Weg lief«. Sie selbst antworten dann: »Stimmt, aber die ist jetzt blond.«

90 Prozent der in uns entstehenden Bilder der Außenwelt beruhen also nicht auf den Informationen, die unsere Netzhaut generiert, sondern sind Kreationen unseres Gehirns!

Die konstruierte Wirklichkeit beginnt hier jedoch erst. Sobald unser Bewusstsein und damit unsere höheren geistigen Leistungen zu unseren Sinneswahrnehmungen dazukommen, steigt die Verzerrung von dem, was wir von unserer Außenwelt wahrnehmen, und dem, was unser Gehirn daraus macht, nochmals deutlich. Wenn die höheren Netzwerke unseres Gehirns einbezogen werden, die für unsere Überzeugungen und Werte verantwortlich sind, beginnen diese unmittelbar mit ihrer eigenen Selektion. Von dem bereits vorgefilterten Bruchteil der Informationen, der uns von unseren Sinnen übermittelt wird, wird nun genau der Teil selektiert, der unsere vorgefertigten Auffassungen bestätigt. Unser Gehirn liebt es, energiesparend zu arbeiten. Es kostet weniger Energie, ein bereits konstruiertes neuronales Netzwerk von bestehenden Überzeugungen zu stabilisieren, als ein neues Netzwerk mit neuen Glaubensmustern aufzubauen. Daher sucht das Gehirn automatisch aus den zur Verfügung stehenden Daten genau nach denen, die zu dem eigenen Konstrukt der Wirklichkeit passen. Zugleich werden jedoch wesentliche Informationen bewusst oder unbewusst ausgefiltert. Man spricht dann von einem »Bestätigungsfehler«.

Ein kurzes Experiment dazu, das Ihnen zeigt, wie dieser Bestätigungsfehler entsteht. Ihre Aufgabe ist es, die versteckte Regel zu entdecken!

Wir geben Ihnen drei Zahlen vor: zwei, vier und sechs. Nennen Sie uns nun drei weitere Zahlen, und wir geben Ihnen die Rückmeldung, ob diese zu unserer Regel passen. Welche Zahlen kommen Ihnen in den Sinn? Vielleicht die Acht, die Zehn und die Zwölf? Wenn Sie uns diese drei nennen würden, würde unsere Antwort lauten: Ihre Zahlen stimmen mit unserer Regel überein. Mutmaßlich wären die nächsten Zahlen, die Sie uns nun nennen würden, die Vierzehn, die Sechszehn und die Achtzehn. Wir hätten Ihnen abermals die Rückmeldung gegeben: »Stimmt, die Zahlen passen zu unserer Regel.« Sie haben also mehrfach die Information erhalten, dass Ihr Ergebnis richtig ist. Sie bestätigen sich selbst damit, dass Ihre interne Regel richtig sein muss. Doch wie lautet denn nun Ihre interne Regel? Lautet sie: »Man muss jewils eine Zwei hinzuaddieren«? Falls ja, dann liegen sie falsch. Das ist nicht die Regel, die wir im Kopf hatten.

Dieses Experiment wurde von dem englischen Denkpsychologen Peter Wason entwickelt, und es zeigt wunderbar auf: Menschen arbeiten meist nur mit Hypothesen, die ihre eigenen Annahmen bestätigen. Egal, welche Regel Sie während des Experiments in Ihrem Kopf haben – Sie würden vermutlich nur diejenigen Zahlen benennen, die diese Regel bestätigen. Bei der 2-4-6-Aufgabe gelangt man jedoch erst dann zu einer Lösung, wenn man bewusst Zahlen wählt, die NICHT der eigenen Regel entsprechen. Sie könnten uns beispielsweise auch die Zahlen 102, 170 und 190 nennen, auch dann würden wir mit »Ja, das passt zu der Regel!« antworten. Sie bekämen die gleiche Antwort bei 120, 122 und 268. Doch bei 88, 86 und 12 wäre unsere Antwort: »Falsch!« Erst durch das Falsifizieren, durch das Benennen von Zahlen, die *nicht* Ihrer vermuteten Regel entsprechen, würden Sie letztlich die Lösung entdecken. Unsere Regel lautete nämlich: »Es müssen drei gerade, aufsteigende Zahlen sein«.

Machen Sie das Experiment mit einem Freund. Achten Sie dabei darauf, auf welche Art er versucht, die Regel zu entdecken. Verifiziert er nur, begeht er also den Bestätigungsfehler? Oder nennt er bewusst Zahlen, die seiner angenommenen Regel widersprechen?

Ist so ein neuronales Netzwerk erst einmal etabliert, reicht es nicht, sich seine Fehleranfälligkeit nur bewusst zu machen. Die britische Psychologin Natalie Wyer hat an der University of Plymouth im Jahr 2010 in einem Experiment aufgezeigt, wie schnell diese Muster entstehen und wie nachhaltig sie wirken. Sie zeigte 32 Probanden jeweils ein und dasselbe Bild einer glatzköpfigen Person. Der einen Hälfte der Testpersonen erklärte sie: »Es handelt sich um einen Krebspatienten.« Die andere Hälfte der Teilnehmenden ließ sie glauben, dass es ein Skinhead sei. Im Anschluss verriet Wyer den Versuchsteilnehmenden, dass der Mann auf dem Foto ein glatzköpfiger Mensch ohne jede politische Gesinnung sei. Doch der erste Eindruck hatte bereits seine neuronalen Spuren hinterlassen. In einem

Folgetest, den Wyer mit den 32 Probanden durchführte, entdeckte sie, dass die 16 Teilnehmenden, die sie zuvor kurzfristig an einen Skinhead hatte denken lassen, immer noch beeinflusst waren. Sie brachten den glatzköpfigen Menschen eher mit negativen Eigenschaften in Verbindung als die andere Gruppe – aller Aufklärung zum Trotz. Die ursprüngliche Prägung wirkte also unbewusst weiter.

Schmerzhaft kann es dann werden, wenn solche Eigen-Bestätigungen Einfluss auf finanzielle oder geschäftliche Entscheidungen haben. Der Südkoreaner Jaehong Park beschäftigte sich während seiner Zeit an der McCombs School of Business der University of Texas, mit dem Phänomen der Bestätigungsfehler im Aktienhandel. Im Jahr 2009 führte er eine Feldstudie mit Nutzern des südkoreanischen Portals naver.com durch. Naver ist die beliebteste Suchmaschine des Landes. Mit über 70 Prozent Marktanteil liegt sie weit vor Google. Die Suchmaschine aus dem Silicon Valley erreicht in Südkorea nicht einmal 5 Prozent Bekanntheit.

Die Seite finance.naver.com bietet Investoren viele relevante Finanz-informationen, um das eigene Aktienportfolio bestmöglich zu pflegen. Jaehong Park fand 502 Investoren, die bereit waren, an seiner Studie teil-zunehmen. Er befragte sie vorab, welche Aktien aktuell in ihrem Fokus standen, und was sie mit den Papieren vorhatten. Park unterschied in einem Fragebogen, den die Teilnehmenden ausfüllten, für jede Position zwischen »strong sell«, »sell«, »hold«, »buy« and »strong buy«. Zudem wollte der Wissenschaftler wissen, welchen Gewinn die Investoren in-nerhalb eines Monats erwarteten. Jeder der Teilnehmenden hatte also bereits zu Beginn der Studie eine klare Meinung zu den Aktien, die ihn interessierten. Die teilnehmenden Investoren erhielten die Daten für ihre Aktien nun über ein von Jaehong Park erstelltes Portal, das ihr Nutzer-verhalten genau notierte. Die Wissenschaftler hatten aus der Fülle von Informationen, die auf finance.naver.com zu finden waren, jeweils fünf relevante News generiert. Zwei dieser News sagten etwas Positives über jede Aktie aus, eine war neutral gehalten, und zwei hatten eher kritischen Charakter.

Wie verhält sich nun ein Investor, der vorhat, Samsung-Aktien zu erwerben? Welche der News klickt er an? Und was würde ein Besitzer genau dieser Aktien tun, der sie verkaufen will? Welche der verfügbaren Informationen wird er bevorzugt lesen?

Vielleicht ahnen Sie bereits, was geschah. Die Investoren klickten am häufigsten diejenigen News, die ihre vorgefertigten Meinungen bestätigten. Die Wissenschaftler mussten dieses Klickverhalten nur mit den vorher gemachten Angaben der Teilnehmenden abgleichen, um den Beweis zu erhalten. Wollte einer Aktien verkaufen, so las er eher die positiven Inhalte. Hatte er vor, seine Anteile abzustoßen, dann las er vermehrt die kritischen Neuigkeiten. Am ausgeprägtesten war der Zusammenhang bei den »Strong buy«-Investoren zu erkennen. 78 Prozent der von ihnen geklickten News dienten der Selbstbestätigung, 12 Prozent der Klicks verwendeten sie für neutrale Neuigkeiten. Gerade mal 10 Prozent der Texte, die sie lasen, hinterfragten ihre bestehende Meinung.

Eigentlich wäre das Verhalten der Teilnehmenden, die sich selbst darin bestätigen, wie richtig sie liegen, gar nicht so schlimm gewesen – hätten sie damit Erfolg gehabt. Doch Jaehong Park schaute sich auch die Gewinne der teilnehmenden Investoren an. Diejenigen, deren Bestätigungsfehler am ausgeprägtesten war, hatten am Ende am wenigsten Geld verdient!

Die Erkenntnis: Je stärker bei einem Menschen die eigene Meinung ausgeprägt ist, desto mehr sucht er nach Informationen, die diese bestätigen – auch wenn er damit falsch liegt.

Der Starinvestor Warren Buffet ist sich des Risikos dieses Fehlers bewusst, der im Englischen »Confirmation Bias« genannt wird. Er hört daher seinen Kritikern sehr genau zu. Und er empfiehlt auch seinen Aktionären, den Besitzern von Berkshire-Hathaway-Aktien, genau hinzuschauen. Buffet ging einmal sogar soweit, dass er Doug Kass, einen seiner ärgsten Kritiker, zur Aktionärsversammlung einlud und ihm vorab Redezeit zusicherte. Anstatt die Kritik auszublenden, machte Buffet sie zum Teil des eigenen Verbesserungsprozesses. So wie auch Navy-Admiral Terry Kraft den internen Kritiker Ben Kohlmann zu einem Mitgestalter machte – und am Ende die Navy damit veränderte.

Massive Fehlentscheidungen könnten also die Folge sein, wenn Unternehmen und Führungsebenen diesen unbewusst stattfindenden Bestätigungsfehler nicht bewusst angehen, und konsequent Menschen einbeziehen, die ihre zwölf Millionen Impulse pro Sekunde anders filtern.

Die Filmbosse von United Artist, Universal und Disney, die die *Star-Wars*-Idee des jungen Drehbuchautors George Lukas abgelehnt hatten, waren Opfer ihres eigenen Bestätigungsfehlers. Der Film passte nicht zu dem, was sie in ihren vorgefertigten neuronalen Netzwerken als »Stoff für einen guten Streifen« abgespeichert hatten. Ähnliches geschah mit den Juristen aus der Rechtsabteilung von Fox – der Firma, die den Film letztlich einkaufte. George Lukas gelang es mit Leichtigkeit, die Merchandise-Rechte für *Star Wars* zu behalten. In den vorgefertigten neuronalen Netzwerken von Fox' Anwälten waren diese Rechte unbedeutend. Der Umsatz von *Star-Wars*-Merchandise-Artikeln sollte jedoch später die Milliardengrenze überschreiten – und Lukas' Kassen füllen anstatt die von Fox.

Auch das Management von Hewlett-Packard (HP) erlag dem Bestätigungsfehler. Dieses Mal kam der Impuls jedoch nicht von außen, sondern von einem Mitarbeiter. Der Mann hatte in seiner Freizeit einen Computer entwickelt. Ganze fünf Mal schmetterten die Chefs seine Idee ab, bis dieser schließlich kündigte. Der ehemalige HP-Mitarbeiter hieß Steve Wozniak. Er gründete daraufhin mit seinem Freund Steve Jobs eine Firma namens Apple. Seine damalige Erfindung schrieb als »Apple I-Computer« Geschichte.

Edwin Kohl, Gründer des Medikamentenimporteurs »kohlpharma«, spricht von seinem größten Fehler, wenn er sich daran erinnert, wie er das Angebot an sich vorbeiziehen ließ, zu einem frühen Zeitpunkt bei Mobilcom einzusteigen. Er verpasste dadurch einen zwei-, vielleicht sogar dreistelligen Millionengewinn. Er schwor sich danach, künftig flexibler zu agieren, anstatt ständig so zu handeln, wie er immer schon gehandelt hatte. Er wollte neue neuronale Netzwerke etablieren.

Ein hilfreiches Rollenverständnis für Führungskräfte

Im Jahr 2016 veröffentlichte Justin Berg, Professor für Organizational Behavior an der Stanford Graduate School of Business, eine vielbeachtete Studie. Das Papier mit dem Titel »Balancing on the Creative High-Wire: Forecasting the Success of Novel Ideas in Organizations« zeigte auf, dass innovative Mitarbeitende bei der Bewertung neuer Ideen deutlich höhere Trefferquoten haben als die Führungsebene. Berg wählte für seine

Forschung eine ganz besondere Branche, in der der Erfolg neuer Ideen sehr schnell messbar ist: die Zirkuswelt.

Der Wissenschaftler analysierte dazu das Verhalten von 13 248 Zuschauern, denen er Online-Filme von neuen artistischen Kunststücken zeigte. Zuvor hatte er gemeinsam mit einem ehemaligen »Cirque du Soleil«-Künstler weltweit 339 Zirkus-Profis aus 43 Ländern für seine Studie rekrutiert. Diejenigen, die gerade neue Ideen entwickelt hatten, wurden ermutigt, ihre Darbietung zu filmen und einzusenden. Im Anschluss wurden alle 339 Teilnehmenden der Studie gebeten, diese Filme einzuschätzen. Welche der neuen Zirkustricks in den Filmen würden von den Zuschauern positiv aufgenommen werden, welche würden wohl eher durchfallen?

Nachdem Berg die kurzen Videos den 13 248 Zuschauern online zur Verfügung gestellt hatte, konnte er erkennen, die schlechtesten Vorab-Einschätzungen hatten die 120 der 339 Profis abgeliefert, die ausschließlich als Zirkus-Manager arbeiteten. Sie hatten verstärkt Kunststücke als populär bewertet, die von den Zuschauern kaum beachtet wurden. Oder sie unterschätzen Darbietungen, die bei den Zuschauern zu großer Resonanz führten. Knapp gefolgt bei der Fehleinschätzung wurden sie von den teilnehmenden Künstlern, die ihre eigenen Filme bewerteten. »Sie sind einfach zu angetan von der eigenen Idee«, sagt Berg. Die beste Trefferquote dagegen erreichten dieselben Künstler, wenn sie gebeten wurden, den Erfolg der Darbietung ihrer Kollegen vorab einzuschätzen. »Sie waren extrem treffsicher bei der Einschätzung der Ideen der anderen«, sagt der Stanford-Wissenschaftler. »Sie konnten innerlich einen Schritt zurücktreten und waren weniger verliebt in die Kunststücke, da es nicht die eigenen waren. Jedoch sind sie tief mit dem kreativen Prozess vertraut und hatten daher ein besseres Gespür dafür, was das Publikum mag.«

»Sie sind die ersten, denen ich das erzähle«, verrät uns Dr. Rolf Hollander. Gerade ist er zum Vorsitzenden des Kuratoriums der CEWE-Stiftung ernannt worden, nachdem er zwischen 2002 und 2017 Vorstandsvorsitzender des Oldenburger Fotodienstleisters war.

»Als in unseren Unternehmen damals die digitale Assistenzfunktion für das CEWE-Fotobuch entwickelt wurde, war ich zunächst ziemlich skeptisch«, erinnert sich Hollander. »Ich dachte mir, dass das kein Mensch nutzen würde.«

Jeden Montagvormittag treffen sich in der Oldenburger Zentrale einige Mitglieder des Vorstandes mit Mitarbeitenden aus Marketing, IT und Produktion zu einer »Innovationsrunde«. Alle Kollegen, die Interesse haben, können sich auch in das Meeting setzen. »Wir besprechen die Produkte, die jetzt gerade auf den Weg gebracht werden, welches Konsumentenverhalten wir beobachten können, oder wir diskutieren neue Ideen«, erzählt Hollander. »Als bei einem solchen Meeting damals die Idee mit der Assistenzfunktion aufkam, habe ich meine Zweifel für mich behalten und der Meinung meines Kollegen, der diese Funktion entwickeln wollte, vertraut und wollte es gern auf einen Versuch ankommen lassen. Zum Glück, heute werden 28 Prozent aller CEWE-Fotobücher von unseren Kunden mit dieser Assistenz-Funktion konfiguriert. Sie ist sehr beliebt und kurbelt den Umsatz an.«

Auch Peter Fregelius, Swisscoms Head of TV 2.0, überlässt die Einschätzung neuer Produktideen inzwischen nahezu vollständig seinen Mitarbeitenden. »Früher hatten wir noch ein ›Product Approval Board‹«, meint er. In diesem Steuerungskreis bewerteten und genehmigten er und einige andere Führungskräfte die Vorschläge der Mitarbeitenden. »Doch ganz ehrlich: Wie sollen wir in kurzer Zeit etwas bewerten, womit sich andere Menschen im Austausch miteinander tage- oder gar wochenlang beschäftigt haben?«, sinniert Fregelius in seinem schwedisch-schweizerischen Dialekt. »Ich kann bestenfalls aus der Helikopterperspektive meine Sicht dazu mitteilen oder Informationen beisteuern, die die Mitarbeitenden noch nicht hatten – manchmal muss man strategische oder interne politische Aspekte bedenken.« Fregelius und seine Kollegen hinterfragten damals grundsätzlich den Mehrwert, den sie als Führungskräfte einbringen können – und änderten schließlich das »Approval Board« in ein »Advisory Board«. »Wir haben den Mitarbeitenden gesagt, dass sie jederzeit mit neuen Produktideen auf uns zukommen konnen, um sich Rat einzuholen. Drei bis vier Monate lang geschah das auch. Dann war die Erfahrung und Selbstsicherheit der Menschen plötzlich so sehr gestiegen, dass sie uns nicht mehr brauchten«, erinnert er sich. »So haben wir schließlich auch das Advisory Board abgeschafft. Zu Beginn war es schon komisch für uns, dass unsere Mitarbeitenden weiterhin gute Ergebnisse lieferten, auch wenn wir uns als Chefs nicht ständig einbrachten.«

Heute werden die Ideen aller Mitarbeitenden an einer großen Tafel gesammelt. Im zehnten Stock des Zürcher Swisscom-Tower kann jedes Team-Mitglied seine Ideen hinterlassen. Diese werden dann in einem zwei-stufigen Prozess von den anderen Mitgliedern geprüft. Jeden Mittwoch um neun Uhr morgens findet ein großes Meeting statt, in dem alle neuen Ideen besprochen werden. Bereits jetzt können von allen Teilnehmenden Bedenken eingebracht werden. Ist diese erste Hürde genommen, über-nimmt einer der »Experience Designer« die neue Idee und beschäftigt sich detaillierter damit. »Welchen Einfluss hat der Vorschlag auf den Kunden?«, lautet eine seiner Leitfragen. Er spricht auch im Detail mit den Technikkollegen, welchen Aufwand die Umsetzung bedeuten würde. Ist auch diese Hürde genommen, geht die Idee in das Product Backlog – den Produktionsplan. Alle paar Wochen präsentiert Fregelius das Product Backlog dem Konzernvorstand. Die von dem Team vorgeschlagenen Produktentwicklungen wurden bisher alle durchgewunken.

Swisscom hat bei TV 2.0 die drei Einheiten Produktmanagement, Produktentwicklung und IT-Operations zusammengelegt – eine Kon-stellation, die in dem Konzern bisher einmalig ist. »Als dieses große Team entstand, haben die Menschen begonnen, viel regelmäßiger miteinander zu sprechen«, sagt Fregelius. »Vorher waren viele Führungskräfte damit beschäftigt, zwischen diesen Menschen zu vermitteln – das war plötzlich nicht mehr notwendig. Ein weiteres Mal stellten wir Führungskräfte fest, dass es auch ohne uns gut funktioniert. Wir haben im Grunde gerade zwei parallele Strukturen bei TV 2.0. Zum einen die klassische, hierarchische Linienstruktur und zum anderen die virtuellen Teams. Hierarchisch gesehen steht der Linienmanager über den virtuellen Teamleads. Doch funktionell hat sich vieles verschoben. Man könnte diese Struktur auch um 90 Grad drehen, dann hätte man die Linienmanager und virtuellen Teamleads auf einer Ebene. Das ist eigentlich auch die Realität.«

Während der Rest der Organisation noch in klassischen Strukturen ar-beitet, denkt Fregelius zunehmend darüber nach, wie es wäre, die Linien-organisation ganz in die virtuelle Form der agilen Teams zu übertragen. »Sowas kann man nicht über Nacht tun«, meint er. »Dazu müssten die Menschen, die bisher in der klassischen Linienorganisation Führungsauf-gaben übernehmen, auch erstmal bereit sein – und ich habe das Gefühl, dass sich das gerade mal ein Drittel der Führungskräfte wünschen würde. Alle bräuchten neue Rollen, die sie gerne übernehmen wollen. Ich könnte mir vorstellen, dass beispielsweise die Verantwortung für die Strategie der Entwicklung so eine Rolle sein könnte – denn dazu braucht man eine breite Perspektive.« Fregelius weiß, dass es dazu eine behutsame Annäherung braucht. Um eine so tiefgreifende Umstrukturierung mitzutragen, müssen klassische Führungskräfte sowohl den Mehrwert für das große Ganze als auch für sich persönlich erkennen. Denn es braucht ihre Bereitschaft, loszulassen.

Da der TV-2.0-Bereich die Avantgarde dieser neuen Form der Zusammenarbeit innerhalb der Swisscom ist, bedeutet es bereits jetzt eine besondere Herausforderung, innerhalb der tradierten Strukturen zu agieren. Seit es beispielsweise keinen zentralen Steuerungskreis für die Produkte mehr gibt, ist Fregelius als Leiter des Bereichs auch nicht mehr jederzeit über den aktuellsten Entwicklungsstand informiert. »Für mich war das zu Beginn ein schwieriger Lernprozess, die Unsicherheit auszuhalten, nicht mehr alles zu wissen. Es hat einige Monate gedauert, bis auch mein Chef akzeptierte, dass ich ihm auf Anfrage nicht unmittelbar alle Antworten liefern kann«, sagt Fregelius. Die Tatsache, dass er seinen Mitarbeitenden sehr viel Vertrauen schenkt und sie eigenständig arbeiten lässt, bedeutet auch, dass diese ihn nicht ständig in den Stand ihrer Arbeit einbeziehen. Informationen muss er sich daher selbst einholen. »Ich bitte meinen Chef inzwischen manchmal um etwas mehr Zeit, damit ich selbst die Antworten besorgen kann, die er gerade von mir haben will. Inzwischen akzeptiert er das. Er sieht das Gesamtkonstrukt mit all seinen Vorteilen. Vor allem aber sieht er die hohe Geschwindigkeit, mit der es vorangeht.«

Begrenzungen und Demut

Was Dr. Rolf Hollander und Peter Fregelius gelungen ist: Sie haben die sogenannte Kruger-Dunning-Falle vermieden, in die mancher Chef tappt. Hohe Kompetenz in manchen Gebieten bedeutet nicht automatisch hohe Kompetenz in einem neuen Kontext – beispielsweise bei Themen der digitalen Transformation. Trotzdem entsteht dieser Irrglaube ab und an, denn Menschen neigen dazu, positive Illusionen über ihre eigenen Fähigkeiten zu entwickeln.

Die Sozialpsychologen Justin Kruger und David Dunning von der Cornell University haben dazu einen anschaulichen Beweis geliefert. In ihrer bekannten Studie »Unskilled and Unaware of It: How Difficulties in Recognizing One's Own Incompetence Lead to Inflated Self-Assessment« zeigen sie, dass unter bestimmten Rahmenbedingungen Inkompetenz gerne gepaart mit Selbstüberschätzung auftritt.

»Oft sterben die Menschen nicht wegen der extremen Bedingungen, sondern weil sie sich überschätzen«, erzählt ein Sherpa am Mount Everest. 4000 Menschen haben bisher bis zum Jahr 2017 den höchsten Berg der Welt erklommen. Über 280 Menschen sind während der Besteigung ums Leben gekommen. Sie überschätzten die eigenen Fähigkeiten, dem Wind zu trotzen, der dort oben mit einer Geschwindigkeit von bis zu 320 Stundenkilometern weht. Sie glaubten, auch die Temperatur meistern zu können, die bis zu minus 62 Grad erreichen kann. »Angesichts dessen, was sich seit vielen Jahren am Everest abspielt, staune er nicht über die vielen Toten«, sagt der Extrembergsteiger und Buchautor Reinhold Messner. »Ich staune über die Naivität.«

Zurück zu dem Experiment von Kruger und Dunning. Die beiden Forscher ließen Probanden an einem Grammatiktest teilnehmen. Nach dem Test wurden die Teilnehmenden gebeten, sowohl ihre eigenen grammatikalischen Fähigkeiten als auch ihre eigenen Testergebnisse zu bewerten. Die Wissenschaftler konnten nun erstmals das später nach ihnen benannte Phänomen feststellen. Die Teilnehmenden mit den schlechtesten Ergebnissen überschätzten sowohl ihre eigenen Fähigkeiten als auch die eigenen Testergebnisse am meisten.

Die beiden Sozialpsychologen erweiterten das Experiment und ließen die Teilnehmenden mit den schlechtesten Ergebnissen fünf ausgewählte Tests von anderen Probanden anschauen. Das gesamte Spektrum war vertreten: schlecht, Mittelmaß und Top-Ergebnisse. Da die ausgewählten Probanden jedoch wenig Grammatikkompetenz hatten, gelang es ihnen nicht, die Unterschiede zu dem eigenen Test zu erkennen. Obwohl sie das Top-Resultat eines anderen Probanden vorliegen hatten, schätzten sie im Anschluss die eigenen Testergebnisse weiterhin deutlich besser ein, als sie tatsächlich waren. »Den Teilnehmenden fehlten weiterhin die metakognitiven Fähigkeiten«, schlossen die Wissenschaftler daraus.

Kruger und Dunning ergänzten daher ein weiteres Experiment, in dem sie die Teilnehmenden in eine Lehrstunde über Grammatik schickten. Erst nachdem die Probanden mit den schlechtesten Ergebnissen einen Zuwachs an Wissen gewonnen hatten, waren sie in der Lage, ihre eigenen Ergebnisse besser einzuschätzen. Glaubten sie bisher, in dem vorherigen Test mehr als fünf richtige Antworten gegeben zu haben, reduzierten sie diese Fehleinschätzung nun von fünf auf eine richtige Antwort – und damit lagen sie ziemlich nahe bei dem tatsächlichen Testergebnis.

Diese Erkenntnis konnten die beiden Wissenschaftler auch in anderen Themengebieten wiederholen. Testeten sie beispielsweise Inhalte wie soziales Wissen, trat genau das gleiche Phänomen auf. Ein und dieselbe Person kann in einem Bereich sehr kompetent, in einem anderen Wissensgebiet jedoch sehr unwissend sein und sich dann stark überschätzen.

Wenn Sie als Führungskraft bei neuen Produkten und Innovationen Ihrer Mitarbeitenden davon überzeugt sind, deren Marktchancen ziemlich genau beurteilen zu können, besteht das Risiko, dem Kruger-Dunning-Phänomen ausgesetzt zu sein. Treffen Sie dann eine falsch-positive Entscheidung, besteht die Gefahr, dass viele interne Ressourcen vergeudet werden – und die Idee trotzdem nicht vermarktbar ist. Oder sie treffen eine falsch-negative Entscheidung. Sie schmettern einen genialen Vorschlag ab, so wie das HP-Management es bei Steve Wozniak getan hat. Sie wissen ja, die beste Trefferquote in der Einschätzung über den Erfolg oder den Misserfolg einer Idee haben oft die Kollegen – und nur selten die Chefs.

Vielleicht gehören Sie jedoch bereits zu einem anderen Teil der Probanden. Denn besonders überraschend war das Verhalten der Teilnehmenden mit den Top-Ergebnissen. Sie zeigten ein hohes Maß an Demut. Obwohl sie ständig Bestergebnisse erreichten, unterschätzen diese Menschen in allen Experimenten die eigenen Fähigkeiten leicht. Sie glaubten, um 15 Prozent schlechtere Ergebnisse abgeliefert zu haben, als es tatsächlich der Fall war.

Die Erkenntnis: Menschen mit einem hohen Maß an Kompetenz zeigen sich oft demütig. Menschen mit sehr geringer Kompetenz überschätzen sich gerne maßlos.

Das demütige Auftreten eines Chefs ist oftmals nicht nur angenehmer für das soziale Umfeld, sondern es hat einen messbar positiven Einfluss auf das Verhalten der Mitarbeitenden.

Bradley Owens, Professor für Business Ethics an der Marriott School of Business, begann im Jahr 2012 mehrere wegweisende Studien über »Demut in der Führung« zu publizieren. Für eine seiner ersten Veröffentlichungen untersuchte er 16 CEOs, 20 Führungskräfte aus dem mittleren und 19 Menschen aus dem unteren Management verschiedenster Branchen. Owens hatte sich zuvor bei den teilnehmenden Unternehmen durch Berge von 360 Grad-Feedback-Ergebnissen gewühlt, um die Führungskräfte zu identifizieren, denen das Umfeld demütige Eigenschaften attestierte. Er führte im Anschluss Dutzende von qualitativen Interviews durch und entdeckte drei konsistent wiederkehrende Eigenschaften dieser Führungskräfte. Die Fähigkeit und Bereitschaft,

1. eigene Grenzen und Fehler offen einzugestehen,
2. die Stärken der Mitarbeitenden zu kennen und offen wertzuschätzen,
3. durch Fragenstellen und das Einnehmen alternativer Perspektiven sich selbst weiterzuentwickeln.

»Wir konnten feststellen, dass die Chefs, die ihren eigenen, internen Wachstumsprozess nicht für sich behalten, sondern offen darüber sprechen, von den Mitarbeitenden bevorzugt als Führungskraft anerkannt werden«, erzählt uns Bradley Owens. »Wenn ein Chef zeigt, dass er selbst auch immer wieder an Grenzen stößt und dass diese Erfahrung Teil einer persönlichen Veränderung ist, fällt es den Mitarbeitenden dadurch leichter, selbst an sich zu arbeiten.« Owens konnte bei all den Teams, die von einer Führungskraft mit den oben genannten Eigenschaften geführt wurden, überdurchschnittliche Ergebnisse feststellen. »Die Mitarbeitenden sind lernorientierter, sie sind engagierter und bleiben durchschnittlich länger im Unternehmen«, berichtet der Wissenschaftler. »Die Demut der Führungskraft hilft, dass die Mitarbeitenden sich schrittweise so entwickeln, dass sie immer stärker ihre eigenen Potenziale zur Entfaltung bringen.«

Jedoch – auch das stellte Owens fest – wird ein demütiges Verhalten nur dann als herausragender Charakterzug anerkannt, wenn der Chef selbst grundsätzlich kompetent ist. Fehlt diese Grundlage, werden die oben genannten Eigenschaften als Schwäche empfunden. Als wir mit ihm sprechen, gibt uns Owens all seine Forschungsergebnisse. Inzwischen hat er weltweit über 6 000 Menschen untersucht, die die ersten Beobachtungen bestätigten.

Eine demütige und kompetente Führungskraft erkennt man daran, dass sie sich häufig diese beiden Fragen stellt:

1. Wenn sie ihre Stärken kennt, fragt sie sich: »Was kann ich tun, um etwas beizutragen?«
2. Wenn sie ihre Schwächen kennt, fragt sie sich: »Was kann ich tun, um zu wachsen?«

Maximilian Viessmanns Vater Martin Viessmann ist eine dieser Führungskräfte, der unbestritten ein hohes Maß an Kompetenz in sich trägt. Als guter Stratege und starker Umsetzer hat er seine Firma viele Jahre sehr erfolgreich geleitet und entwickelt. Im Jahr 2016 wurde er dafür zum Familienunternehmer des Jahres gekürt. Und zugleich erkannte er, dass er im Kontext der Digitalisierung nicht mehr alle Fragen final beantworten konnte. Sein Beitrag war es, seinen Sohn Max ins Unternehmen zu holen, um die notwendigen Antworten schneller zu finden.

Max wiederum hat begonnen, eine neue Führungshaltung in das Unternehmen zu tragen. »Eine der Leitfragen, die Chefs bei uns heutzutage stellen sollten ist ›Wie kann ich unterstützen?‹«, erzählt Max. »Früher wurde gerne auch mal ein ›Warum hat das nicht geklappt?‹ gefragt, doch das führt nicht zu Lösungen.« Viessmann konnte diese neue Richtung der Führung jedoch nicht einfach nur vorgeben. Das Unternehmen begann die Führungskräfte regelmäßig zu schulen und zu coachen, damit sie den Sinn des Wandels in der Führungshaltung verstehen und auch umsetzen können. »Wir haben dazu verschiedene Coaches eingestellt, die wiederum viele interne Kollegen ausgebildet haben«, berichtet Max. Gemeinsam vermitteln diese Menschen die Methoden der neuen Form agiler Zusammenarbeit, die das Unternehmen für die digitale Transformation benötigt. »Die Schulungen sind das Eine, aber viele Führungskräfte müssen auch die Erfahrung machen, dass es funktioniert, worüber wir reden. Erst dann beginnen sich die Haltungen dieser Menschen nachhaltig zu verändern«, fügt er noch hinzu.

Auch Alexander Birken erinnert sich an seine Fehler und seine Grenzen. Als er das erste iPhone in der Hand hielt, glaubte er, dass das kein Mensch benötigen würde. Inzwischen wird die Hälfte aller E-Commerce-Umsätze der Firmengruppe durch mobile Endgeräte generiert. Der Vorstandschef erzählt auch von mancher früheren Entscheidung, die er womöglich anders getroffen hätte. Glücklicherweise waren noch weitere Menschen an der Meinungsfindung beteiligt: »Tarek Müller, heute ein sehr erfolgreicher Geschäftsführer in unserer Gruppe, wollte eine neue Idee verwirklichen, in die ein dreistelliger Millionenbetrag investiert werden musste. Ich war damals hingegen mehr als skeptisch.« Der Querdenker von damals sollte allerdings recht behalten. Die Marke »About You«, für die Müller das Geld brauchte, ist heute eines der am schnellsten wachsenden Unternehmen der Gruppe. Birken ist vom Skeptiker zum Fan geworden. Otto hat inzwischen die »Fuck-up Nights« etabliert, eine Veranstaltungsreihe, bei der Otto Group-Vorstände und Geschäftsführer über eigenes Scheitern und Fehlentscheidungen berichten. »Unternehmerische Fehlentscheidungen haben oft immer noch so eine Art Glorienschein«, sagt Birken. »Schwieriger ist es, eigene menschliche Fehler einzugestehen.«

Demuts-Forscher Bradley Owens, den Sie vor wenigen Seiten kennen lernten, beobachtete das Phänomen, dass Mitarbeitende sich besser entwickeln, wenn sie einen Chef erleben, der offen an sich und seinen Schwächen arbeitet. CEO Birken sieht darüber hinaus noch einen weiteren Vorteil: »Ich glaube zutiefst, dass es etwas Therapeutisches hat, wenn man über die eigenen Fehler mit anderen Menschen spricht. Denn dann entstehen wichtige Erkenntnisse, die einem helfen, es beim nächsten Mal besser zu machen.«

Auch das Vorstandsteam der Otto Group hat gemerkt, dass alle Diskussionen über den Wandel im Unternehmen wenig bringen, solange dieser nicht auch bei ihnen stattfindet – solange also nicht auch dort jeder Einzelne bereit ist, an persönlichen Veränderungen zu arbeiten. Die Transformation vorzuleben, das wurde einer der wichtigsten Beiträge des Vorstandes zum Kulturwandel 4.0. »Wir holten uns regelmäßig Feedback ein, sowohl von außen als auch untereinander. Uns ging es jedoch nicht nur darum, Feedback zu erhalten, sondern auch, es zu ertragen und damit etwas anzufangen«, erzählt Birken.

Früher waren die Vorstandssitzungen gerne humorvoll charakterisierend als »Klassensprechertreffen« bezeichnet worden. Jedes Mitglied vertrat sein eigenes Ressort und fühlte sich diesem auch am nächsten. Heute ist das Gesamtunternehmen die erste Priorität eines jeden Vorstandskollegen, erst an zweiter Stelle steht das eigene Ressort. »Fight and unite« beschreibt die ehemalige Vorstandskollegin Neela Montgomery die daraus entstandene Kultur. Der Vorstand kämpft zwar intern weiterhin um die Sache – teilweise auch sehr kontrovers. Nach außen jedoch tritt er mit gemeinsamer Stimme auf. »Das ist ein kontinuierlicher Prozess, in dem wir uns alle immer wieder disziplinieren müssen«, erzählt CEO Birken. »Wenn einer von uns wieder die Klassensprecherrolle einnimmt, ruft ein anderer: ›Du bist gerade wieder in die Steinzeit zurückgefallen‹. Dann grinsen alle, und wir fangen nochmal von vorne an«. Die Arbeit trägt erste Früchte: »Wir nehmen euch erstmals als ein echtes Team wahr«, meldeten die 170 Führungskräfte dem Vorstand bei der jährlichen »Meet to Lead«-Konferenz zurück.

Ebenso hat auch Ben Kohlman seine eigenen Grenzen offen eingestanden, um anderen zu helfen, sich zu entwickeln. »Als ich Flugausbilder in Miramar war, habe ich in den Debriefings regelmäßig erstmal über meine Fehler gesprochen«, erzählt er uns. Kohlman ist mehrfach pro Tag mit Flugschülern in Kampfjets in der Luft gewesen, um Dogfights zu üben – Kurvenkämpfe zwischen zwei Jets, in denen jeder Pilot versucht, hinter das Heck des Anderen zu gelangen. »Im Anschluss habe ich zuerst die Dinge dargelegt, die ich hätte besser machen können«, sagt Kohlman. »Damit habe ich den Rahmen gesetzt. Es geht nicht darum, den Flugschüler zu beurteilen, sondern darum, dass eine Lernerfahrung stattfindet.«

> **Die Erkenntnis:** Die menschenzugewandte innere Haltung einer Führungskraft kann Mitarbeitende über sich hinauswachsen lassen.

»Ich glaube, dass die meisten Menschen den Wunsch in sich tragen, sich zu entwickeln«, sagt Prof. Dr. Gunther Olesch, Geschäftsführer bei Phoenix Contact. »Wir haben gerade für 35 Millionen Euro ein neues Bildungszentrum gebaut. Wir glauben also auch als Unternehmen daran, dass unsere Mitarbeitenden wachsen wollen.« Oleschs Überzeugung geht noch weiter: »Ich glaube nicht nur an diesen Wachstumswunsch unserer Mitarbeitenden. Ich bin auch überzeugt, dass wir als Unternehmen ohne die geistigen, kreativen Leistungen dieser Menschen, durch ihre Innovationen, langfristig nicht überlebensfähig wären. Wenn wir während der digitalen Transformation alles im Elfenbeinturm der Geschäftsleitung entwickeln und die Mitarbeitenden nicht mit einbeziehen würden, dann wären wir in zehn Jahren wahrscheinlich nicht mehr so erfolgreich wie heute.

»Wenn junge Menschen bei uns beginnen, sind sie bis unter die Haarspitzen motiviert. Sie wollen sich einbringen, etwas gestalten, etwas tun«, sagt Otto Group-Vorstandschef Alexander Birken. »Allein durch diese Beobachtung sind meine Kollegen und ich zutiefst überzeugt, dass Menschen grundsätzlich gerne etwas leisten wollen. Unsere Aufgabe ist es, dafür zu sorgen, dass diese früh erkennbare Begeisterung bestehen bleibt.«

Birken ist Realist. Er weiß aus internen und externen Studien, dass meist nur 20 Prozent der Kollegen diese Begeisterung langfristig beibehalten. Er glaubt, dass die Motivation der Mitarbeitenden, sich einzubringen, langfristig stark davon abhängig ist, mit welchem Menschenbild die Führungskräfte diesen Personen begegnen. Daher sieht Birken den Kern von Kulturwandel 4.0 auch als Arbeit an der Haltung der Menschen – und das betrifft insbesondere die Führungskräfte. »Der Dreh- und Angelpunkt ist das Vertrauen«, sagt der CEO. »Dieses macht den Unterschied. Das Vertrauen der Führungskräfte in das eigene Team entscheidet darüber, ob es gelingt, dass Letztere ihre ursprüngliche Begeisterung beibehalten oder verlorengegangene zurückgewinnen.«

Erfahrungen, wie der gelungene Start von OTTO NOW helfen dabei, das Vertrauen der Belegschaft in die neue Form der Zusammenarbeit zu stärken. Doch die glaubwürdige innere Haltung des Führungsteams ist nur der Anfang. Zusätzlich sollte das Unternehmen Rahmenbedingungen schaffen, durch die sich alle Kollegen einbringen können. Otto hat darum neue Formate wie beispielsweise die Digital Days geschaffen, bei denen Menschen eigene, neue Ideen vorstellen können. »Immer wieder treffe ich irgendwo Kolleginnen und Kollegen, die gute Vorschläge haben«, sagt Birken. »Ich ermutige sie dann, diese bei den verschiedensten Stellen im Haus vorzustellen. Falls sie kein Gehör finden, lade ich sie ein, auch bei mir zu pitchen. Meist ist das jedoch gar nicht nötig. Wirklich gute Ideen werden bereits vorher vom Unternehmen angenommen.«

Manche Führungskraft mag bei so einem CEO Schnappatmung bekommen, doch Birken will keinesfalls Hierarchien auflösen. Er ist fest davon überzeugt, dass sie stabilisierend wirken. Er glaubt jedoch an die Vorteile einer kommunikationsdurchlässigen Hierarchie, um die »vermeintlich niedrig in der Struktur« angesiedelten Menschen zu befähigen, sich ernsthaft einzubringen. »Wir dürfen bei der digitalen Transformation keine Feigenblattdiskussion führen, sondern müssen substanziell etwas verändern«, sagt Birken. Er ergänzt energisch: »Wenn ich beobachte, mit welcher Dynamik sich nicht nur das Silicon Valley, sondern auch der chinesische Markt entwickelt, wäre es fahrlässig, nicht auf das Potenzial aller 50 000 Kolleginnen und Kollegen zu setzen.«

Auch Swisscoms Head of TV 2.0, Peter Fregelius, ist von dem kreativen Potenzial seiner Mitarbeitenden überzeugt. »Nachdem ich die Leitung des Bereichs übernommen habe, begann ich recht schnell Verantwortung abzugeben«, sagt er. »Die Verantwortung geht ja nicht verloren – sie bleibt in der Firma. Sie wird nur von einer anderen Person übernommen.« So ein Wechsel von einer eher hierarchischen hin zu einer partizipativen Zusammenarbeit gelingt jedoch nicht über Nacht. »Zu Beginn haben sich vielleicht 25 Prozent meiner Mitarbeitenden darüber gefreut, dass sie sich mehr einbringen konnten. Der Rest hat erst einmal abgewartet, was auf sie zukommt.« 18 Monate später ist die Zahl derer, die die neue Strategie mittragen, deutlich größer. Fregelius berichtet nun von 80 Prozent der Menschen in seinem Bereich, die voll mitgestalten. »Ich glaube, dass weitere 15 Prozent noch etwas Zeit brauchen, um sich ganz auf diese neue Form der Zusammenarbeit einzulassen. Und bei 5 Prozent könnte ich mir vorstellen, dass sie sich vielleicht eine andere Abteilung suchen, weil sie klare Vorgaben von oben brauchen, die sie abarbeiten können. Und das ist vollkommen in Ordnung«.

Die neue Freiheit durch die Umwandlung von einem »Approval«- in ein »Advisory«-Board wurde von vielen Menschen gut angenommen. Das Vertrauen der Chefs schien viele zu beflügeln. Allerdings gab es auch solche, die den neuen Ansatz zu Beginn offensichtlich etwas falsch verstanden hatten. Bei einigen war die Eigeninitiative noch nicht entzündet, und es gab zu wenig zufriedenstellende Ergebnisse. »Wir mussten dieses Team eine Zeit lang noch etwas enger führen. Wir haben in kleineren Schritten Rückmeldungen eingeholt und Impulse gesetzt«, erinnert sich Fregelius. »Nach einigen Monaten hatten sie dann jedoch eine ähnliche Geschwindigkeit und ähnlich gute Ergebnisse wie ihre Kollegen erreicht.«

Wie bedeutsam die eigene innere Haltung auf das Verhalten und die Leistung anderer ist, zeigt ein Experiment, das von Victor Beez bereits im Jahr 1968 durchgeführt wurde. Der Wissenschaftler ließ dazu 60 Vorschülern jeweils von einem eigenen Lehrer die Bedeutung von Symbolen vermitteln. Beez wählte 30 Lehrer aus, denen er unbegründet sagte: »Ihr Schüler wird diese Symbole sehr schnell lernen.« Der anderen Hälfte vermittelte er den Glauben, ihr jeweiliger Schüler sei ein langsam Lernender. Im Anschluss wurden alle Kinder von einer neutralen dritten Person getestet, die keine Kenntnis von diesen Vorinformationen hatte.

Die Haltung des Lehrers zu seinem Schüler machte einen großen Unterschied: Nur 13 Prozent der Kinder, die von einem Lehrer unterrichtet wurden, der von einer unterdurchschnittlichen Lernbegabung ausging, hatte sich an fünf oder mehr Symbole erinnert. Bei den anderen Kindern war der Wert fast sechsmal so hoch. 77 Prozent von ihnen hatten die Grenze von fünf erlernten Symbolen problemlos überschritten. Der für sie verantwortliche Lehrer ging davon aus, dass sie die Fähigkeiten in sich trugen, schnell lernen zu können.

Ein paar Jahrzehnte später: Kennen Sie den im Jahr 1995 erschienenen Film *Dangerous Minds* mit Michelle Pfeiffer? Sie ist in der Rolle einer Lehrerin, die eine besonders schwierige Klasse übernimmt und den Schülern zu unerwarteten Ergebnissen verhilft. Der Film basiert auf dem Buch *My Posse Don't Do Homework* – dem Erfahrungsbericht von LouAnne Johnson, einer ehemaligen Offizierin der United States Marine Corps, die seit 1989 an der Carlmont High School in Kalifornien unterrichtete. Johnsons innere Haltung, ihr fester Glaube an die verborgenen Fähigkeiten in dieser Horde aufmüpfiger Jugendlicher, verhalf diesen tatsächlich zu niemals erwarteten akademische Leistungen und zu einem Sprung des persönlichen Notendurchschnitts.

Schauen Sie sich nochmal den Potenzialkreis an. Ihre eigene Haltung, Ihr eigene Beurteilung einer anderen Person wirkt auf zwei Ebenen: Zum einen beeinflusst sie die Ebene der inneren Bilder des anderen. Wenn Gunther Olesch seinen Mitarbeitenden vermittelt: »Ihr seid ein wesentlicher Teil unseres Fortschritts«, wenn Peter Fregelius seinem Team sagt: »Ihr könnt alleine entscheiden«, wenn der Lehrer dem Vorschüler nonverbal zu verstehen gibt: »Du bist ein schnell lernendes Kind«, dann entsteht in dem jeweiligen Empfänger ein unterstützendes inneres Bild: »Ich bin kompetent.«

Zudem führt die Haltung der führenden Person dazu, dass sie das Gegenüber anders behandelt. Dieser Mensch macht dadurch eine andere

Erfahrung: Phoenix-Contact-Mitarbeitende etwa werden bei Strategiefragen mit einbezogen. Sie setzen sich mit Themen auseinander, die sie im normalen Alltag nicht bearbeiten würden. Das gesamte TV-2.0-Team der Swisscom gestaltet gemeinsam das Produktportfolio. Der Vorschüler macht die Erfahrung, dass der Lehrer ihm in kurzer Zeit mehr Symbole vorlegt, vielleicht etwas schneller spricht und ihn selbstständiger lernen lässt.

Die Stärkung der Ebenen »Erfahrungen« und »Innere Bilder« wirken auf die oberste Ebene, die Ebene des Potenzials des Mitarbeitenden. Er kann dadurch mehr von dem entfalten, was in ihm steckt.

Haben Mitarbeitende in der Vergangenheit eher ungünstige Erfahrungen gemacht, dann kann es bei diesen Menschen etwas länger dauern. Denn alte limitierende Erfahrungen wirken einschränkend auf die inneren Bilder. Diese Menschen müssen wiederholt neue, günstigere Erfahrungen sammeln. »Die Haltung der Führungskraft ist wichtig. Außerdem müssen wir die Mitarbeitenden schulen«, reflektiert Max Viessmann. »Den großen Wandel in der Belegschaft erreichen wir jedoch dadurch, diesen

Menschen Erfolgserlebnisse (Erfahrungen) zu verschaffen.« Swisscoms Peter Fregelius bestätigt: »Anfangs waren es 25 Prozent, inzwischen sind es 80 Prozent der Mitarbeitenden, die sich richtig einbringen. Die Menschen mussten erst erleben, wie die neue Form der Zusammenarbeit funktioniert.«

Ein eindrückliches Beispiel, wie die innere Haltung eines Führenden die Potenziale von Menschen zur Entfaltung bringt, stammt aus der gleichen Epoche wie das Experiment von Victor Beez: Der Mediziner Dr. James Sweeney lehrte im Jahr 1968 an der Tulane University und war unter anderem verantwortlich für den Betrieb des biomedizinischen Computer-Centers. Sweeney war der festen Überzeugung, dass grundsätzlich jeder Mensch – egal welchen Hintergrunds und welcher Ausbildung – in der Lage sein würde, einen Computer zu bedienen. Man müsste es ihm nur beibringen. Bedenken Sie, es ist das Jahr 1968, und wir sind noch weit entfernt von den intuitiven Benutzeroberflächen eines iPhones, die heutzutage bereits ein Kleinkind versteht. In den alten Tagen gab es eine Tastatur und einen Bildschirm. Eine erste Version der Computermaus war zwar gerade erfunden, jedoch noch weit davon entfernt, angewendet werden zu können.

Sweeney entdeckte, dass George Johnson, der Hausmeister des Computer-Center, sich für die Geräte interessierte. Also begann Sweeney, ihm den Umgang mit den neuartigen Maschinen beizubringen. Als die Universitätsleitung davon erfuhr, unterzog sie Johnson einem Intelligenztest, denn damals gab es die vorgefertigte Meinung, dass nur Menschen mit ausreichend intellektuellen Voraussetzungen in der Lage seien, mit einem Computer zu arbeiten. Der Hausmeister fiel komplett durch. Er sei nicht einmal in der Lage, eine Schreibmaschine zu bedienen, so niedrig sei sein IQ, ließ das Management Sweeney wissen. Er solle die Ausbildung unverzüglich abbrechen. Erbost lief Sweeney ins Büro des obersten Chefs und teilte ungehalten mit, wenn er Johnson nicht weiter unterrichten dürfe, werde er die Universität verlassen.

Dr. James Sweeneys Dickköpfigkeit gegenüber seinen Vorgesetzten und sein fester Glaube an den Hausmeister zahlten sich aus. Er durfte Johnson alles beibringen, was dieser über die Bedienung der Computer wissen musste. Johnson hing später seinen Hausmeisterkittel an den Nagel und wurde Ausbilder in dem Computer-Center.

Essenz für Eilige

Zeit für ein neues Menschenbild

- Die US-Navy begann die eigene erfolgreiche digitale Transformation, indem sie einen der stärksten internen Kritiker zu einem der größten Innovationstreiber machte.
- Menschen – und somit auch Führungskräfte – unterliegen einem automatischen Bestätigungsfehler. Aus den Abermillionen Impulsen, die pro Sekunde auf sie einströmen, fokussieren sie sich meist auf diejenigen, die die eigene Meinung bestätigen. Andere wichtige Informationen werden ausgeblendet. Die schmerzhafte Folge können falsche finanzielle und geschäftliche Entscheidungen sein. Aktienhändler beachteten in einem Experiment vermehrt die Börsennachrichten, die die eigene Investitionsentscheidung bestätigten. Sie ignorierten die warnenden Vorzeichen – und fuhren damit unnötig Verluste ein.
- Bestehende eigene Meinungen sind wie neuronale Autobahnen im Gehirn. Es bedarf einer regelmäßigen bewussten Anstrengung, diese Netzwerke zu verlassen. Querdenker in einer Organisation sind gute Helfer, die das Management ermutigen können, häufig genutzte Denkstrukturen zu verlassen – und so bei wichtigen Entscheidungen nicht in die Falle der Eigenbestätigung zu tappen.
- Die beste Trefferquote bei der Einschätzung neuer Ideen haben nicht die Führungskräfte, sondern die kreativen Mitarbeitenden. Doch auch diese tendieren dazu, zu sehr in die eigene Idee verliebt zu sein. Wenn man sie hingegen den Erfolg der Ideen anderer Kollegen bewerten lässt, liegen sie häufiger richtig als die Chefs.
- Swisscoms TV-2.0-Team findet inzwischen nahezu selbstverantwortlich zu neuen Produktstrategien. Die Führungskräfte haben den bisherigen Freigabeprozess durch sie selbst gestrichen.
- Je höher die Kompetenz eines Menschen, desto demütiger zeigt er sich für gewöhnlich. Menschen mit einem Minimum an Kompetenz hingegen überschätzen sich häufig maßlos.

- Demut in der Führung führt messbar zu besseren Leistungen im Team. Man kann diese Qualität bei Führungskräften durch drei Faktoren erkennen: 1. Sie gestehen eigene Grenzen und Fehler offen ein. 2. Sie kennen die Stärken der eigenen Mitarbeitenden genau und sprechen diese auch offen an. 3. Sie sind bereit, an sich selbst zu arbeiten. Daher stellen sie viele Fragen und nehmen neue Perspektiven ein.
- Wenn Führungskräfte eine Menschen zugewandte innere Haltung entwickeln und an die in ihren Mitarbeitenden verborgenen Potenziale glauben, dann können diese dadurch besser über sich hinauswachsen.
- Otto Group-Vorstandschef Alexander Birken bekennt offen: »Wir können die Digitalisierung nur meistern, wenn wir uns mit dem Kulturwandel beschäftigen – das ist der herausfordernste Teil.«

Epilog

Menschen können über sich hinauswachsen. Das ist unbestritten. Wie wichtig dabei der Einfluss der inneren Haltung von Führungskräften auf die Mitarbeitenden ist, haben nicht nur die von uns analysierten Unternehmen gezeigt, sondern auch zahlreiche wissenschaftliche Studien. Und zugleich gibt es zwei wichtige Variablen, die Einfluss darauf haben, ob das gelingt oder nicht: der Mitarbeitende selbst und die Führungskraft.

Der Mitarbeitende: »Ich sehe ab und an auch Menschen, die sich mit dieser neuen Form der Zusammenarbeit nicht anfreunden können«, sagt Swisscoms Peter Fregelius. Gerade bei dem Team, das er zu Beginn etwas enger führen musste, haben zwei Menschen recht früh seinen Bereich verlassen. Max Viessmann hat auch die Erfahrung gemacht: »Einzelne Menschen wollen sich nicht auf die von Vertrauen geprägte Zusammenarbeit einlassen und nutzen diese Freiräume auch etwas aus. Wenn es mehrere Gespräche mit diesen Mitarbeitenden gab, dann muss man im beiderseitigen Sinne schauen, ob es noch einen gemeinsamen Weg in der Zukunft gibt.«

»Wir erleben auch immer wieder die Boykottierer«, erzählt Alexander Birken. »Es sind zwar nur wenige, doch sie können an der falschen Stelle die Transformation sehr lähmen. Wenn jemand innerlich bewusst in den Widerstand geht, wenn trotz viel Mühe seines Umfelds kein Wille zu erkennen ist, dass er den gemeinsamen Weg mitgeht, dann passt so jemand irgendwann nicht mehr in unsere Organisation.«

Sie können als Führungskraft nicht immer 100 Prozent der Menschen dazu bewegen, eine neue, mitgestaltende, vertrauensbasierte Zusammenarbeit mitzutragen. Sie können sie zwar immer wieder einladen und ermutigen. Ob das gelingt, liegt jedoch nicht ausschließlich in Ihrer Verantwortung. Phoenix-Contact-Geschäftsführer Gunther Olesch beschreibt es metaphorisch: »Wenn ich Rosen züchte, dann kann ich Steine aus dem Weg räumen, die die Sonne fernhalten. Ich kann sie regelmäßig gießen, und ich kann sie düngen. Die meisten Rosen blühen dann auf, doch einige bleiben nun mal verkümmert.«

Manche Menschen und somit auch Mitarbeitende scheinen in der Vergangenheit stark limitierende Erfahrungen gemacht zu haben, die sehr limitierende innere Bilder zur Folge hatten. Auch sehr zugewandten Führungskräften gelingt es manchmal nicht, dass diese Mitarbeitenden sich in ihrem Umfeld bestmöglich entfalten. Dann wäre es eine gute Idee, dass diese Menschen – in beiderseitigem Interesse – die Chance erhalten, durch einen anderen Chef geführt zu werden. Dazu müssten sie die Abteilung oder das Unternehmen wechseln. Vielleicht gelingt es in neuer Konstellation besser, dass diese Menschen sich zu denen entwickeln, die sie sein können.

Die Führungskraft: Eine menschenzugewandte innere Haltung entwickeln und uneingeschränkt an das Potenzial seiner Mitarbeitenden glauben. Das klingt erstmal gut – zumindest hier auf dem Papier oder im E-Book. Wenn Sie dabei jedoch bisher ungeübt sind, kann es sein, dass das nicht mit einem Fingerschnippen gelingt. Denn auch Sie als Führungskraft sind ein Mensch, in dem der Potenzialkreis wirkt. Vielleicht haben Sie in der Vergangenheit ernüchternde, enttäuschende Erfahrungen mit Mitarbeitenden oder anderen Menschen gemacht, die wiederum limitierende innere Bilder bei Ihnen erzeugt haben. Es müsste Ihnen gelingen, diese Bilder zu verändern. Limitierende innere Bilder sind im Grunde nichts anderes als neuronale Netzwerke in Ihrem Kopf. Und Sie wissen ja aus dem Kapitel »Fokus – Kein Wandel ohne Aufmerksamkeit«, dass eine Neuvernetzung jederzeit möglich ist. Was Sie für diese neuroplastische Veränderung brauchen, ist eine bewusste Veränderung Ihres Fokus.

Eine sehr wirksame Methode, den eigenen Fokus immer wieder neu auszurichten, ist es, sich die passenden Fragen zu stellen. Erfolgreiche, demütige Führungskräfte stellen sich beispielsweise Fragen wie: »Was kann ich beitragen?« oder »Wie kann ich durch diese Situation wachsen?«

Wenn Sie sich wundern, wie genau Sie Ihre innere Haltung in Bezug auf einen anderen Menschen verändern können, probieren Sie es mit folgenden Fragen, die Sie sich regelmäßig stellen könnten: »Was mag ich an diesem Menschen?«, »Was würde uns Gutes verloren gehen, wenn er nicht mehr im Team wäre?«, »Welche besonderen Qualitäten von ihm können wir nutzen?« oder »Was kann er besonders gut?« Wenn Ihnen zu Beginn noch keine Antworten einfallen, könnten Sie jeder dieser Fragen noch einen Zusatz voranstellen: »Nur einmal angenommen, es gäbe etwas …?«

Die Fragen, die wir uns stellen, lenken die Richtung unserer Gedanken. Im Laufe der Zeit werden in Ihnen Antworten und innere Bilder entstehen, die Sie zuvor noch nicht hatten. Diese neu entstandenen Bilder verändern die Art, wie Sie sich diesem Menschen gegenüber verhalten. Dadurch machen Sie neue Erfahrungen mit ihm. »Viele Führungskräfte müssen die Erfahrung machen, dass es funktioniert, worüber wir reden. Erst dann beginnt sich die Haltung dieser Menschen nachhaltig zu verändern«, bestätigt Max Viessmann.

Glossar

Vielleicht sind Sie schon tief mit den Methoden und Fachbegriffen rund um die digitale Transformation vertraut. Dann können Sie diese Seiten getrost überblättern. Falls Ihnen der eine oder andere Begriff in diesem Buch jedoch unbekannt war oder Sie ihn nochmal aus einer anderen Perspektive beleuchten haben möchten, dann versuchen wir an dieser Stelle, etwas Licht ins Dunkel zu bringen.

Das hier aufgeführte Glossar hat bei weitem keinen Anspruch auf Vollständigkeit, aber wir möchten Ihnen die von uns verwendeten digitalen Fachbegriffe an dieser Stelle erklären. Nicht, damit Sie beim nächsten Business-Bullshit-Bingo bessere Karten haben, sondern damit Ihnen manche Hintergründe noch etwas klarer werden.

Agilität: »Früher sagte man dazu noch ›flexibel‹«, amüsiert sich Prof. Dr. Gunther Olesch von Phoenix Contact (Kapitel: »Das rechte Maß – Die Energie für den Wandel«) über den Begriff. Ganz so fern liegt er nicht. Während Flexibilität jedoch eher reaktive Qualitäten in sich trägt, ist die Agilität etwas Proaktives. Agilität ist die Fähigkeit einer Organisation, Veränderungen proaktiv vorauszusehen und dadurch schneller als die Wettbewerber zu sein. Das Unternehmen wird nicht getrieben, sondern es treibt voran: Anstatt Spielball des Marktgeschehens zu sein, ist es der Spielmacher.

Es verhält sich mit dem Wort Agilität wie mit dem Begriff Sex bei verunsicherten Teenagern. Alle sprechen darüber, viele behaupten es zu tun, doch nur wenige wissen, wie es genau geht.

In den letzten Jahren ist das Wort Agilität hochaktuell geworden.

Dabei ist das Konzept bereits seit den 1950er Jahren als AGIL-Schema aus der Systemtheorie bekannt. In den 1990ern folgte das Agile Manufacturing, das die Kundenwünsche in den Fokus stellte und mit der Idee des virtuellen Unternehmens aufwartete. Diese Gedanken sind auch heute noch mit der Agilität verbunden. Zum Jahrtausendwechsel folgte das »Manifest für agile Softwareentwicklung« (agilemanifesto.org) – und gab den Startschuss für die große Popularität des Begriffes. Inzwischen wird das Wort Agilität immer mehr im Kontext von ganzen Organisationen genannt. Anstatt nur einzelne Entwicklungs- oder Produktionsbereiche agil zu betrachten, beginnen Führungsmannschaften sich zu fragen, wie es gelingen kann, das gesamte Unternehmen agil zu entwickeln. Während bei der agilen Software-Entwicklung das gemeinsame Verständnis sehr klar ist, verhält es sich bei der agilen Organisationsentwicklung im Moment noch so, dass verschiedenste Protagonisten versuchen, ihre Pflöcke in den Boden zu hauen, indem sie ihre eigene Definition dazu veröffentlichen. Aber eine Annäherung findet statt. Mit der Zeit wird auch dort ein gemeinsames Verständnis entstehen.

Und zugleich – spätestens seit der agilen Software-Entwicklung – gibt es einen Aspekt der Definition, der uns besonders gefällt: Der einzelne Mitarbeitende erhält mehr Verantwortung und kann nachhaltig mitgestalten. Wenn Sie also in Ihrem Umfeld einen Autokraten entdecken, der mit dem Wort Agilität um sich wirft, ist die Wahrscheinlichkeit hoch, dass er nur Business-Bullshit-Bingo spielt, den Begriff in seiner Tiefe jedoch nicht wirklich durchdrungen hat.

Chief Digital Officer (CDO): Ein CDO erarbeitet eine Strategie zur Digitalisierung des Unternehmens und ist normalerweise auch für deren Umsetzung zuständig. Viele Unternehmen holen sich mit dieser Position ein neues Pferd in den Stall, dessen Rolle mit einer grundlegenden Veränderung der Organisation und mit einer Neuaufteilung von Kompetenzen unter den Damen und Herren des C-Levels einhergehen kann.

Was nun im Detail zur Rolle des CDO gehört und was nicht, kristallisiert sich bei vielen Unternehmen erst im Laufe der Zeit heraus. Wenn es um den Aufbau neuer digitaler Geschäftsfelder geht, wird diese Rolle gerne beim CDO gesehen. Doch bereits beim Thema digitaler interner Prozesse und der damit verbundenen Technologie, fühlen sich etwaige

CTOs/CIOs berufen, mitzureden. »Da der CTO/CIO/IT-Leiter selbst meistens zugleich Chief Security Officer ist, kommt es spätestens beim Thema Cloud zum ersten Konflikt«, meint Deutsche-Messe-CDO Michael Mollath. Ähnlich verhält es sich bei der digitalen Kommunikationsstrategie. Wenn Social Media, Chatbots & Co. für die Kundenakquisition, Service oder Verkauf genutzt werden, heben CMO/CSO gerne die Hand. Doch spätestens, wenn die Digitalisierung zur digitalen Transformation wird und sich Strukturen und Prozesse (siehe beispielsweise Scrum) verändern, wird auch die kulturelle Veränderung des Unternehmens zum Thema. Und dann meldet sich der Vorstandskollege, der das Personal verantwortet.

Je nach Unternehmen und Kollegen betritt der CDO also ein Minenfeld, oder er wird mit offenen Armen empfangen. In der Realität ist es meist eine Mischung aus beidem. So sieht es auch BSH-CDO Mario Pieper (Kapitel: »Fokus – Kein Wandel ohne Aufmerksamkeit«): »Die Reichweite der CDO-Rolle ist sehr abhängig vom digitalen Bedarf des Unternehmens und davon, welche Kompetenz die C-Suite ihm oder ihr bereit ist zu geben.« Der neue Kandidat müsste also ein bisschen wie eine eierlegende Wollmilchsau sein. Zum einen braucht er eine hohe Kompetenz in vielen Feldern, zum anderen ein dickes Fell und ein gesundes Selbstbewusstsein. Vor allem aber braucht er das Fingerspitzengefühl, um manch machtbewussten C-Level-Kollegen – und nicht zu vergessen auch manchen Betriebsrat – für sich zu gewinnen.

Design Thinking: »Ich habe keine speziellen Talente – ich bin nur passioniert neugierig«, ließ Albert Einstein einst verlauten. Menschen mit dieser Haltung sind bei der an der »d.school« der Stanford-University entwickelten Innovationsmethode Design Thinking wunderbar aufgehoben. Idealerweise arbeiten interdisziplinäre heterogene Teams daran, Lösungen für komplexere Probleme zu finden. Die von Einstein beschriebene Neugierde ist während des Prozesses besonders hilfreich, denn bereits die ersten Phasen beginnen damit, anderen Menschen – meist sind es potenzielle/zukünftige oder bestehende Kunden – genauestens zuzuhören. Ihnen ist Design Thinking möglicherweise in den Kapiteln »Führung im Wandel – Wie Menschen über sich hinauswachsen« (CLAAS) und »Verstehbarkeit – Menschen brauchen ein Warum und Wofür« (Viessmann) aufgefallen. Die Digital Natives von CLAAS arbeiten regelmäßig mit dieser Methode. Durch das genaue Zuhören in Kundeninterviews ist beispielsweise das Mietmodell entstanden, das CLAAS in Polen testet.

Design Thinking ist ein hochiterativer Prozess in fünf beziehungsweise – je nach Schule – sechs Schritten. Dabei wird nicht nur zu Beginn, sondern auch am Ende der Kunde ganz konkret immer wieder einbezogen und um Feedback gebeten. Ein Aspekt des Prozesses sind sogenannte Prototypen der Idee, die teilweise mit Legobausteinen, mit Stift und Papier oder sogar als Rollenspiel entstehen können. Dem Kunden werden diese Prototypen vorgeführt, er gibt seine Rückmeldung, und dann wird der Prototyp oder vielleicht auch die dahinterliegende Idee überarbeitet. Das Besondere während des gesamten Prozesses: Die Teilnehmenden müssen sich immer wieder daran erinnern, nicht an das Produkt, sondern an den Kunden zu denken. Sie müssen sich immer wieder fragen: »Welche wäre die bestmögliche Kundenerfahrung, die wir uns vorstellen können?«.

SAP-Gründer Hasso Plattner hat einen zweistelligen Millionenbetrag in die Hand genommen, um ein eigenes Forschungsprogramm für Design Thinking zu finanzieren. Sein Hasso-Plattner-Institut in Potsdam gilt inzwischen als der Europäische Dreh- und Angelpunkt für diese Methode, auch wenn sie an vielen anderen Orten ebenfalls gelehrt wird.

Fail fast: »Timing, Ausdauer und zehn Jahre des Versuchens werden dich so aussehen lassen, als wärest du über Nacht erfolgreich«, sagte Isaac Stone, Mitgründer von Twitter, bereits im Jahr 2010. Der Konzern Twitter Inc. – wie viele weitere Unternehmen – hat nicht *die* eine Idee auf den Markt geworfen und damit seinen Wert über die Milliardengrenze gehoben. Seine Gründer begannen mit Ideen, die sie schnell wieder verwarfen. Twitter entstand ursprünglich als »odeo«, einer Podcast-Plattform. Virgin-Milliardär Richard Branson hat eine lange Liste mit Misserfolgen gefüllt. Oder haben Sie jemals eine Virgin-Jeans getragen, einen Virgin-Wodka getrunken oder sind ein Virgin-Auto gefahren? All das hat Branson auf den Markt gebracht, und all das hat der Markt nicht gewollt. Dafür gibt es jedoch Dutzende von Virgin-Firmen, die Branson ein neunstelliges Bankkonto bescheren.

»Kein Mensch will wirklich scheitern«, sagt OGDS-Geschäftsführer Paul Jozefak (Kapitel »Das rechte Maß – Die Energie für den Wandel«) und spricht damit aus, was viele Führungskräfte denken. Zugleich gehört das Scheitern dazu. Erfolglos mit einer Geschäftsidee zu sein, ist in Ordnung – das Scheitern sollte nur schnell gehen und geringstmögliche Kosten verursachen.

Minimum Viable Product (MVP): »Ein Minimum Viable Product (übersetzt: »minimal überlebensfähiges Produkt«) ist eine Vor-Form der finalen Produkte oder Dienstleistungen, die ein Unternehmen an den Markt bringen will. Durch die stark abgespeckte Version ist die Firma in der Lage, sehr schnell Kunden-Feedback einzuholen, um die Marktakzeptanz der neuen Idee einzuschätzen.

Der Boxchampion Mike Tyson beschreibt, weshalb ein MVP oftmals eine gute Idee ist: »Jeder hat einen Plan, bis er einen Fausthieb ins Gesicht bekommt.« So müssen sich die Verantwortlichen des Zahnpastaherstellers Colgate gefühlt haben, als sie in den 1980ern die vermeintlich geniale Idee hatten, in die Lebensmittelbranche zu diversifizieren. Das Unternehmen brachte eine tiefgefrorene Colgate-Rindfleischlasagne auf den Markt. Vielleicht erinnern Sie sich auch noch an das »N-Gage« von Nokia: ein Handy in Form einer mobilen Spielekonsole. Auch der Hersteller von Coca-Cola hat in den 1980er Jahren sein koffeinhaltiges Getränk über Nacht in »New Coke« ausgetauscht. Alle hatten einen wunderbaren Plan, alle hatten Millionen in Produktentwicklung und Marketing investiert – bis der Fausthieb der Konsumenten folgte. Coca-Cola erhielt 40 000 Beschwerdebriefe. An die Lasagne und das N-Gage erinnern sich vielleicht gerade noch die Entwickler.

Große Konzerne mögen solche Fehlinvestitionen noch aus der Portokasse tragen. Doch auch für sie ist es verbranntes Budget, und firmenintern steigt die Reputation der Verantwortlichen nicht wirklich durch solche Flops. Für kleine Unternehmen ist das verlorene Geld noch schmerzhafter, bei Start-ups geht es ums Überleben. Wenn für die Produktidee viel Zeit und Geld investiert wurde, der Markt sie jedoch ablehnt, gehört das neu gegründete Unternehmen schnell der Vergangenheit an.

Anders machte es das Unternehmen Dropbox Inc. Dieses stellte ein MVP vor, bevor es viel Zeit in die Produktion und die Vermarktung des eigenen Filehosting/ Cloud Storage Systems investierte. Durch ein 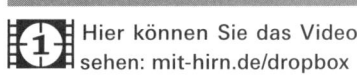 Hier können Sie das Video sehen: mit-hirn.de/dropbox Drei-Minuten-Video testete das Unternehmen das Interesse des Marktes an der neuen Idee.

Über Nacht meldeten sich 75 000 Menschen auf der Dropbox-Webseite an und wollten das Produkt haben. Erst nachdem Dropbox Inc. die Lebensfähigkeit (viability) der Idee am Markt getestet hatte, begann die Produktentwicklung.

Frank Robinson, CEO des Kalifornischen Unternehmens SyncDev., nutze den Begriff Minimum Viable Product erstmals öffentlich im Jahr 2001. Der Silicon-Valley-Entrepreneur Eric Ries machte ihn im Kontext seines Buchs *The Lean Startup* populär. Ein MVP sollte so umfangreich wie nötig, und so einfach wie möglich sein. Manchmal ist es auch nur eine Landingpage mit einfachsten Funktionalitäten. Spotify startete mit genauso einer Webseite, die im Grunde nicht viel mehr konnte, als etwas Musik zu streamen. All die anderen Zusatzfunktionen folgten erst im Laufe der Zeit. Manchmal ist es auch nur ein Produktvideo wie das von Dropbox Inc. Flops wie New Coke, N-Gage oder Zahnpasta-Lasagne könnten dadurch verhindert werden. Man erspart sich den Faustschlag des Konsumenten.

Scaled Agile Framework (SAFe): Falls Sie Scrum noch nicht kennen, dann lesen Sie zuerst, was dieser Begriff bedeutet, und fahren dann erst hier fort. Denn während Scrum eine mögliche Methode für ein agiles Team ist, ist SAFe ein Weg für agile Unternehmen – so zumindest beschreibt es der Erfinder von SAFe, Dean Leffingwell. Sie haben den Begriff im Kapitel »Digital Transformation Coaches – Die operativen Beschleuniger« lesen können: Swisscoms Simon Berg hat SAFe in die Organisation gebracht. Das TV-2.0-Team hat mehrere Dutzend Mitglieder, doch Scrum beschreibt nicht die Zusammenarbeit all der Sub-Teams untereinander. Daher benötigte die Swisscom eine Struktur, an der sie sich orientieren konnten. Et voilà: Sie hat SAFe gefunden. SAFe ist ein Rahmenwerk für Agilität im Großen mit der derzeit detailliertesten Beschreibung. Wann immer sich ein Unternehmen mit Software-Entwicklung beschäftigt und diese auf größere Teams oder ganze Bereiche ausdehnen will, ist es gut beraten, sich mit SAFe zu beschäftigen.

Scrum: Scrum ist einer der bekanntesten Prozesse des agilen Projektmanagements. Es kann sowohl für Software- als auch für andere komplexe Projekte angewendet werden. Der Begriff stammt aus dem Rugby und bedeutet »Gedränge«. Ursprünglich wurde es von den beiden japanischen

Wissensmanagement-Experten Ikujirō Nonaka und Hirotaka Takeuchi in die Wirtschaft eingeführt.

Im Jahr 2001, in dem das unter Agilität erwähnte »Manifest für agile Softwareentwicklung« entstanden ist, wurde auch das erste Buch zu Scrum veröffentlich: Der Autor Ken Schwaber, einer der Unterzeichner des Manifestes, betitelte es mit *Agile Software Development with Scrum*. Ein zweiter wichtiger Name, den Sie sich merken sollten, ist Jeff Sutherland, ein weiterer Manifest-Unterzeichner. Beide Herren gelten als die Erfinder dieser Methode und haben sie bereits 1995 auf der IT-Konferenz OOPSLA vorgestellt.

Selbstredend basiert Scrum auf den Werten des agilen Manifests, das eine neue Art des Projektmanagements beschreibt. Starre Zeitpläne, unzureichende Kommunikation und unflexible Prozesse sollten damit der Vergangenheit angehören. Was Scrum und das Manifest vereint:

1. Menschen und Interaktionen sind wichtiger als Prozesse und Werkzeuge.
2. Funktionierende Software ist wichtiger als umfassende Dokumentation.
3. Zusammenarbeit mit dem Kunden ist wichtiger als die ursprünglich formulierten Leistungsbeschreibungen.
4. Eingehen auf Veränderungen ist wichtiger als Festhalten an einem Plan.

Anstatt große komplexe Projektpläne zu schmieden und diese langfristig zu verfolgen, arbeitet man mit Scrum in kurzen iterativen (sich wiederholenden) Phasen, die Sprints genannt werden. Die Sprints finden in einer festen, sich wiederholenden Länge von ein bis vier Wochen statt. Genau dieser Fokus auf kurze Entwicklungsphasen macht Scrum so besonders. Das schnelle Erreichen von Ergebnissen wirkt motivierend auf die Mitarbeitenden. Zugleich kann durch die regelmäßig eingeholten Feedbacks nach jedem Sprint die Produktentwicklung schnell verbessert werden.

Scrum-Projekte arbeiten nach sehr klaren Rahmenbedingungen. So sind die Rollen (Scrum-Team, Scrum-Master und Product-Owner) und die damit verbundenen Aufgaben der Teilnehmenden genauestens definiert. Ebenso gibt es klar definierte Meeting-Strukturen. Auf den ersten Blick mögen diese festen Strukturen paradox zu dem Begriff agil erscheinen. Doch gerade diese wenigen, festen Strukturen ermöglichen ein hohes Maß an Sicherheit, Freiheit und Selbstorganisation. Perfekte Rahmenbedingungen, damit Menschen über sich hinauswachsen können.